역사와 문화를 활용한
도시재생 이야기

세 계 의 역 사 · 문 화 도 시 재 생 사 례

| 도시재생사업단 엮음 |

한울
아카데미

발간사

신도시 개발에서 구도심 재생으로 패러다임이 변화함에 따라, 이에 대응하기 위한 도시재생정책 마련이 시급해지고 있습니다. 더불어 사회적·문화적·경제적 측면을 종합적으로 고려한 통합적 재생전략도 요구되고 있습니다. 이러한 시점에서 도시재생사업단은 '한국의 도시재생 방향 및 중·장기 전략 수립'을 위한 연구의 일환으로 외국 도시의 역사·문화 재생 사례를 소개하게 되었습니다. 이를 위해 연구자 14명이 미국, 유럽, 일본 등 세계 각국의 우수 사례지를 탐방했고, 도시재생사업단이 이를 엮어 책자로 발간하게 되었습니다.

역사적 건축물의 보존과 활용, 역사·문화 재생 관련 제도 도입, 지역 커뮤니티 재활성화, 새로운 지역문화 창출 등 다양한 방법을 통해 지역이 어떻게 재생되었는지 구체적으로 살펴봄으로써, 지역의 귀중한 자원이 도시재생의 밑거름으로 활용될 수 있기를 기대해봅니다.

바쁘신 중에도 수차례의 집필회의와 사례발표에 적극적으로 참여해주신 필자분들과 이를 추진한 사업단 연구진, 귀한 책으로 발간하게 도와준 도서출판 한울의 노고에 진심으로 감사드립니다. 더불어 도시재생사업단을 운용하고 관리할 수 있도록 지원을 아끼지 않은 국토해양부와 한국건설기술평가원, 한국토지주택공사에도 깊은 감사를 전합니다.

2012년 4월
도시재생사업단장 김성완

차례
Contents

역사 · 문화 보존을 통한 도시재생의 과제

왜 보존하는가

우리가 외국의 사례를 보는 것은 우리 것을 더 잘 보기 위함이요, 우리가 역사·문화를 보존하는 것은 우리의 현재와 미래를 더 잘 가꾸기 위함일 것이다.

'왜 외국 사례를 보는가'라는 질문에 대한 답은 이미 독자들도 잘 알뿐더러 이 책 다른 부분에서도 간략하게나마 소개될 것으로 생각하며, 여기서는 '왜 역사·문화를 보존하는가'에 대한 이야기로 글을 시작하고자 한다.

'왜 역사·문화를 보존하는가'에 대한 대답은 수도 없이 많을 것이다. 그동안, 역사 보존이라 하면 자동으로 연결되던 것이 역사적·고고학적 측면과 예술적 측면이다. 즉, 역사 보존을 통해, 글로 써진 역사와 더불어 장소성과 공간성, 물질성도 함께 유지·보존하여 역사를 더 잘 이해하고자 하는 것이다. 나아가 역사유산의 아름다움을 길이 보존하여 그 아름다움을 즐길 뿐만 아니라 현재와 미래의 새로운 아름다움을 창출하는 데 모범으로 삼을 수 있다는 기대이다. 우리의 「문화재보호법」에 기반을 둔 (이른바 지정문화재라고 부르는) 역사·문화유산의 보호는 주로 이런 두 가지 측면에 크게 의지하고 있는 것이 사실이다.①

그러나 이러한 거대한 국가적·민족적 또는 세계적 차원의 역사성과 예술성을 가지지는 않았을지라도 우리는 우리 주변의 친근한 공간환경이 급격히 철거되고 변화하는 것을 편치 않은 마음으로 바라보고 있다. 이는 역사성이나 예술성 외에도 다른 가치가 보존에 작용할 수 있다는 것을 의미하며, 이를 사회적 측면이라고 부르기도 한다. 우리의 「문화재보호법」에 역사적·예술적 가치와 더불어 학술적 또는 경관적 가치를 든 것은 다분히 이러한 사회적 측면을 고려한 조치라고 생각한다.

역사 · 문화재의 민주화

어떤 것이 문화재가 되고 더 나아가 법으로 보호받는 지정문화재가 되는가 하는 것은 결국 당시 사회의 가치와 깊이 관련되기 마련이다. 한때 군인이나 국방 관련 인물 또는 구조물·장소가 중요한 역사적 문화재로 취급되었다면, 이는 대체로 그 당시 사회에서 힘을 가지고 있던 사람들의 가치가 반영된 것으로 보아야 할 것이다. 그동안 우리에게 문화재란 곧 왕과 관련된 것, 왕 주변의 엘리트와 관련된 것으로 인식되었다. 이에 따라 문화재가 되는 대상물이 만들어진 시기도 주로 조선시대(대한제국기 포함)였다. 이는 아마도 많은 사람이, 우리 사회를 움직이는 힘이 왕과 같은 절대적 리더십이나 엘리트의 리더십이라고 생각했기 때문일 수도 있다.

그러나 흔히 말하고 평가하는 대로 한국이 지난 100년의 근대화와 현대화를 통해 이룬 가장 큰 성취가 산업화와 민주화라고 한다면, 그리고 이제 한국 사회의 주인이 말 그대로 시민으로 바뀌었다면, 문화재에 대한 생각도 바뀌어야 할 것이다. 왕과 엘리트에게 수여되었던 문화재라고 하는 명예가 이제는 산업화와 민주화의 역군인 상공인이나 시민에게도 주어져야 하는 것이 자연스러운 모습

---

① 「문화재보호법」 제2조(정의) 이 법에서 '문화재'란 인위적이거나 자연적으로 형성된 국가적 · 민족적 또는 세계적 유산으로서 역사적 · 예술적 · 학술적 또는 경관적 가치가 큰 다음 각 호의 것을 말한다.

일 것이다. 시민의 삶터나 일터, 놀이터, 그리고 시민의 권리를 찾기 위해 애쓰던 장소가 모두 문화재의 범주에 들어오게 될 것이다. 이렇게 문화재의 개념을 민주화해 놓는다면, 주변에 보이는 많은 일상 환경이 문화재로서 의미를 지니게 될 것이며, 우리 주변은 문화재로 넘칠 수도 있을 것이다. 이제 고민은 이들 중 어떤 것을 지정해 잘 보호하고 유지할 것인지가 될 것이다. 이러한 문화재 개념의 변화는 앞서 언급한 역사 보존의 세 번째 이유인 사회적 측면과 매우 밀접한 관계 속에 있다. 좀 더 시민의 눈높이에서, 시민이 공감하고, 시민이 친근하게 다가갈 수 있는 문화재에 대한 관심이 필요한 것이다.

복원과 철거 사이에서

역사 보존과 관련된 많은 보도에서 거의 언제나 등장하는 것이 바로 '복원'이라는 단어다. 대체로 이 단어는 현재는 없어진 역사적 구조물을 앞으로 옛 모습대로 새로 지어서 그 자리에 또는 비슷한 다른 자리에 세워놓는다는 뜻으로 쓰인다. 전문 분야의 용어를 사용해 엄밀히 말하자면, 복원은 사라진 역사적 건조물을 '재건축'하는 것이다. '복원(재건축)'과 함께 역사 보존에 대한 보도에서 자주 등장하는 다른 단어는 '철거'라는 단어일 것이다. 말 그대로 역사적 의미가 있는 장소와 건조물이 불도저에 밀려 없어진다는 것이다. 필자는 이 두 단어가 바로 우리나라 역사 보존의 현실을 그대로 드러낸다고 생각한다.

복원과 철거를 자세히 살펴보면 다음과 같은 점을 발견할 수 있다. 먼저, 복원의 경우에 복원 대상은 대체로 공공 소유이자 조선시대의 유산이고, 복원 주체는 공공 행정이며, 그 재원은 국민의 세금이다. 복원의 이유는 민족문화의 계승 등이고, 그 결과물은 결국 짝퉁의 역사 건조물이 될 확률이 높다.

다음으로, 철거의 경우에 철거 대상은 대체로 민간 소유이자 근대시대의 유산이며, 철거의 주체는 민간 소유자다[여기에 때로 공공 행정이 도심재개발구역(현 도시환경정비구역)을 지정해 거들기도 한다]. 철거 이유는 건조물이 노후해서, 또는 새 건물 건축으로 더 많은 이익을 얻기 위해서이며(때로는 문화재로 지정될 것을 우려해서이기도 하다), 그 결과물은 대개 세계 어디에나 있는 거대한 신축 건물이거나 주차장이다.

현재 일어나고 있는 이 두 가지 현상은 역사 보존이라는 측면에서는 별 도움이 되지 않는 일들이다. 복원을 통해 만들어진 짝퉁 역사 건조물은 그 건조물의 진정성이 의심받게 되며, 철거는 한 번 없어지면 결코 돌이킬 수 없는 역사성과 장소성을 파괴하기 때문이다. 나아가, 이 현상은 시민에게 '역사 보존이란 없어진 것을 복원하면 되는 것'이라거나, '개인이 소유한 역사적 건조물은 개인의 의사에 따라 임의로 철거될 수밖에 없는 것'이라는 잘못된 인식을 심어줄 수 있다.

이를 볼 때 우리에게는 다음과 같은 질문과 과제가 주어진다. 첫째, '복원'이라는 이름의 '재건축'에 시민의 세금을 투자하여 계속 짝퉁 문화재를 만들어내야 하는가? 이 에너지를 다른 곳에 투자할 수는 없는가? 둘째, 공공 소유의 건조물 또는 시설물 이외에 민간 소유의 것을 문화재로 보호하기 위해서 사회와 공공이 적극 개입해야 하는 것 아닌가? 셋째, 조선시대에서 벗어나 근현대기까지 문화재의 범위를 넓혀야 하는 것 아닌가? 넷째, 철거형 도심재개발(도시환경정비사업)을 대체할 수 있는 대안적 도심활성화 방식은 없는가?

역사 · 문화 보존과 도시재생

역사·문화 보존은 문화의 계승이라는 근본적 목적을 넘어 매우 다양한 측면에서 시민에게 영향을 미친다. 흔히 상투적으로 말하는 것이 관광을 통한 경제적 효과다. 그러나 이보다 더 중요한 목적과 효과는 시민의 문화적 삶이 향상되는 것으로서, 역사 보존을 통해 시민의 삶의 환경은 시간의 깊이를 더하며 풍부해질 것이다. 천편일률적인 아파트 주거지와 유리상자투성이의 오피스 건물 중심지에 변화를 불러일으키고, 이로써 시민은 선택의 다양성을 즐길 수 있을 것이다. 왜 사람들이 서울의 북촌이나 삼청동으로 오는가? 왜 강남의 가로수길로 오는가? 바로 현대적인 거대 건물이 줄 수 없는 분위기가 존재하는 동시에 다양성과 선택 가능성이 더 크기 때문일 것이다.

이러한 삶의 환경 조성이라는 측면에서 볼 때 역사 보존은 도시관리와 직결된다. 흔히 도시계획이라 부르는 도시관리는 결국 변화하는 도시의 환경을 관리하는 것이다. 변화의 속도와 방향, 형태를 관리하는 것이 도시계획을 통한 도시관리의 요체다. 어떤 곳이 변화가 필요한 곳이고, 어떤 곳이 변화보다는 보존이 필요한 곳인지, 그리고 그 변화나 보존의 속도와 형태는 어떠해야 하는지를 고민하는 것이 도시관리의 기본적인 속성이다. 이러한 변화관리의 중심에는 바로 시민 생활의 풍부화와 다양화, 나아가 경제적·사회적 측면에 대한 고려가 자리한다.

도시계획의 측면에서 볼 때 역사 보존은 도시 내 일정 지역의 삶과 일터의 환경을 풍부하고 윤택하게 하며, 나아가 이것이 해당 지역의 경제적·사회적 발전에도 기여하게 하는 중요한 수단이다. 즉, 도시재생의 한 중요한 방편이 역사 보존인 것이다.

서구의 역사 보존의 흐름을 보아도, 초기에는 매우 중요한 역사적 건물 중심의 단일 대상물 보존object preservation이 주류였으나, 그 이후에는 보존되는 건조물의 종류와 범위가 증가하며 보존되는 건조물이나 지구의 특성을 유지하되 내부 개수나 증축 등 어느 정도는 변화를 허용하는 보전conservation으로 변화한 것을 알 수 있다. 그리고 현재에는 이렇게 보존·보전된 역사적 건조물이 궁극적으로 도시 내 선線적 또는 면面적인 일정 지구의 재활성화에 촉매제가 되게 하는 역사 보전을 통한 도시재생revitalization에 관심을 기울이고 있다. 이러한 흐름은 역사 보존에서 도시계획의 역할을 더욱 강력하게 요구한다. 앞서 언급한 도시의 변화 속도나 형태를 결정하는 것이 주로 도시계획이기 때문이기도 하며, 궁극적으로 도시 내 일정 지역의 재활성화를 종합적으로 고려하고 추진하는 것도 결국 도시계획이기 때문이다. 서울처럼 오랜 역사적 지층이 쌓여 있는 도심부를 역사적 측면에 대해 신중하게 고려하지 않은 채 매우 빠른 변화가 가능한 도심재개발(도시환경정비사업) 구역으로 지정한 것도 결국 도시계획이다. 이처럼 도시계획은 다양한 공간 수준에서 계획 및 사업을 통해 역사 보존에 깊은 영향을 미치고 있다. 그러므로 향후 도시계획이 개발 중심에서 벗어나 역사·문화 환경을 보존하는 방향으로 자리를 잡도록 이끌 필요가 있다.

이 책에 소개된 많은 사례는 역사·문화재나 그것의 보호 또는 보존이 도시계획 및 도시개발과 이분법적으로 취급되어서는 도저히 이룰 수 없는 결과물이다. 역사·문화재의 보호와 도시계획의 통합이 그 열쇠인 것이다.

역사 · 문화 재생, 우리의 상황과 지향

역사 · 문화 재생, 무엇이 문제인가

시대가 변하고 있다. 문화재로 지정된 것만을 '전통의 대상'으로 보던 좁은 시각에서 벗어나, 점이 아닌 면 개념의 지역과 지구, 일상과 관련된 생활유산, 문화재로 지정되지 못한 근대문화유산, 비가시적인 역사적·문화적 분위기와 정경도 신개념의 전통으로 바라보려는 노력이 급증하고 있다. 20세기 후반부터 확산된 탈근대주의론과 그 맥을 같이한다고 볼 수 있다.

그런데 한국은 이러한 흐름에 대한 사회 전반에 걸친 의욕에 비해 아직 총체적인 도시관리의 패러다임 변화에는 크게 미치지 못하고 있다. 아마 그 이유는 '전통'에 대한 다소 왜곡된 우리의 시각 때문이지 않을까 싶다. 우리는 전통을 예로부터 내려오는 관습 정도로 막연히 여기는 것이 일반적이다. 또 전통 보존은 공공(국가)이 주체가 되어야 하며 그래서 전통의 필요성은 인정하지만 나의 삶과는 유리된 대상으로 이해하곤 한다.

최근 역사·문화 재생과 관련한 국가의 정책은 놀라울 정도로 다변화되고 진보적인 성향을 보인다. 그러나 우리가 현장에서 부딪치는 현실에서는 머리와 몸이 따로 노는, 즉 전과 비교해 그리 큰 변화를 만들어내지는 못하는 현상이 벌어지고 있다.

왜 그럴까? 그동안의 여러 논의를 종합해보면 세 가지 이슈로 압축해볼 수 있다. 첫째는 '제도의 문제'다. 법·제도의 경직성과 중앙집중형 정책 시스템은 모든 문제의 근원이다. 도시(지역)의 역사·문화를 다루는 데는 장기적이면서도 섬세한 접근이 필수적이다. 그러나 어떤 상황에서든 언제나 '법대로'를 외치고, 정치적·행정적 임시방편에 익숙해 있는 우리는 지역성의 왜곡과 획일화 현상을 효율적으로 제어할 수 있는 융통성을 가지고 있지 않다.

둘째는 '의식의 문제'로, 이는 공공의식의 왜곡과 민간의식의 부재로 요약할 수 있다. 뚜렷한 역사의식의 부재 속에서, 지역의 역사·문화와 관련된 대부분의 일을 관광 개발의 대상으로 오인한 과잉 투자와 문화 상업화 현상의 (공공의) 결과가 속출하고 있다. 또한 민간 소유 토지에 대한 역사·문화와 관련된 일련의 조치를 재산권 침해로 여겨 그 결과가 지역 갈등으로 이어지는 현상은 일상이 되었다.

셋째는 '소통의 문제'다. 지역문화가 삶의 방식이나 생활양식의 총체라는 주장에 동의는 하면서도 주민 참여를 기반으로 하는 지역의 통합 발전과 공생의 수준에는 도달하지 못하고 있다. 일반적으로 역사·문화를 다루는 일은 속도가 매우 느리고 공공성 확보라는 궁극의 목표를 지향한다. 그러나 '점진적으로'와 '모두 함께'에 익숙하지 못한 우리는 주민 참여조차도 단기적 성과주의에 매몰시키곤 한다.

사실 이러한 여러 이슈는 그동안 수없이 많은 토론과 연구를 통해 논의되었다. 그러나 아직은 일상화와 생활화의 수준에 미치지 못한 것이 사실이다. 이를 해소하려면 이론 정립이나 정책 개발에 앞서 실증적 사례연구와 실험적인 노력이 끊임없이 추구되어야 한다. 그러한 실천의 과정 속에서 생각이 변하고, 그 가치를 재고하게 되며, 또 다른 도전을 시도할 수 있는 계기가 촉발될 수 있을 것이다.

역사·문화 재생과 관련해 우리는 그동안 너무 폐쇄적인 구도 속에 머물렀다. 일제강점기를 거치며 형성된 근대사에 대한 양면적 시각, 광복 이후 우리 문화유산에 대한 관리 소홀, 창의적 판단과 실천을 도모할 수 없는 사회 전반의 경직성, 역사·문화의 공급처는 오로지 공공이며 개인은 수혜의 대상이라는 왜곡된 시각, 역사·문화는 돈이 될 수 없고 개발과 상치된다는 편협한 판단 등, 이 모든 것은 열린 구도 속에서 열린 마음으로 풀어가야 할 숙제들이다.

역사 · 문화 재생, 어떻게 할 것인가

역사·문화 재생과 관련된 우리의 공공정책은 매우 이율배반적이다. 시대 변화에 발맞춰 다양한 제도와 정책을 발굴하면서도 500여 년의 역사를 가진 민초의 길을 재개발의 이름으로 파괴하는 것을 당연시하고, 세계적인 문화시설을 건축한다는 명목으로 100여 년 동안 시민과 함께했던 건물의 파괴를 서슴지 않으며, 스스로 국제문화 첨단도시를 지향하는 인구 100만 명의 도시에서 50억 원을 구하지 못해 대한민국 최고의 '양조산업도시'라는 차별적 아이덴티티를 스스로 포기하는 것과 같은 일이 지금도 전국 곳곳에서 벌어지고 있다.

어떤 계기가 있어야 이러한 현실을 반전시킬 수 있을까? 어떤 엄청난 일이 벌어져야 우리의 생각을 바꿀 수 있을까? 역사·문화를 지키고 보살피며 채워주고 남겨두는 일이 모두가 그토록 원하는 지역재생의 필수 코스이자 지름길임을 어떻게 전할 수 있을까?

먼저 문제를 풀기 위한 접근 개념과 방법에 변화가 있어야 한다. 법·제도와 정책에 의존하는 하향식 접근이 아닌, '느린 것', '작은 것', '소외된 것', '힘을 잃은 것', '약한 것'에 대한 것에 관심을 기울이는, 즉 관심과 투자의 우선순위를 바꾸는 노력이 필요하다. 물론 이는 쉬운 일이 아니다. 반복되는 실증의 사례를 통해 직접 체감하지 않으면 결코 일어날 수 없는 일이다.

이 책은 이러한 실증의 현장을 우리 일상에서 만날 가능성을 열어가려는 작은 시도다. 소개되는 14곳의 사례는 역사·문화 재생의 명확한 지향점을 보여준다. 시각에 따라 다를 수 있겠지만, 이 책에서는 이 지향점을 다음의 네 가지로 분류해보았다.

첫 번째 지향점은 '단편적 시각에서 종합적 시각으로의 전환'이다. 현대 도시에서 역사·문화자산을 지역재생 차원과 연계해 볼 때는 대상 지역을 점 단위에서 선과 면 단위로 확장해서 보는 것이 유리하다. 일반적으로 선과 면 단위로 유사하거나 동질적인 속성을 지닌 지역 단위를 '어반 티슈urban tissue'라 부르며, 그 동질성의 핵심이 역사·문화라면 이를 '역사지구'라 정의한다.

역사지구의 존재 기반은 '인프라'다. 인프라는 주로 길, 필지, 물길 등으로 구성되며, 이를 '도시조직'이라 부르기도 한다. 또한 인프라를 지탱했던(지탱하는) 기능과 용도, 지역의 분위기나 주민 등도 역사지구의 중요한 구성 요소다. 개발의 틈새에서 살아남은 역사지구를 지키는 일은 창의적인 지역재생의 근원이자 기본 틀을 제공할 수 있다는 의미에서 무엇보다 큰 관심을 기울여야 한다. 이러한 차원에서 이 책에서는 미국 메인스트리트 프로그램의 적용 사례와 근린협력 기금을 활용한 역사지구의 재생 사례, 일본 가나자와의 역사지구 보전 사례와 도쿄 도심 상업지의 역사 재생 사례를 소개한다.

두 번째 지향점은 '보존적 관리에서 창조적 활용으로의 전환'이다. 우리는 근대에 대한 기억이 풍부하지 못하다. 여러 이유가 있지만, 근대에 대한 정의, 즉 시간의 폭이 지나치게 좁기 때문이다. 좁은 정의 속에서 근대기를 바라보니 우리 것으로 남길 것이 없어 보이고 근대기가 볼품없어 보이는 것이다. 지난 수십 년 동안 우리 주변에서 언제 어디서나 만날 수 있었던 역사·문화자산을 스스로 너무 많이 해체해버렸다. 이 과정에서 '문화재 대 비문화재'라는 극단적 판단만이 우리에게 남았다.

가장 쉽고도 지혜로운 방법은 역사·문화자산의 개체수를 늘리는 것이다. 역사·문화자산을 생활 속에서 자주 접하게 하기에는 기존 문화재만으로는 한계가 있다. 비문화재이지만 근대기의 생활과 생산, 그리고 자연과 관련된 환경(특히 산업유산과 생활문화자원)을 역사·문화자산의 범역에 포함시켜야 한다. 철강업,

광업, 수산업, 물류업, 제조업에 이르기까지 우리 산업 전반에 걸쳐 나타나는 산업유산과 1960~1970년대 경제 발전기에 형성된 향수와 추억의 대상을 현대 도시 속에서도 지켜가야 한다. 단, 전제는 있다. 향수만을 추구하는 단순한 개념에서 창의적 활용이라는 적극적인 관점으로의 전환이다. 이러한 차원에서 이 책에서는 미국 포틀랜드의 맥주공장 구역 재생 사례, 서호주 미들랜드 중심지의 철도 정비창 재생 사례, 홍콩 웨스턴마켓과 성완퐁 재생 사례를 소개한다.

세 번째 지향점은 '일방적 관리에서 참여적 관리로의 전환'이다. 전 세계적으로 역사·문화자산을 잘 가꾼 성공 사례에서 발견할 수 있는 공통점은 '관련 구성원 간의 명확한 역할 분담'과 '결코 서둘지 않는 점진적인 투자와 추진'이다. 두 가지 모두 사람들이 움직이지 않으면 안 되는 일이다. 그 사람들은 중앙정부나 지방정부에서 관할하는 조직에 속해 있기도 하고, 순수한 목적의 민간조직과 공공, 지역 주민, 전문가가 동참하는 준공공semi-public 성격의 조직에 속해 있기도 할 것이다.

이들의 원활한 참여적 관리를 위해서는 지역공동체의 삶에 연동된 중·장기적 접근과 사회적·경제적 측면에서 침해받을 수 있는 손실에 대한 창의적 보완 방안을 확보하는 것이 필수적이다. 그래야만 또 다른 의미의 진정한 주민 참여가 보장될 수 있을 것이다. 이러한 시각에서 독일 베를린의 사회통합적 도시재생 프로그램 사례, 일본 나가하마의 주민 주도형 마을 만들기 사례, 호주 브리즈번의 88 엑스포 부지의 재생 사례를 소개한다.

마지막으로 네 번째 지향점은 '획일적 관리에서 차별적 특화로의 전환'이다. 역사·문화자산을 지역문화와 문화·예술 등과 결합해 지역재생을 도모하는 경향은 21세기의 도시재생에서 상식이 된 지 오래다. 여기에서의 '문화'는 물적 환경보다는 관련 주체의 내면적인 의식 구조와 연관된 공동체적 콘텐츠가 주된 개념이 된다. 이와 함께 차별화의 대상인 지역문화와 문화·예술은 특정 목적에 집중하는 전용의 원리보다는 현대사회 이면의 사회적 아픔과 고통, 현재 번영을 있게 한 옛 것에 대한 존중과 배려, 후손을 생각하는 넓은 마음과 비전 등을 추구해야 한다. 이러한 차원에서 이 책에서는 영국 게이츠헤드의 문화·예술도시 재생 사례, 이탈리아 밀라노의 조나 토르토나 문화산업지역 재생 사례를 소개한다.

'전통을 창조한다'라는 말이 있다. 이 말 속에는 '전통은 늘 새롭게 변화할 수 있다'라는 의미가 내포되어 있다. 이를 논증하려면 적어도 두 가지 차원에서의 개념 정립이 우선되어야 한다. 첫째는 '변화를 도모할 수 있는 실체'에 대한 정의다. 이 실체(어떤 전통의 원형原型이라 할 수 있다)에 대한 정확한 이해는 피상적이고 겉 변화에만 머무르는 전통의 창조에서 벗어날 수 있는 계기를 제공할 것이다. 둘째는 '새로운 변화에 대한 규범'에 대한 정의다. 이 규범은 변화를 도모하는 주체의 성격과 이들의 시각에 따라 달라진다. 즉, 전통의 창조는 전통 자체가 지닌 잠재력과 인간의 창의적인 의도에 따라 발생하거나 달라질 수 있는 것이다.

이러한 시각에서 우리는 지켜야 할 것(변화 도모의 실체)과 추구해야 할 것(새로운 변화의 규범)을 재정립하고, 미래 발전에 필연적으로 요구되는 도시(지역) 내·외연의 연속성을 보호하고 배양하는 일에 모든 힘을 집중해야 한다.

제1부

역사 지역·지구를 활용한 도시재생

제1장

미국 메인스트리트 프로그램과 지역재생

워싱턴 주의 사례를 중심으로

강동진 | 경성대학교 도시공학과 교수

2007년 뜨거웠던 여름, 미국 워싱턴 주의 웨내치라는 생소한 작은 지방도시에서 한 노신사를 만났다. 그는 웨내치의 메인스트리트 프로그램을 운영하는 자치조직인 웨내치다운타운의 밀스 (Sam M. Mills) 회장이었다. 국제적으로 전혀 알려지지 않은 시골의 작은 도시에서 메인스트리트 프로그램을 묻는 한국인을 의아해하면서도, 자신들이 이루어가고 있는 메인스트리트 프로그램의 이야기를 필자와 함께 현장을 다니며 들려주었다. 그는 웨내치에서 밀스 브로스(Mill's Bros.)라는 양복점을 3대째 가업으로 운영하고 있었다. 궁금했다. 지금이 어떤 시대인데 양복점을 가업으로 대를 이어할 수 있느냐고. 하지만 명쾌한 그의 답에서 필자는 미국 메인스트리트 프로그램의 성공 이유를 확인할 수 있었다. 답은 간단했다. 단골손님이 계속 찾아온다는 것이었다. 바로 이웃 동네에 대형 마트가 있는데도 단골이 끊이지 않는 이유는 한결같은 수공(手工)의 수선 작업과 양복에 대한 질적 신뢰 때문이었다.

단순한 사례이지만, 이처럼 미국의 메인스트리트 프로그램의 바탕에는 지역과 주민의 상호 신뢰, 그리고 자신의 동네와 마을을 사랑하는 사람들의 깊은 나눔의 정신이 자리 잡고 있다. 물론 메인스트리트 프로그램의 성공은 중앙정부에서 지역으로 이어지는 시스템의 건전성과 합리적인 체계성에 기인한다. 하지만 미국 전역의 2,000여 개가 넘는 메인스트리트 각각의 차별성과 정체성은 지역 밀착적인 민관의 상호 신뢰와 지역 사랑에서 출발하며, 이는 30여 년이 넘도록 메인스트리트 프로그램이 활성적으로 지속된 핵심 요소인 것이다.

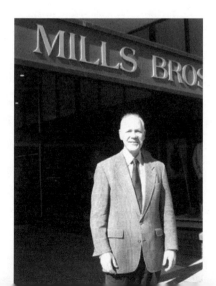

사례지 선정

여기서는 메인스트리트 프로그램을 적용하고 있는 워싱턴 주의 11개 도시 중, 모범 사례로 선정되었던 세 도시, 즉 포트타운센드(Port Townsend, 2000년 선정), 왈라왈라(Walla Walla, 2001년 선정), 웨내치(Wenatchee, 2003년 선정)를 사례지로 정했다.

'포트타운센드'는 인구 9,000여 명의 소규모 항구도시다. 1880~1890년대에 어업과 목재업으로 부흥했고, 미국 북서부

⊙ 사례지의 위치

연안지역인 퓨젓 사운드(Puget Sound)의 길목에 입지해 예로부터 해양문화가 발달했다. 미국 빅토리안 양식의 3대 항구에 속할 정도로 빅토리안 시대의 다양한 건축 양식을 보유한 아름다운 도시다.

'왈라왈라'는 인구 3만여 명의 도시로, 1800년대부터 지역 농업의 거점적 도시로서 기능해왔다. 특히 이 지역의 와인(Walla Walla Wine)과 양파(Sweet Onion)가 유명하다.

역시 3만여 명의 인구를 보유한 '웨내치'는 산림과 평야가 만나는 구릉지대에 입지하여 예로부터 과일 생산지로 이름난 곳이다. 특히 사과와 배가 유명하며, 현재에도 '워싱턴 사과'의 주 생산지다.

세 도시 모두 1900년대를 전후로 크게 성장한 지역 거점 도시이며, 1960~1970년대 미국 지방도시 전반에 걸쳐 나타났던 메인스트리트 해체 현상이 급속하게 진행되었다는 공통점이 있다. 포트타운센드는 1984년에, 웨내치는 1991년에, 그리고 왈라왈라는 1992년에 메인스트리트 프로그램의 대상지로 지정되면서 난관을 극복하고 성공적인 재생을 이루고 있는 사례로 평가받고 있다.

포트타운센드의 프로그램 전개

포트타운센드는 1976년에 유니언 부두(Union Wharf)와 배후 상업지역이 국가역사지구(National Historic District)로 지정되는 호기를 맞았지만, 1980년대 들어 오히려 인구가 줄기 시작하면서 경제 기반이던 항구의 가로상가가 퇴락하기 시작했다. 이와 함께 빅토리안 양식의 건축물이 하나둘씩 해체되기 시작하자 지역민들은 문제를 해결하기 위한 노력의 일환으로 메인스트리트 프로그램의 도입을 추진했다.

포트타운센드는 1984년 주 최초로 프로그램 적용 대상지로 지정되었지만, 별 다른 성과를 거두지 못하다가 지원 활동의 주체인 조직(Port Townsend Main Street Program)이 설립된 1991년 이

후부터 본격적으로 활성화되어 오늘날에 이르렀다. 1991년부터 2009년까지 신규 사업체 244개소와 신규 취업자 534명이 발생했고, 3,870만 5,073달러의 민간 자본을 투자해 167동의 건축물을 수복했으며, 0%에 가까운 공실률을 보일 정도로 좋은 성과를 거두고 있다.

웨내치의 프로그램 전개

'사과의 수도(capital of apple)'라 불리던 웨내치는 1960년대부터 인구가 줄기 시작하고 메인스트리트 내 상가의 공실률이 급증했다. 철도역과 연접한 메인스트리트는 주변 도시를 연결하는 통과도로 정도로만 사용되었고, 콜롬비아 강 건너의 이스트웨내치(East Wenatchee) 지역이 발전하기 시작하면서 웨내치의 메인스트리트 일대는 위기를 맞았다.

위기의식을 느낀 사업주들은 상인조직(Park and Shop Association)을 조직하는 등 조치를 취했으나 미봉책에 그치다가 1983년에 지원조직(Downtown Business Association)을 결성한 것을 계기로 메인스트리트 재건에 노력을 집중하게 된다.

그 결실로 1991년에 메인스트리트 프로그램의 적용 대상지로 지정된 후, 이스트웨내치 지역의 대형 쇼핑몰에 빼앗긴 상권을 회복하기 위한 본격적인 작업에 착수한다. 그 결과 1992년부터 2009년까지 448개소의 신규 사업체와 1,417개의 신규 취업자가 발생했고, 총 278개소의 건축물에 대한 수복사업으로 총 2,516만 1,091달러의 민간 자본이 투자되는 효과를 거두었다.

왈라왈라의 프로그램 전개

1800년대 초반부터 농업 거점 도시로서 영화를 누렸던 왈라왈라의 메인스트리트는 1980년대 들면서 가로상가의 공실률이 30%를 넘고 백화점도 문을 닫는 등 변두리 지역으로 전락하고 말았다. 이러한 "퇴락의 주원인은 왈라왈라의 주력 산업이던 와인산업이 경쟁력을 잃은 것이 가장 큰 이유였다"고 한다(지원조직 관계자 인터뷰 결과). 이런 상황 속에서 사업주와 토지 소유주들은 메인스트리트 프로그램을 도입하기로 결정했다. 1984년에 결성된 지원조직(DownTown Walla Walla Foundation)은 왈라왈라가 프로그램 적용 대상지로 지정된 1992년부터 본격적으로 활동을 시작했다. 'New-Tradition and Innovation'이라는 슬로건 아래, 지역민은 역사적 가로경관의 복원을 핵심 사업으로 결정하고, 연접한 3개 동의 건축물 수복사업을 우선적으로 추진했다.

그 결과, 프로그램 시작 후 지금까지 총 445개소의 신규 사업체와 1,622개의 신규 취업자가 발생했고, 총 523개소의 건축물에 대한 수복사업으로 총 8,407만 8,422달러의 민간 자본이 투자되는 효과를 거두었다.

1. 프로그램의 탄생과 전개 과정

1977년, 지역운동 차원에서 시작된 메인스트리트 프로그램Main Street Program
은 국가메인스트리트센터National Main Street Center, 이하 국가센터가 설립된 1980년을
기점으로 본격화된 커뮤니티를 중심으로 한 지역재생 기법이라고 정의할 수 있
다. 메인스트리트 프로그램은 지방도시의 중심가로에 입지한 역사적인 상업건
물이 사라지는 것을 막고자 역사보존트러스트 National Trust for Historic Preservation 에
의해 시작된 지역보존운동의 한 유형이다.

메인스트리트 프로그램은 2011년 현재 미국 전역 43개 주, 2,000여 곳 이상
의 도시에서 도입하고 있을 정도로 선호되는 지역 활성화 프로그램이다. 메인
스트리트 프로그램이 이처럼 선호되는 것은 '역사 보존의 맥락에서 경제 발전을
도모한다'는 정신이 호응을 얻었기 때문이라 할 수 있다. 이러한 메인스트리트
프로그램은 지역 중심적인 생각 속에서 자조적인 커뮤니티의 재구축을 지향하
고,① 해당 도시의 특성(공간환경, 생활환경, 물적 시설, 지역산업, 장소성, 인적 관계
등)을 기반으로 메인스트리트를 재생하는 것을 목표로 한다.

메인스트리트 프로그램은 네 가지 핵심 관점과 여덟 가지 원칙 속에서 진행
된다. 네 가지 관점은, 실천력과 재정적 기반을 갖춘 튼튼한 '조직organization'을
구축하고, 역사성을 보유한 안전하고 깨끗한 분위기의 지역으로 '디자인design'
하며, 역사·사회·문화·경제의 핵심체로 메인스트리트를 '홍보promotion'하고, 좀
더 강하고 폭넓은 '경제 재편economic restructuring'을 이루는 것 등이다. 또한 이러
한 관점의 기반이 되는 여덟 가지 원칙은 '종합성comprehensive', '높은 질(수준)

---

① 자조적인 주민조직에는 상가 소유주(retail and service sector business owners), 자산가
(property owners), 상공회의소(chambers of commerce), 재정지원체(financial insti-
tutions), 일반 소비자(consumers), 지자체(city and county government), 방송언론
(media), 지역 관련 공공지원조직(regional planning commissions and councils of
government), 역사 보존 단체(historic societies and historic preservation organi-
zations), 시민그룹(civic clubs), 교육기관(schools) 등이 포함된다.

quality', '파트너십 partnerships', '발전적인 변화 change', '자산資産의 가치 재정립 identifying and capitalizing on existing assets', '자조적 노력 self-help', '점진적 발전 incremental', '실천성 implementation' 등이다. 따라서 메인스트리트 프로그램은 환경 개선이나 경제 활성화에 초점을 맞춘 단편적인 지역정책이라기보다는 사회, 정치 (행정), 공간, 경제를 포괄하는 커뮤니티 지향적인 풀뿌리 지역재생운동의 한 유형이라고 할 수 있다.

프로그램의 본격적인 추진에 앞서 1977년부터 3년 동안 3개 도시에 대한 시범사업을 통해 강력한 민관 파트너십과 전임운영자의 필요성을 확인했다.② 해당 기간에 게일스버그 Galesburg 30개소, 메디슨 Madison 6개소, 핫스프링스 Hot Springs 7개소 등 총 43개소의 신규 사업장이 생겼고, 50% 정도에 머물던 게일스버그의 영업률이 95%로 향상되었으며, 핫스프링스의 판매세가 25% 증가하는 등 성과를 거두었다. 이러한 시범사업의 결과는 건축물의 '수복 rehabilitation'을 통한 메인스트리트의 역사성 회복이 거주민의 경제활동과 방문객 증가 등을 유도할 수 있고 결과적으로 세금원 확장과 경기 부양 등의 지역경제 활성화로 이어질 수 있다는 확신을 제공한다.

이후 10년간(1980~1990년)은 메인스트리트 프로그램의 공론화 시기③였다. 1980년에 설립된 메인스트리트센터의 주도하에 5개 주 30곳의 도시를 대상으로 한 2차 시범사업을 시행했다. 이때 가장 주목할 점은 프로그램의 지원 경로를 다각화한 점이었다.④ 1985년에는 인구 5만 명 이상의 80개 도시를 대상으로

---

② 시범사업은 게일스버그(일리노이 주), 메디슨(인디애나 주), 핫스프링스(사우스다코타 주)를 대상으로 이루어졌다.

③ 공론화의 주요 사례로는 450개 도시의 2만 6,000명이 5시간 동안 참여한 비디오 회의(National Video Conference, 1984년), 멤버십 프로그램 개설 및 뉴스레터(1985년), 제1회 메인스트리트 회의 개최(1986년) 등이 있다.

④ 메인스트리트 프로그램에는 미국의 주택도시개발청(Department of Housing and Urban Development), 국립예술기금위원회(National Endowment for the Arts), 교통부(Department of Transportation), 경제개발청(Economic Development Administration), 중소기

구분	1980~2010	2010	2009	2008	2007	2006
통계치의 대상 지구 수(개소)	—	1,023	954	1,069	976	941
환경 개선 투입량 (민간 부문 포함, 10억 달러)	51.0	2.2	2.7	3.2	2.4	2.0
창업 사업체 수(개소)	99,508	5,332	4,671	5,110	5,037	5,334
신규 취업자 수(인)	436,909	18,990	20,811	22,380	21,405	27,318
수복 건축물 수(개)	221,775	7,512	6,780	8,699	7,805	7,365
투자 효과(1달러 대비, 달러)	16	—	—	—	—	—

⊙ 표 1-1 메인스트리트 포로그램의 투자(누적) 성과(1980년~2010년)
자료: www.MainStreet.org

한 3차 사업이 시작되었고, 1989년에는 인구 5,000명 이하의 소도읍만을 대상으로 사업을 시행했다. 1991년부터 현재까지는 본격적인 '사업 활성화의 시기'로 규정할 수 있다.

1980년부터 2010년까지 나타난 성과(누적치)를 살펴보면 다음과 같다. 먼저, 투자액은 총 510억 달러로 평가된다. 전체적으로 9만 9,508개소의 신규 사업장이 개장했고, 43만 6,909명이 신규 취업했으며, 수복한 건물은 22만 1,775개소에 이르러 1달러 투자 대비 16달러를 회수하는 효과를 거두었다(표 1-1 참조). 결과적으로 메인스트리트 프로그램은 미국 역사상 효율성이 가장 높은 '지역 보존형 경제개발 프로그램'으로 평가된다.

업청(Small Business Administration), 농민주택관리청(Farmers' Home Administration) 등 다양한 관련 행정조직이 참여한다.

2. 기본 특성

2' 1. 커뮤니티 재생 차원

'커뮤니티 재생'이란 메인스트리트 내에서 서로 직간접적으로 관련된 사람들의 관계를 형성해 새로운 변화를 발생시키는 과정과 내용을 의미한다. 커뮤니티 재생을 이루는 데는 커뮤니티를 이끌 수 있는 '강한 중심'을 확보하는 것이 가장 중요한 요건이며, 대부분 지역민의 자조적인 지원조직이 그 역할을 수행한다. 지원조직의 다각화된 체계 확보와 중·장기적 차원에서의 꾸준한 활동도 커뮤니티 재생의 기본 조건이 된다. 이와 관련한 메인스트리트 프로그램의 공통된 경향은 다음과 같다.

첫째는 '전임운영자executive director를 확보하는 것'이다. 전임운영자는 풀타임 유료 근무자를 말하는데, 모든 도시에서 자원봉사자 성격을 탈피한 전문가를 채용하고 있다. 일반적으로 프로그램의 성공 여부는 경제 회복을 직접 체감할 수 없는 초기 3년에 달려 있는데, 실패한 도시들은 모두 초기 3년 동안 전문성을 갖춘 전임운영자를 찾지 못한 것으로 나타났다(National Main Street Center, 2000: 5). 이처럼 자산 관리, 중·장기 사업 추진, 관련자(상인, 자산소유자, 공무원 등)의 이해관계 조정과 갈등 완화 등의 기능을 수행하는 전임운영자의 역할은 메인스트리트 프로그램의 핵심이 된다.

국가센터에서는 메인스트리트 프로그램 참여 시 전임운영자의 확보 여부를 매우 중시하며 이를 선정의 준거로 삼는다. 인구 5,000~5만 명의 중규모 도시, 인구 5만 명 이상의 역사근린상업지구, 1~2개의 역사근린상업지구를 보유한 지역 등에 대해서는 상근과 유급을 전제로 하는 전문 프로그램 매니저를 반드시 확보하도록 하고 있고, 인구 5,000명 이하의 소도시에 대해서도 하프타임half-time 유급 전문 매니저를 둘 것을 의무화하고 있다.

둘째는 '강력한 민관 파트너십을 구축하는 일'이다. 메인스트리트 프로그램은 지역민과 공공(지자체)의 결속을 기본으로 하며, 지역 자산가(지역 은행이나 기업가 등)의 적극적인 참여가 필수적이다. 민관 파트너십을 통해 재생을 이룬 사례의 유형은 대중교통, 환경 등과 관련된 지역 문제를 공동 노력을 통해 접근하는 '지역 문제 해결형', 지역 활성화에 필요한 시설을 민관 공동 투자를 통해 추진하는 '특화단지 개발형', 파사드^{facade} 및 건축물 수복 활동을 지원하기 위한 '개별 사업체 지원형' 등으로 구분할 수 있다.

셋째는 '점진적인 실천력을 확보하는 일'이다. 메인스트리트 프로그램은 커뮤니티의 단결을 요하는 중·장기적 접근을 기본으로 한다. 따라서 일회적인 대규모 자금 투입과 프로젝트 시행, 외부 인력에 의존한 단기적인 프로그램 추진 등은 배제하는 것을 원칙으로 한다.

2' 2. 공간 재생 차원

'공간 재생'이란 해당 지역의 역사적인 중심가로가 보유했던 시각 이미지와 기능 패턴을 다시 회복하거나 강화하는 것을 의미한다. 메인스트리트 프로그램은 사라지거나 약화된 공간(경관)을 발굴해서 되살리는 것을 주된 방향으로 삼는다.

공간 재생에서 가장 중요한 조건은 지역자산을 발굴하는 일이다. 일반적으로 지역자산의 질과 양에 따라 공간 재생의 성공 여부가 결정된다. 성공적으로 프로그램을 추진하고 있는 도시들은 지역자산과 관련된 특별한 '계기적 사건'⑤을 프로그램 시작 초기에 겪는 경우가 대부분이다. 이와 관련한 메인스트리트 프로그램의 공통된 경향은 다음과 같다.

첫째는 '지역자산을 재활용하는 일'이다. 이때 거쳐야 할 가장 큰 난관은 발

---

⑤ 예를 들어, 보행 환경을 개선하기 위해 메인스트리트의 차선을 4차선에서 2차선으로 축소한다든지, 수십 년간 버려져 있던 옛 중심 건물을 복원하거나 해체 위기의 중심 건물의 용도를 전환해 재활용하는 것이다.

굴한 지역자산을 새로운 수요에 따라 적합한 공간(경관)으로 전환할 수 있는 프로그램을 개발하는 일이다. 이러한 목적으로 재활용되는 지역자산은 크게 극장이나 오페라관 등의 '문화시설', 메인스트리트 주변의 창고, 역사적인 상업시설, 공장mill, 철도역사 등의 '생산시설', 그리고 광장을 위주로 한 '오픈스페이스' 등으로 나눠볼 수 있다. 문화시설은 옛 기능을 복원해 재활용하는 경우와 상업 기능으로 전환해 재활용하는 경우로 나눌 수 있고, 생산시설은 상업·사무·문화 공간으로 사용하는 경우가 대부분이다.

둘째는 '상징경관(공간)을 확보하는 일'이다. 이 경향은 부분적으로 지역자산을 재활용하는 경우와 중첩되기도 한다. 일정의 상징경관을 확보하는 것은 지역민의 심상적인 상징물이었던 메인스트리트의 이미지를 회복할 수 있는 가장 용이한 방법이다. 특히 상징경관은 본격적인 프로그램 추진의 근거가 되는 '계기적 사건'과 깊이 관련되기도 하고, 지역민의 자긍심 회복과 관광의 타깃이 되기도 한다. 상징경관을 확보하는 방법으로는 기존 경관(공간)의 용도를 '유지하는 경우'와 '변경하는 경우'로 대별할 수 있고, 이러한 경관(공간)을 보유하지 못한 도시의 경우에는 행정시설을 이전하는 등의 특단의 조치를 통해 '신규 경관(공간)을 도입'하기도 한다.

셋째는 '실천적인 가로개선계획을 추진하는 일'이다. 모든 도시에서 메인스트리트가 지니고 있던 기존의 공간(경관) 문제를 해소하기 위해 적절한 물적 계획physical planning을 시행한다. 대부분의 경우 가로경관계획이나 환경개선사업 수준에 머물지만, 적극적인 의식을 보유했거나 지역민 간 합의가 이뤄진 경우에는 교통체계를 변경(차선 축소, 일방통행제 도입 등)하는 등의 특화계획을 추진하기도 한다.

2' 3. 경제 재생 차원

'경제 재생'은 메인스트리트 프로그램의 최종 목표라고 할 수 있다. 지역민의 삶의 질 향상과 깊은 관계가 있는 경제 재생은 투입 재원의 확보 여부와 지역민과 방문객을 끌어오기 위한 창의적인 아이디어의 수준에 가장 큰 영향을 받는다. 경제 재생의 결과는 신규 사업장과 취업자의 수, 세수의 증가 폭, 투입량 대비 효율 등의 경제 수치로 평가하는 것이 일반적이다. 이와 관련한 메인스트리트 프로그램의 공통된 경향은 다음과 같다.

첫째는 '지자체의 큰 관심과 지원을 받는 일'이다. 메인스트리트 프로그램의 원칙이기도 한 '자조적 노력'은 매우 중요한 것이지만, 현실적으로 지역민의 힘만으로 사업을 충실하게 추진하기란 불가능하다. 그리고 지자체의 지원이 단기적일 때에도 이와 유사한 한계를 드러낸다. 따라서 지자체의 지원은 중·장기적이어야 하며, 사업 단위보다는 지속적인 운영과 관리를 위한 지원이 더욱 필요하다고 할 수 있다. 현재 대부분 운영비의 30% 정도를 지자체에서 지원받는다.

한편, 지자체의 지원은 크게 '직접지원'과 '간접지원'으로 구분할 수 있는데, 직접지원은 사업자금을 지원하는 경우와 전임운영자의 보수 등 운영 자금을 지원하는 경우로 이루어지며, 간접지원은 지역 은행과의 협조로 진행되는 신규 사업자를 위한 저리 대출, 취업 활성화를 위한 장려금 지원, 건축물 수복을 위한 인센티브 제공 등의 방법으로 이루어진다.

둘째는 '창의적인 홍보와 운영을 하는 일'이다. 프로그램에서 가장 중요한 부분은 메인스트리트의 긍정적인 변화 내용을 서로 공유하고 이를 공동으로 활용하는 것이다. 이를 위해서는 홍보 매체의 개발이 필수적이며, 지역민의 방문 수요와 관광객 확보를 위한 창의적인 아이디어의 개발이 뒤따라야 한다. 예컨대, 해당 메인스트리트에서만 통용되는 '지역화폐'를 사용하는 것도 창의적인 운영 사례라 할 수 있다.

셋째는 '지역 특화형 이벤트와 행사를 개최하는 일'이다. 외부인을 메인스트리트로 끌어들이기 위한 가장 효율적인 방법은 축제나 행사를 개최하는 일이다. 이는 지역의 '특화 생산물'을 활용하는 경우와 '지역 출신 유명인'을 활용하는 경우로 대별할 수 있다. 그 밖에, 주변 도시의 대형 유통시설과 쇼핑몰에 대응하기 위해 테마세일 판매 등의 방법을 도입하기도 한다.

3. 사례별 주요 추진 내용

3' 1. 포트타운센드

포트타운센드Port Townsend는 1976년에 유니언 부두Union Wharf와 배후 상업 지역이 국가역사지구National Historic District로 지정되는 호기를 맞았지만, 1980년 대 들어 오히려 인구가 줄기 시작하면서 경제 기반이던 항구의 가로상가들이 퇴락하기 시작했다.

이와 함께 빅토리안 양식의 건축물들이 하나둘씩 해체되기 시작하자 지역민은 문제를 타개하기 위한 노력의 일환으로 메인스트리트 프로그램의 도입을 추진했다. 포트타운센드는 1984년 주 최초로 프로그램 적용 대상지로 지정되었지만, 별다른 성과를 거두지 못하다가 지원조직Port Townsend Main Street Program이 설립된 1991년 이후부터 본격적으로 활성화되기 시작했다.

지원조직은 메인스트리트 재생을 위해 두 가지 핵심 사업을 추진했다. 첫 번째 사업은 메인스트리트의 가로상가를 1900년대 초반에 형성되었던 후기 빅토리안 양식의 파사드로 수복하는 일이었다. 이 수복사업은 메인스트리트를 상행위가 일어나는 단순한 상업가로라는 생각에서, 공동체를 위한 '사회센터로서의 장소'로 인식하게 되는 의식 변화의 계기를 제공한다. 두 번째 사업은 메인스트리트를 보행몰로 정비하는 일이었다. '바다(부두) – 상가군 – 가로(메인스트리트) – 상가군'으로 이어지는 공간 패턴을 고려해 가로를 녹음緣陰의 길로 특화하는 작업을 진행한다.

핵심 사업의 가시적인 성과가 나타나기 시작할 즈음인 1998년에 있은 2건의 수복사업, 20년 동안 비어 있던 워터맨 빌딩Waterman & Katz building과 1890년

① ② ③ ④ ① 수복한 가로 모습, ② 20년간 비었다가 1998년에 수복한 워터맨 빌딩, ③ 테마영화관으로 수복한 로즈 극장, ④ 친수형으로 리모델링한 유니언 부두

에 건립된 베이커 빌딩Mount Baker Block Building의 수복은 메인스트리트 프로그램의 성공에 대한 확신을 지역민에게 제공했다. 이와 함께, 100여 년의 역사를 지닌 로즈 극장Rose Theatre을 복원해 옛 영화를 상영하는 테마영화관으로 운영하고, 유니언 부두를 친수형 부두로 리모델링하는 등 각종 수복 및 정비사업을 추진했다.

포트타운센드에서는 1984년에 메인스트리트 프로그램이 시작되었으나, 전임운영자를 갖춘 지원조직이 설립된 1991년이 되어서야 비로소 활동을 본격적으로 시작했다. 이것은 아직 메인스트리트 프로그램이 본격화되기 이전이라는 시기적 이유와 국가역사지구의 지정(1976년)에 따라 국가 지원에만 의존했던 당시의 여건과 깊은 관계가 있다. 즉, 포트타운센드는 특정한 계기적 사건을 통해 재생을 시작했다기보다는 국가역사지구 지정 이후 잃어버렸던 지역의 활력을 되찾기 위한 지역민의 자조적인 노력으로 재생이 촉발되었다고 할 수 있다.

국가 의존적 정책의 오류에서 벗어나기 위해 시행했던 핵심 사업은 가로경관을 빅토리안 양식으로 수복하는 일이었고, 1998년에 있은 두 동의 건축물 수복은 주변 건축물의 점진적인 수복과 지역민의 단결을 가져왔다. 결과적으로 "역사적인 건물들과 가로의 원경관原景觀, original landscape을 지키는 것이 자신들의 가장 중요한 자산임을 깨닫게 되는 의식 변화의 성과를 거두었다"(관계자 인터뷰).

포트타운센드는 미국에서 꽤 알려진 휴양도시인데도 대규모 고급 호텔이 없다. 이는 빅토리안 양식의 건축물을 소규모 숙박시설로 활용하는 것과 밀접한 관계가 있다. 철저하게 지역자산을 관광 인프라로 활용하고 있는 것이다. 7월에서 10월까지 연속적으로 개최되는 11개의 해양 및 예술 축제도 대부분 수복된 메인스트리트를 거점으로 진행된다.[6]

수복 완료 시점인 2006년부터는 수복한 상가들을 활성화하기 위한 '직접적인 경제 지원책'을 강구'하는 동시에, '미래 지향적인 메인스트리트를 창조하기 위한 사업 구상을 추진'하고 있다. 전자와 관련해서는 저리 융자 프로그램HUD Low Interest Loan Program과 사업·조직체 세금 공제 프로그램B&O Tax Credit Program 등의 '재정 지원책'과 지역화폐제도Town Dollars Gift Card Program 등의 '관광 지원책'이 있다. 후자는 구축된 메인스트리트의 역사적인 분위기를 항구도시의 입지여건과 결합해 '해양 역사·문화지대'라는 테마 지역으로 육성하기 위한 작업을 말한다. 핵심 프로젝트로 옛 군수창고에서 한시적으로 운영해오던 해양교육센터를 '북서 지역 해양센터North west Maritime Center'로 확대·개편해 메인스트리트 해변에 건설한 것이다.

이처럼 포트타운센드의 메인스트리트 프로그램은 30여 년 동안 점진적으로

---

[6] 가장 권위 있는 축제인 '우든보트페스티벌(Wooden Boat Festival)'도 메인스트리트와 연접한 마리나(Point Hudson Marina) 지역에서 열린다.

확보한 역사적 분위기를 바탕으로 '메인스트리트와 바다의 결합'이라는 더욱 확장된 새로운 개념의 테마를 도입해 경제 활성화의 기틀을 다져가고 있다.

3' 2. 웨내치

'사과의 수도 capital of apple'라 불리던 웨내치 Wenatchee 는 1960년대부터 인구가 줄기 시작하고 메인스트리트 내 상가의 공실률이 급증하게 된다. 철도역과 연접한 메인스트리트는 주변 도시를 연결하는 통과 도로로 사용되었고, 콜롬비아 강 건너의 이스트웨내치 East Wenatchee 지역이 발전하기 시작하면서 웨내치의 메인스트리트 일대는 해체 위기를 맞는다. 위기의식을 느낀 사업주들은 상인조직 Park and Shop Association 을 결성하는 등의 조치를 취했으나 미봉책에 그쳤다. 1983년에 결성한 지원조직 Downtown Business Association 을 계기로 메인스트리트를 재건하려는 노력에 집중하게 된다. 그 결실로 1991년에 메인스트리트 프로그램 적용 대상지로 지정되었고, 이스트웨내치 지역의 대형 쇼핑몰에 빼앗긴 상권을 회복하기 위한 작업에 본격적으로 들어갔다.

지역민들은 '더욱 친근한 다운타운'을 목표로 180만 달러를 투자해 4차선의 고속도로처럼 이용되던 메인스트리트를 2차선을 축소하는 가로재생 프로젝트를 추진한다. 일방통행 시스템을 함께 도입하고, 축소된 2차선에는 '시간제 자유주차 시스템'을 도입해 고질적인 주차장 부족 문제를 해결한다.

또 하나의 해결 과제는 메인스트리트와 1892년에 사과 수송을 목적으로 개설된 철도 Great Northern Railroad 사이의 도로 Colombia Street 변에 입지한 사과 저장 창고 지구 Warehouse District 의 처리였다. 대형 창고들이 삭막한 경관을 이루고 있었는데도, 지역민들은 그것의 해체보다는 수복 후 다른 용도로 전환하거나 일부 복합상업시설로 재활용하는 것을 선택했다.

이 창고들은 웨내치의 주 생산품인 사과의 저장 창고였기 때문에 경관 개선과 함께 지역산업의 역사와 연계된 산업유산 보전이라는 또 다른 의미를 제공

⊙ 특징적인 경관을 제공하는 창고군: 수복한 창고군(왼쪽)과 명물이 된 창고벽 광고(오른쪽)

했다.

1993년에 조직체의 이름을 웨내치다운타운Wenatchee Downtown으로 바꾼 뒤 특별 사업 차원에서 가로변 건축물 중 역사성이 큰 57개 건축물을 '웨내치등록 문화재Wenatchee Register of Historic Places'로 지정했다. 지정 건물의 수복 활동을 지원하기 위한 저리 융자 프로그램은 물론, 50년 이상 된 건축물의 수복 시 10년간 재산세를 면제하는 세금 면제 프로그램Tax Exemption for Historic Preservation과 파사드 정비 시 500달러를 지원하는 디자인 보조금 제도Design Assistance Matching Grant도 1993년부터 시행 중이다. 또한 자체 개발한 디자인 지침을 수복사업에 적용하고, 가로 활성화를 위한 각종 이벤트를 도입해 메인스트리트 일대를 역사탐방로Wenatchee Historic Walking Tour Course로 활용하고 있다.

웨내치는 100여 년 전부터 사과 생산과 판매 그리고 저장과 수송을 위해 형성되었던 메인스트리트의 옛 활력을 되찾기 위해 다양한 시도를 했다. 그 타깃은 '통과하는 교통'과 '지나치는 사람'이었다. 이들을 메인스트리트에 머물게 하기 위해 지역민은 강력한 파트너십을 구축하고 고속도로처럼 사용되던 메인스트리트를 스스로 4차선에서 2차선으로 축소하는 사업을 추진했다. 이들은 통과하는 차량을 머물게 하는 것이 메인스트리트 재생의 핵심이라는 데 동의한 것이다.

도로 축소는 메인스트리트 프로그램 성공의 계기가 되었고, 사과산업과 연

계된 과거의 지역성을 지키고 강화하는 배경을 제공했다. 자연스럽게 도로변의 사과 저장 창고에 대한 생각을 긍정적으로 바꾸게 했고, 창고 재활용은 옛 분위기의 유지와 경관 정비는 물론 석재 가공업, 기계 제작업 등 새로운 도시 기능을 메인스트리트에 유입하는 결과를 가져왔다.

이 두 가지 선도사업은 메인스트리트의 고질적인 도시문제를 해결하는 돌파구를 제공했다. 이후 연이어 진행된 250여개에 달하는 건축물의 수복은 메인스트리트에 역사탐방로를 개설할 수 있는 여건을 제공했고, 결국 메인스트리트 자체를 '문화화'하는 결과를 가져왔다. 웨내치의 건축물 수복사업은 단순히 외피의 재포장이 아니라, 역사적인 상가(주거) 건물에 생명력을 불어넣는 이미지 강화 작업이자, 업주에게 자긍심을 불러일으킨 의식 개조 운동이었다.

신도시인 이스트웨내치와 콜롬비아 강을 사이에 두고 마주한 웨나치의 입지 조건은 메인스트리트 프로그램의 초점이 '외부인(관광객)'이 아니라 '내부인(지역민)'에 맞춰지는 원인을 제공했다. 이로써 웨내치의 프로그램은 관광보다는 지역 경기 활성화가 최종 목표가 되었고, 자조적인 공동체 재건이 최우선 과제가 되었다. 지역민의 합의를 통해 도시구조를 개조한 것과 더불어 자체적으로 개발한 각종 인센티브 제도와 강력한 파트너십은 웨내치만의 정체성을 창조하게 했고, "우리는 제품의 질과 정성을 담은 서비스로 승부하고 있다"(지원조직회장 인터뷰)라는 자신감을 불러일으켰다.

3' 3. 왈라왈라

1800년대 초반부터 농업 거점 도시로서 영화를 누렸던 왈라왈라^{Walla Walla}
의 메인스트리트는 1980년대 들면서 가로상가의 공실률이 30%를 넘고 백화점
도 문을 닫는 등 변두리 지역으로 전락하고 말았다. 이러한 "퇴락의 주원인은
왈라왈라의 주력 산업이던 와인산업이 경쟁력을 잃은 것이 가장 큰 이유였다"
(지원조직 관계자 인터뷰)라고 한다. 이러한 상황 속에서 사업주와 토지 소유주는
메인스트리트 프로그램을 도입하기로 결정했다. 1984년에 결성된 지원조직
DownTown Walla Walla Foundation 은 왈라왈라가 프로그램 적용 대상지로 지정된
1992년부터 본격적으로 활동을 시작했다.

'새로운 전통과 혁신^{New-Tradition and Innovation}'이라는 슬로건 아래, 지역민은
역사적 가로경관 복원을 핵심 사업으로 정하고, 연접한 3개 동의 건축물 수복사
업을 우선적으로 추진했다. 도심에서 가장 큰 상업건물이었으나 경쟁력이 떨어
져 해체 위기의 몰린 본마르체 빌딩^{Bon Marche Building}을 지키기 위해 연접한 리
버티 극장^{Liberty Theater}의 용도를 바꿔 통합 개발하기로 하고, 두 건물의 공동
수복을 추진했다.[7]

1993년에는 리버티 극장과 연접한 부르크 빌딩^{Bie Brucke Building}을 수복했다.
개발 주체가 달랐는데도 공용 엘리베이터를 건설하는 등 세 건물의 수복 과정
은 왈라왈라 메인스트리트 프로그램의 시금석이자 상징으로 기록되어 있다.

왈라왈라의 성공을 예견한 또 다른 사례로는 랜드마크를 형성하는 마커스화
이트먼 호텔^{Marcus Whitman Hotel}의 수복과 컨벤션센터의 건립이었다. "인구 2만
을 겨우 상회하던 도시에서 컨벤션센터 걸립은 무모한 결정이라고도 볼 수 있
었지만, 메인스트리트의 도약을 예견한 사업이었다"(지원조직 관계자 인터뷰)라
고 한다.

---

[7] 현재는 미국 최고의 백화점인 메이시스(Macy's)가 입점해 있다.

⊙ 계기를 제공한 상징적 프로젝트: 통합된 본마르체빌딩과 리버티 극장(왼쪽), 수복된 부르크빌딩(오른쪽)

이러한 수복사업을 계기로 일반 건물의 수복사업(2006년 12월 현재 497개소의 건물 수복)이 이어져 메인스트리트 일대는 고풍스러운 유럽의 중세도시를 연상케 하는 분위기로 변화했다.

왈라왈라는 지원조직의 결성(1984년)과 프로그램 지정 시기(1992년)에 차이가 있는데, "이 8년의 시간은 프로그램의 운영을 위한 준비 기간이었고, 이것이 오히려 성공의 바탕이 되었다"(지원조직 관계자 인터뷰)라고 한다. 1992~1993년에 진행된 세 동의 건축물 수복작업은 1900년대 초반 이후부터 농업 거점 도시인 왈라왈라를 지원하며 메인스트리트에 입지해 있던 10여 개 금융기관을 자극하여 이들이 수복운동에 앞장서는 계기를 제공했다. 금융기관은 스스로 먼저 수복사업을 통해 가로경관을 변화시켰고, 연합하거나 독립적으로 수복을 위한 금융 지원(기증, 저리 융자 등)을 함으로써 메인스트리트 프로그램이 정착하는 데 재정적 기반을 제공했다.[8] 결국 이것은 워싱턴 주의 메인스트리트 프로그램 적용 대상 중 가장 많은 457개의 건축물을 수복하는 원동력이 되었다.

금융기관의 지원으로 시행된 대량의 건축물 수복은 관광객을 메인스트리트

[8] 특히 베이커보이어 은행(Baker Boyer Bank)은 30여 동의 건물 복원을 지원하고 지역화폐 수천 달러를 기증했으며, 수천 시간에 걸친 자원봉사 활동을 함으로써 2002년 비즈니스리더십상(Business Leadership Award)을 수상하기도 했다.

⊙ 재생 기반을 제공한 금융업과 농산업: 재정 기반을 제공한 수복한 지역 은행들(왼쪽), 농업도
시의 위상을 회복시킨 스위트어니언(오른쪽)

로 끌어들이는 요인이 되었고, 이 때문에 도심 외곽에 입지해 있던 와이너리
winery[9]들이 메인스트리트로 옮겨 오거나 신규 설립되어 현재 8개의 와이너리
가 메인스트리트에 입지하고 있다. 또한 특산품인 양파Walla Walla Sweet Onion 요
리 및 판매 전문점이 설립되는 등 왈라왈라는 신개념 농업 거점 도시로 재생되
고 있다.

4. 추진 주체

메인스트리트 프로그램은 기본적으로 민관 협업 관계를 바탕으로 지역사회
의 자발적이고 자생적인 해결법을 찾는 것이 궁극의 지향점이다. 국가센터는
직접적인 행정권을 가지지는 않지만, 광역자치단체에서 프로그램 운용할 수 있
도록 다각도의 지원과 각 지역 단위 메인스트리트 프로그램의 성과를 평가하는
일을 담당한다. 따라서 지역에서는 평가 과정을 통과해야만 '메인스트리트'로

---

⑨ 와이너리는 포도재배농장과 와인 저장고를 소유하고 지역 와인을 직접 제조하고 판매하
는 곳이다. 시음과 구매는 물론 식당을 겸한 곳도 있어 해당 지역만의 와인 문화를 체험
할 수 있다.

지정받고 그 명칭을 사용할 수 있다. 이와 관련한 (최초)지정을 위한 기준$^{Designation Criteria}$은 다음과 같다.

① 상업지구의 활성화를 위한 지역공동체의 보편적인 지지 여부
② 지역의 메인스트리트 프로그램의 조직 확보와 지역공동체의 여건에 맞는 비전과 임무의 확보 여부
③ 메인스트리트의 종합적인 활동계획의 보유 여부
④ 역사 보존에 대한 철학의 보유 정도
⑤ 활성화된 이사회의 존재 여부
⑥ 충분한 업무 예산의 보유 여부
⑦ 전문성을 지닌 프로그램 관리자(유급)의 보유 여부
⑧ 직원과 자원봉사자에 대한 교육훈련 체제의 작동 여부
⑨ 주요 통계지표에 대한 기록 보유 여부
⑩ 내셔널트러스트 메인스트리트 네트워크의 회원 가입 여부

한편 광역지방자치단체에서는 국가센터에 일정 비용을 지불하고 지역 메인스트리트 프로그램 설립과 유지·관리 체계를 위한 자문과 지원을 받는다. 광역자치단체에서는 각 지역에서 제출한 신청서를 심사(상기 기준에 의거)해 지역 메인스트리트 프로그램을 지정하고 재정 지원을 한다.

국가센터의 주요 업무는 10여 가지로 구분되는데, 네 가지 접근(관점) 및 여덟 가지 원칙을 기초로 하는 실천계획과 구체적 방식 제안, 프로그램 운영 관련 기술 자문(상담), 전국 규모의 컨퍼런스$^{National Main Streets Conference}$ 개최(매년),[10] 전문가 교육 및 양성, 교육 및 확산을 위한 자료 발간, 인적 네트워크 구축 체계

---

[10] 2012년 전국 메인스트리트 컨퍼런스는 볼티모어(Baltimore)에서 4월 1~4일 열렸으며, 2011년에는 디모인(Des Moines), 2010년에는 오클라호마시티(Oklahoma City), 2009년에는 시카고(Chicago)에서 개최되었다.

운영, 메인스트리트 대상Great Main Street Award: GMSA 선정⑪ 등이 이에 해당한다. 국가 센터의 재원은 지역 및 개인 회원과 광역지방자치단체에서 납부하는 회비, 자문보조금으로 충당하며, 2011년 현재 대표 디렉터 포함 총 13명의 직원이 근무하고 있다.

⊙ 2012년 볼티모어에서 열린 메인스트리트 프로그램 컨퍼런스 로고
자료: http://www.preservationnation.org

일반적으로 지역 메인스트리트 프로그램은 전담 디렉터를 중심으로 지역사회 활동가와 전문가로 구성된 메인스트리트 위원회Main Street Board 와 전문위원회Main Street Committee 로 구성된다. 이 중 후자는 일반적으로 메인스트리트 프로그램의 네 가지 관점(조직, 디자인, 홍보, 경제 재편)에 맞추어 구성된다. 이사회에는 지역 관련자와 단체⑫가 참여하며, 이사회 운영 재원은 기부금, 메인스트리트 크레디트 인센티브Main Street Tax Credit Incentive 제도에 따른 적립기금,⑬ 회원 회비 등으로 충당한다.

---

⑪ 최근 3년 동안 수상한 도시는 다음과 같다. 2011년: 벨로이트(Beloit, 위스콘신 주), 포트 피어스(Fort Pierce, 플로리다 주), 올드타운 랜싱(Old Town Lansing, 미시건 주), 뉴어크 (Newark, 델라웨어 주), 실버시티(Silver City, 뉴멕시코 주). 2010년: 콜럼버스(Columbus, 미시시피 주), 페어몬트(Fairmont, 웨스트버지니아 주), 펀데일(Ferndale, 미시건 주), 리즈 서미트(Lee's Summit, 미주리 주), 패두카(Paducah, 켄터키 주). 2009년: 그린베이 브로드웨이 디스트릭트(Greenbay Broadway District, 위스콘신 주), 엘도라도(El Dorado, 아칸소 주), 페더럴 힐-볼티모어(Federal Hill-Baltimore, 메릴랜드 주), 리버모어(Livermore, 캘리포니아 주), 르호보스 비치(Rehoboth Beach, 델라웨어 주).

⑫ 포트타운센드에서는 City of Port Townsend Lodging Tax Advisory Committee, Team Jefferson, Port Townsend Artscape, Convention and Visitors Bureau Planning Committee, Civic District Events Participation 등의 단체가 이에 속한다.

⑬ 적립기금은 전체 기부액의 50%를 메인스트리트를 위한 공공기금으로 적립하는 제도다. 메인스트리트의 지원조직체는 적립기금 중 1년에 10만 달러를 기부받을 수 있다. 이러한 내용의 법적 근거를 제공한 워싱턴 주의 빌 그랜트(Bill Grant) 의원은 2006년에 '시민리더십상(the Civic Leadership Award)'을 수상하기도 했다.

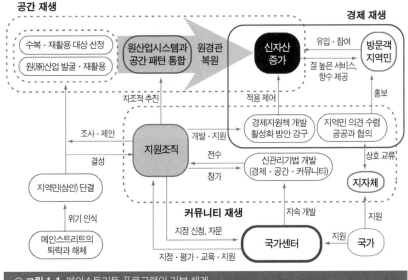

공간 재생

- 수복 · 재활용 대상 선정
- 원(原)산업 발굴 · 재활용

원산업시스템과 공간 패턴 통합 | 원경관 복원

경제 재생

신자산 증가

유입 · 참여 → 방문객 지역민

질 높은 서비스, 향수 제공

자조적 추진

적용 제어

홍보

조사 · 제안

개발 · 지원

경제지원책 개발 활성화 방안 강구 | 지역민 의견 수렴 공공과 협의

지원조직

전수

신관리기법 개발 (경제 · 공간 · 커뮤니티)

상호 교류

결성

참가

지자체

지역민(상인) 단결

위기 인식

커뮤니티 재생

지정 신청, 자문

지속 개발

지원

메인스트리트의 퇴락과 해체

국가센터

지원

국가

지정 · 평가 · 교육 · 지원

⊙ **그림 1-1** 메인스트리트 프로그램의 기본 체계

자료: 강동진(2007: 91).

5. 관련 제도 및 전략

미국 메인스트리트 프로그램의 사례별 특성은 지역민의 대응 정도와 메인스트리트 자체의 구성 요건, 공공의 자세 등에 따라 다른 결과를 보였지만, 그림 1-1과 같은 형태의 기본 체계를 파악할 수 있었다.

도출한 시스템에서 가장 중요한 것은 자조성이 강한 '지원조직'의 결성 시기와 기능, 그리고 이의 지속적인 유지의 가능성이다. 메인스트리트를 지탱해갈 '신新자산'의 확보 여부도 중요한 관건이며, 각종 지원과 교육, 자문, 그리고 지속적인 평가를 시행하고 있는 메인스트리트센터와 지원조직 간의 '긴밀한 연계와 교류'도 시스템 작동의 중요한 요건이다. 전체적으로 볼 때, 메인스트리트 프로그램의 다양한 구성 요건은 분리되거나 한쪽으로 치우치지 않고 균등한 발전 과정 속에서 상호 보완 관계를 이루고 있다.

이처럼 메인스트리트 프로그램에서 지원조직이 중요하게 다루어지는 것은 메인스트리트 프로그램의 지향점이 지역 변화를 유도할 수 있는 조직체의 지속가능한 실천성을 확보하는 것이기 때문이다. 이에 근거해 메인스트리트 프로그램의 성공 요건을 다음과 같이 도출할 수 있다.

첫째는 '지속가능한 지원조직의 필요성'이다. 이는 메인스트리트 프로그램의 핵심이라 할 수 있다. 지원조직은 공공(국가센터, 지자체 등)으로부터의 정기적인 교육과 지원을 기반으로 하는 전문기관의 성격을 띠어야 하고, 공동체의 의식 강화를 위한 지속적인 노력을 기울여야 한다. 둘째는 '단일 사안으로 다루지 않고 통합적·연계적으로 접근할 필요성'이다. 메인스트리트 프로그램은 지역의 산업, 생활, 행정, 문화, 관광 등을 포괄하는 종합적이고 중·장기적인 관점으로 접근해야 한다. 셋째는 '자조적인 실천성의 확보'다. 이를 위해서는 경제적 차원에서의 인센티브와 합리적인 지침을 제공하는 것은 물론, 교육과 훈련을 통해 지역민이 적극적으로 참여할 수 있는 분위기를 확보하는 것이 필요하다. 넷째는 '지역자산 재활용의 필연성'이다. 지역을 유지해온 지역자산(산업, 상업, 문화활동 등)과 관련된 공간(경관)은 파괴하지 않고 반드시 재생의 핵심체로 활용해야 한다. 다섯째는 '계기적 사건에 대한 지역공동체의 경험'이다. 일반적으로 계기적 사건은 상징건물의 수복(복원)이나 개인 또는 특정 단체의 헌신적 노력 등으로 이루어진다. 계기적 사건은 프로그램과 관련해 지역민의 의식을 긍정적으로 전환하는 데 많은 기여를 할 수 있고, 사업 초기에 발생할 경우 큰 효과를 거두는 것으로 분석된다. 마지막으로 여섯째는 '메인스트리트에 대한 지역민의 긍정적 인식의 보유'다. 이러한 인식은 결과론적으로 얻어지는 것이 보편적이다. 이를 위해서는 먼저 지역민들이 메인스트리트를 부동산 가치가 상승할 수 있는 장기적인 '긍정적 투자 대상'이자 자신의 '공동 사업장'으로 인식할 수 있는 계기와 확증이 반드시 있어야 한다.

도시	지정 연도	데이터 누계 시작 연도	개업 사업체	신규 취업자	수복된 건축물	수복 투자비 (달러)	폐업 사업체	퇴직· 이직자	순수 취업자
포트타운센드* Port Townsend	1984	1991. 8.	244	534	167	38,705,073	115	248	286
웨내치* Wennachee	1991	1992. 5.	448	1,417	278	25,161,901	173	572	845
월라월라* Walla Walla	1992	1992. 3.	445	1,622	523	84,078,422	154	760	862
포트앤젤레스 Port Angeles	1992	1992. 8.	462	1,177	294	19,686,840	234	624	553
퓨앨럽 Puyallup	1992	1992. 3.	291	821	148	39,304,838	112	336	485
베인브리지 아일랜드 Bainbridge Island	1998	1998. 10.	244	706	132	18,271,533	111	379	327
케너윅 Kennewick	2003	2003. 3.	67	212	41	9,652,410	37	250	38
엘런스버그 Ellensburg	2007	2007. 1.	60	178	33	930,148	29	115	63
첼런 Chelan	2008	2008. 7.	27	37	27	3,777,750	17	32	5
올림피아 Olympia	2008	2008. 7.	36	83	20	2,587,769	54	120	40
마운트버넌 Mount Vernon	2009	2009. 1.	9	13	8	278,900	2	5	8
총계			2,333	6,800	1,671	242,435,584	1,038	3,441	3,512

◉ **표 1-2** 워싱턴 주의 메인스트리트 프로그램 성과(누계, 2009년 12월 31일 현재)
 * 사례 분석 대상
 자료: Washington State Main Street Program(2010).

6. 사업 성과 및 평가

사례지로 분석한 세 도시는 '워싱턴 주 메인스트리트 프로그램Washington State Main Street Program: WSMSP'에 속해 있다. 현재 워싱턴 주에는 이 세 도시 외에 2009년에 지정된 마운트버넌Mount Vernon을 비롯해 총 11개의 도시가 메인스트리트 프로그램의 적용을 받고 있다.

포트타운센드는 1991년부터 2009년까지 신규 사업체 244개소와 신규 취업자 534명이 발생했고, 3,870만 5,073달러의 민간 자본을 투자해 건축물 167동을 수복했다. 이 수치는 가로변 전체 건축물의 거의 100%에 해당하며, 0%의 공실률을 보일 정도로 좋은 성과를 거두었다(관계자 인터뷰; Washington State Main

Street Program, 2010).

웨내치는 웨내치다운타운을 중심으로 다양한 정책을 추진한 결과, 20%가 넘던 공실률이 5%대로 축소되었고, 1992년부터 2009년까지 신규 사업체 448 개소와 신규 취업자 1,417명이 발생했으며, 건축물 총 278개소에 대한 수복사업으로 총 2,516만 1,091달러의 민간 자본이 투자되는 효과를 거두었다(관계자 인터뷰; Washington State Main Street Program, 2010).

왈라왈라는 신규 사업체 445개소와 신규 취업자 1,622명이 발생했고, 총 523개소의 건축물에 대한 수복사업으로 총 8,407만 8,422달러의 민간 자본이 투자되는 효과를 거두었으며, 사업 유치를 위한 적극적인 노력으로 공실률 0% 의 성과를 보이고 있다(Washington State Main Street Program, 2010).

워싱턴 주는 '메인스트리트 크레디트 Main Street Credit'라는 재정 지원 프로그램을 2006년부터 도입하는 등 매우 실천적인 사업을 추진하고 있는 것으로 알려져 있다. 이는 사업·조직체 세금 공제 프로그램 B&O Tax Credit Program 이라고도 부르며, 개인 기부자가 낸 전체 기부액의 75%에 대해 세금을 공제해주거나 기부액의 50%를 메인스트리트를 위한 공공기금으로 적립하는 제도다. 이와 더불어 메인스트리트에 속한 사업체는 1년에 총 25만 달러까지 세금 공제를 받을 수 있으며, 메인스트리트의 지원조직체는 적립기금 중 1년에 10만 달러를 기부받을 수 있다. 이 기금의 양은 일반적으로 메인스트리트 시민조직체 1곳 운영비의 약 2배에 해당한다(National Trust News Release, 2006).

한편, 미국 전체 2,112개 사업지의 총괄 누계치(1980~2007년)를 보면, 총 사업체 8만 2,909개가 개업했고, 신규 취업자 37만 514명이 발생했으며, 건물 19 만 9,519개가 수복되었고, 인프라와 건물의 리모델링에 총 450억 달러가 투자된 것으로 평가된다(National Trust Main Street Center).

7. 한계와 시사점

최근 활발한 논의와 실천이 진행되고 있는 한국 지방도시의 원도심 재생과 관련한 상황을 고려해볼 때, 메인스트리트 프로그램이 추진되는 유기적이고 과정적인 시스템은 우리에게 많은 시사점을 줄 수 있다고 판단된다. 특히 커뮤니티 재생 차원에서의 '자조적인 지원조직의 역할', 공간 재생 차원에서의 '지역의 원산업에 근거한 원경관 복원 노력', 경제 재생 차원에서의 '질 높은 서비스와 향수 제공을 통한 원산업과 연계된 신자산 확보' 등의 특성은 깊이 있게 검토하고 고려해야 할 개념이다. 그 밖의 특징적인 시사점은 다음과 같다.

첫째, 메인스트리트 프로그램을 통해, 해당 지방도시(구도심)가 역사성이 비록 뛰어나지 않더라도 대응 방법과 의지에 따라 지역성을 테마로 한 재생이 가능하다는 것을 확인할 수 있다. 이는 '우리나라의 지방도시들이 보유한 원도심의 다양한 가치를 재조명할 수 있는 기회를 제공'할 수 있을 것이다.

둘째, 지방도시의 활성화를 위해 노력하는 과정에서 우리는 장기의 대규모 테마형 개발사업, 이벤트 위주의 지역 축제, 성과 위주의 조급한 사업 추진 등 다양한 유형의 시행착오를 겪었다. 메인스트리트 프로그램에서는 이러한 접근을 철저하게 배제했고, 이는 사회, 문화, 경제, 공간 등 여러 요소를 통합할 수 있는 다각화된 시스템 개발의 필요성을 암시하는 것이다. 즉, 기존의 단일 사안, 단기적 접근, 단일 지원으로는 지역의 온전한 재생이 불가능하다는 원칙을 발견할 수 있다.

셋째, 이번 사례를 통해, 일방적인 하향적 접근이나 타의로 시작된 사업은 만족할 만한 결과를 가져올 수 없다는 시사점을 얻을 수 있다. 이는 자체적으로 일을 추진하거나 협의해나갈 수 있는 자조성 확보와 스스로의 자긍심 배양이 지방도시의 재생에 가장 중요한 사안임을 의미하는 것이다.

제2장

미국 시애틀 파이어니어 스퀘어 역사지구 재생

근린협력기금의 활용과 의미

박소현 | 서울대학교 건축학과 교수

시애틀 도심부의 파이어니어 스퀘어 역사지구는 1853년 시애틀 시가 처음 시작된 장소, 즉 발상지(birthplace)로서 역사적 의의가 큰 곳이다. 미국 서부의 금광 개발 열기로 한때 이곳은 일대에서 가장 화려한 곳 중 하나였으나, 1910년대를 기점으로 급속히 쇠퇴했으며, 전후 개발의 시대를 맞아 1950년대 이후 더욱 슬럼화하면서 도시재개발계획으로 대부분 헐릴 위기에 처했다. 다행히 1960년대 후반 미국 사회의 환경운동, 인권운동, 여성운동 등으로 촉발된 사회적 변화와 기존의 재개발 위주 도시계획정책의 폐해에 회의를 품은 전문가 및 시민들의 보존운동에 영향을 받아, 애초 제안되었던 재개발계획이 폐지되고 1971년 시애틀 시에서 처음으로 역사지구로 지정되면서 재생의 길로 들어섰다. 이후 40여 년을 지나면서 파이어니어 스퀘어는 균형 있는 계획과 성공적인 시행을 바탕으로 도심부 역사지구 재생의 성공 사례로 자리매김했으며, 쇠퇴 지역의 바람직한 활성화 모델로 꼽힌다. 파이어니어 스퀘어 역사지구가 이른바 성공적인 도시재생 사례로 진화하기까지는 여러 요인이 영향을 미쳤는데, 이 글에서는 재생의 주체가 된 이곳 주민들이 어떻게 꾸준히 서로 소통하고 협력하며 공동체 작업을 함으로써 지속가능한 재생을 이룰 수 있었는지 알아보며, 이때 그 기제로서 시애틀 시의 근린협력기금과 같은 프로그램에 초점을 맞추어 이를 설명할 것이다. 도시재생의 사례는 그 과정에서 해당 주민의 지속적인 역량 강화와 참여를 가능하게 하는, 보이지 않는 요인을 이해하는 것이 그 무엇보다 중요하다고 생각하기 때문이다.

인구

시애틀 대도시권(metro)에는 2010년 현재 약 340만 명이 살고 있다. 대도시권으로 보면 미국에서 15번째로 큰 규모다. 시애틀 시(city)에만 약 60만 명이 거주하고 있다. 시애틀은 1853년 파이어니어 스퀘어 역사지구(Pioneer Sqaure Historic District)의 대표 가로인 예슬러웨이(Yesler Way)를 중심으로 시작되어, 1885년에는 주변의 10개 블록에 약 1만 2,000명이 거주했고, 이로부터 계속 확장해갔다. 1960년대에 이르러 시애틀 시 인구는 약 56만 명, 대도시권 인구는 약 110만 명에 이르렀고, 이 지역 인구는 이후 지속적으로 증가하며 오늘날에 이르렀다.

시애틀의 위치 및 연혁

시애틀은 미국 태평양 북서부에 위치한 도시로 주변 자연경관이 뛰어난 곳이다. 레이니어 산(Mt. Rainier)과 올림픽 국립공원(Olympic National Park), 케스케이드 산맥(Cascade Range)과 퓨젓 사운드(Puget Sound) 등 수많은 호수, 강, 섬, 산 등 아름다운 주변 자연환경을 갖춘 도시로 성장했다. 초기 타운 시절에는 목재와 관련된 1차 산업이 중심이었으나, 이후 금광과 관련된 광산업, 보잉을 필두로 한 항공산업, 최근에는 마이크로소프트, 아마존, 스타벅스 등으로 대표되는 다양한 IT 및 서비스 산업이 주를 이루고 있다. 시애틀은 1975년 하퍼 매거진(Harper's Magazine)에서 미국에서 가장 살기 좋은 도시로 선정된 이래 오늘날까지도 살기 좋은 도시 리스트에 언제나 상위로 꼽힌다.

한편, 시애틀 도심부의 파이어니어 스퀘어 역사지구는 시애틀 시의 성장과 매우 복합적인 관계를 맺으며, 성장과 쇠퇴 그리고 재생의 여정을 겪고 있는 곳이다.

⊙ 시애틀의 위치

⊙ 시애틀 중심부와 파이어니어 스퀘어의 위치
자료: Walter Siegmund, 2006(Wikipedia)에서 재구성.

| 재개발 철거 위기 | → | 장소 가치 재발견
시민, 전문가 보존운동 | → | 역사지구 지정
재생 1단계 성공 | → | 재생 대상과 주체의
다양화, 복합화,
지속적 변화 |

⊙ 도심부 역사지구의 진화 과정
자료: 박소현(2008).

파이어니어 스퀘어 역사지구의 도시재생 연혁

도심부 역사지구는 대부분 끊임없이 변화하고 성장하는 유기체처럼 비교적 공통적인 진화의 과정을 겪으면서 도시재생의 단계를 밟아간다. 파이어니어 스퀘어 역사지구 역시 그렇다.

도심부의 오래된 노후지역이기도 한 파이어니어 스퀘어 역시 1960년대 초반의 재개발계획으로 철거 위기에 놓였었는데, 이 지역의 역사적·문화적 가치를 재발견하고, 이것이 시민과 전문가의 보존운동으로 이어졌으며, 이로써 기존의 재개발계획이 폐지되고 역사지구로 지정되었다. 이러한 생존의 성공 단계 이후의 과정에서는 더 다양하고 복잡해지는 주민의 요구 사항을 원활하게 받아들이면서 해당 지역의 재생사업을 지속적으로 해나가기 위해 제도적으로 뒷받침된 여러 수단이 필요해진다. 파이어니어 스퀘어 역사지구는 시애틀 시가 제시한 여러 수단 중 근린협력기금(Neighborhood Matching Fund: NMF)과 같은 소규모 주민 주도의 재생사업 지원제도를 적극적으로 활용해 긍정적인 효과를 얻었다고 평가할 수 있다.

근린협력기금의 연혁

시애틀 시 근린국(Department of Neighborhood)이 운영하는 근린협력기금은 1988년 15만 달러의 기금으로 발족한 이래, 지금까지도 매년 약 450만 달러의 기금으로 400여 건에 가까운 근린재생 프로젝트를 지원하고 있다. 근린단체가 주도해 근린공동체에 중요한 재생 프로젝트를 지원하는 이 제도는 매우 성공적인 것으로 평가받아 미국 전역에서 유사한 프로그램의 롤 모델이 되고 있다. 파이어니어 스퀘어 역사지구에서도 첫 생존 단계 이후 다양하고 복잡해진 주민 요구를 근린협력기금 등을 잘 활용해 긍정적인 효과를 얻었다.

1. 시애틀 도심, 파이어니어 스퀘어 역사지구

파이어니어 스퀘어 역사지구Pioneer Square Historic District ①는 시애틀 시의 원原 도심이라 할 수 있다. 파이어니어 스퀘어는 1853년 시애틀 타운의 첫 구획을 그은 곳으로, 시애틀 시는 이렇게 첫 구획된 파이어니어 스퀘어로부터 시작해, 목재산업, 광산업 등 지역의 산업을 꾸준히 발전시키며 1880년대 말까지 서북미 지역의 대표 도시로 성황을 이루었다. 1889년 발생한 대화재로 파이어니어 스퀘어 중심부의 초기 목조 건물이 모두 소실된 후 벽돌 건물로 재건되었는데, 이는 미국 19세기 로마네스크 리바이벌 양식의 우수 사례로 손꼽힌다. 파이어니어 스퀘어의 건물은 사암, 테라코타, 적벽돌 등의 재료를 사용해 장식이 풍부한 디테일을 현재까지도 잘 유지하고 있다.

한편, 1898년 대화재 이후 도심부를 재건하면서 파이어니어 스퀘어의 평균 도로 지면을 한층 높여 이를 기준으로 잡으면서, 이전에 1층이었던 도시 공간이 전부 지하로 매몰되는 기이한 결과가 생겨났다. 이렇게 생겨난 지하 공간은 이후 관광명소로 재탄생해 현재 시애틀 언더그라운드투어Seattle Underground Tour 의 코스가 되었다. 파이어니어 스퀘어가 미국 북서부 지역의 '붐타운'으로서 전성기를 누렸던 시기는 알래스카 금광 열풍이 불던 1897년과 1905년 사이로 보는 견해가 많다(Sale, 1976).

1900년대 초반 들어 파이어니어 스퀘어가 호텔, 살롱 등이 주를 이루는 유흥가로 정착되는 사이, 도심부의 주요 경제 기능은 파이어니어 스퀘어에 인접한 북쪽 지구로 이동하게 되어 새로운 중심업무지구Central Business District: CBD를 형성했다. 1910년대에 이르러 파이어니어 스퀘어는 더 이상 시애틀의 중심지가 아니었고, 이때부터 급격한 쇠퇴 과정을 겪었다. 이미 제1차 세계대전을 전후로

---

① 파이어니어 스퀘어 역사지구에 대한 내용은 주로 다음 문헌을 참고하여 서술했다. Sale (1976), Ochsner(1996), Kreisman(1999).

파이어니어 스퀘어는 노후한 도심부
의 위험한 지역으로 전락했고, 시간
이 지날수록 그 정도가 심해져 1950
년대에 이르러서는 황폐한 사무실,
전당포, 싸구려 여인숙, 술집 등 열악
한 도시 기능이 집중되고 부랑자가
모이는 우범지대로 전락했다.

⊙ 파이어니어 스퀘어의 1950년대 모습
자료: University of Washington Libraries

시애틀 시는 제2차 세계대전을 겪는 동안 보잉사를 비롯한 국방산업의 성장
에 힘입어 1950~1960년대에 많은 성장을 이루었으나, 이때 건설된 최신형 오
피스빌딩과 상업시설은 원도심인 파이어니어 스퀘어가 아니라 인접한 신도심
인 새로운 중심업무지구에 집중적으로 건설되었다. 파이어니어 스퀘어는 계속
해서 쇠퇴하고 노후해, 성장 관점에서 볼 때 속히 정비해야 할 위험한 지역으로
인식되었다. 당시 근대주의적 도시계획 관점에서 파이어니어 스퀘어는 전면 철
거해 재개발을 시행해야 할 지역이었으며, 1963년 시애틀 도심부계획에서 이러
한 내용이 적극 반영되었다(City of Seattle, 1963).

1963년 시애틀 시의 도심부계획에서 제시된 바대로라면, 파이어니어 스퀘
어는 대부분 지역을 철거하고 새롭게 구상한 도심부 고속화도로, 새로운 고층
상업시설군, 넓은 노면 주차장 등이 들어설 예정이었다. 파이어니어 스퀘어의
전면 재개발계획은 시애틀의 당시 도심부 상공인 모임과 시 정부가 중심이 되
어 추진한 것으로, 이를 뒷받침한 것은 도심부 부동산의 경제적 가치가 주를 이
룬다고 할 수 있다. 한편, 파이어니어 스퀘어의 역사적·문화적 가치에 관심을
기울이며 재개발계획 방식과는 다른 형태로 접근한 주체들이 있었는데, 이들은
주로 예술·문화 분야에 종사하던 전문가들이었다. 파이어니어 스퀘어 지역의
쇠퇴로 값싼 작업 공간이 생긴 측면도 있었는데, 고풍스러운 역사적 건물을 싼
값에 사들이거나 세를 내 이를 건축가나 화가, 작가가 작업 공간으로 사용하는
일이 1960년대 초반부터 집단적으로 생겨나기 시작했다(Lee, 2001). 파이어니

면적		
시(city)		369.2km²
	육지	217.2km²
	수면	152km²
대도시권(metro)		21,202km²
표고		0~158m
인구 (2010년 4월 1일 기준)		
시(city)		608,660명 (미국에서 23번째)
인구밀도		2,842.1명/km²
도시지역(urban)		2,712,205명
대도시권(metro)		3,439,809명 (미국에서 15번째)

⊙ 시애틀의 면적과 인구 현황(왼쪽), 파이
어니어 스퀘어 역사지구 구역도(오른쪽)
자료: www.seattle.gov

어 스퀘어의 장소 가치를 역사적·문화적 관점에서 재발견한 예술가와 전문가 집단이 주축이 되고, 낙후하기는 했으나 시애틀의 원도심이라는 장소적 정체성을 인정한 일반 시민의 큰 호응을 얻으며 이루어진 보존운동의 결과로 파이어니어 스퀘어 재개발계획은 결국 폐기되기에 이르렀다. 그리고 이곳은 1971년 시애틀 시의 조례에 따라 공식적인 역사지구로 지정·선포되었다. 여기에는 전문가 및 시민의 보존운동 이외에도 당시 사회적인 변화의 움직임, 그리고 1950년대 미국 동부의 대도시에서 절정을 이루었던 도시재개발의 폐해가 속속 드러난 것과 더불어, 시간차를 두고 비교적 한 박자 늦게 도시재개발 사업에 뛰어든 시애틀과 같은 서부 도시의 특성도 영향을 미쳤다고 볼 수 있다.

파이어니어 스퀘어의 도시재생은, 제안되었던 전면 재개발계획이 폐지되고 이곳이 공식적인 역사지구로 지정된 시점에서 시작되었다고 볼 수 있다. 그전까지는 재개발계획을 저지한다는 목표 아래 다양한 집단이 한 목소리를 내며 일치된 모습으로 보존운동을 추진할 수 있었다. 그런데 역사지구로 지정된 이후, 그들이 해야 할 작업은 더 이상 하나의 목적을 지닌 단일 프로젝트가 아니었으며, 목소리를 내는 주체도 서로 다른 어젠다를 가지고 다양하게 존재했다. 즉, 초기 보존운동의 단계를 거치고 나서, 철거되지 않고 역사지구로 살아남은 대상지를 다방면으로 활성화해야 하는 도시재생의 다음 단계로 접어들면서, 활성화의 대상과 주체가 복잡해지는 수순을 밟게 된 것이다. 시민들이 되살려낸 역사지구에 대해 원하는 사항이 다양해지고 복잡해져, 이전과는 전혀 다른 접근 방식이 요구되었다. 특히 이러한 상황에서 그들이 서로 원활히 소통할 수 있고 그들의 의견을 수렴하면서 해당 지역의 지속적인 재생사업을 가능하게 하는 제도적 장치가 필요해졌다.

2. 파이어니어 스퀘어 역사지구의 도시재생 성공 요인

파이어니어 스퀘어가 역사지구로 지정된 이후, 초기에는 크게 두 가지 사업을 중심으로 도시재생사업을 진행했다. 먼저, 역사 지구 내 주요 건물은 철거하지 않고 보존하되, 지역 활성화를 위해 일부 상업 용도로 보수·복원했으며, 해당 건물에 대해서는 세금 감면 혜택을 제공했다. 그리고 이 지역이 건강한 주거지역으로도 정착될 수 있도록 필요한 공공서비스 시설도 제공되었다. 이를 위해 파이어니어 스퀘어 근린협의회도 역사지구 내 다양한 구성원이 고루 대표될 수 있도록 구성해 운영했고, 보수·복원 및 신축을 위한 디자인심의위원회에는 주민도 참여해 환경 개선 및 사회서비스 제공의 임무를 수행했다. 이러한 작업은 시애틀 시의 근린 관련 업무부처의 성장과도 맥을 같이하며 1970년대 이후 지속적으로 성장해왔다고 볼 수 있다. 결국, 한 도시의 근린계획은 일반적으로 그 도시의 역사지구 지정 및 지속적인 유지·관리 과정을 통해 제도화되는 과정을 겪게 된다.

시애틀 시의 근린국Department of Neighborhood에서 시행하는 다양한 근린계획 관련 프로그램은 많은 부분 그 시작점을 파이어니어 스퀘어 역사지구를 초기

⊙ 파이어니어 스퀘어 역사지구의 모습. 이곳의 상징 중 하나인 철재 퍼걸러(오른쪽 사진)는
1910년에 만들어진 것이다.
자료: 오른쪽은 www.seattle.gov

대상으로 하여 현장에서 실험적으로 적용하며 지속적인 보완을 거쳐 오늘에 이
른다고도 볼 수 있다. 예컨대, 특별지구 단위로 근린계획을 시범적으로 시행하
며, 지구별 계획을 작성해 지역의 비전에 맞는 사업을 계획하게 되는데, 이것을
시에서 지정한 첫 역사지구인 파이어니어 스퀘어에서 시범적으로 실시해, 지속
적인 보완을 거쳐 파이어니어 스퀘어 근린계획 Pioneer Square Neighborhood Plan 으로
완성했다(City of Seattle, 1998).

파이어니어 스퀘어 역사지구의 활성화를 위한 세제 혜택, 근린마스터플랜,
근린지원센터, 디자인심의기구 등 제도적 지원시스템이 시 정부 차원에서 바람
직하게 설치되고 운영되었다. 한편, 역사지구에서 활동하는 주민과 상인이 스
스로 자신이 살고 있는 장소의 환경의 문제점에 대해 논의하고 개선안을 실현
해갈 수 있도록 지원해주는 여러 프로그램이 시도되었다. 그중에서 특히 근린
협력기금 Neighborhood Matching Fund: NMF 은 지속적으로 주민들 간의 소통을 촉발
하는 도구로, 또한 주민공동체의 역량을 강화하는 매개로, 나아가 주민 발의에
의한 환경개선사업을 시행하는 데 중요한 재원으로 기능했다.

3. 근린협력기금

근린협력기금[2]은 주민의 근린환경 개선 노력을 제도적으로 뒷받침해달라는 지역 주민 대표들의 요구에 부응해 1988년에 만들어졌다. 시애틀 의회가 시 정부(근린국) 기반으로 설립한 이후 현재까지 시 행정구역 내 거의 대부분 지역에서 시행되었다. 근린환경 개선에서 주민 참여가 활발하고 주민이 자발적으로 주도하는 다양한 프로그램을 지원하는 것이 근린협력기금의 역할인데, 기금을 지원받은 지역공동체의 주민 구성원은 근린환경 개선 프로젝트를 기안하고 시행 과정에도 주도적으로 참여한다.

근린협력기금 프로그램은 시행 후 지난 수년 동안 인종, 사회정의, 교육, 도시 농업, 환경 등 시애틀에 거주하는 다양한 지역 주민과 관련한 주요 쟁점에 따라 유연하게 변화해왔으며, 결과는 프로그램을 운영하는 시 정부가 기금을 구분하는 유형 type에서 확인할 수 있다. 즉, 모든 근린협력기금 사업은 ① '인종 및 사회정의 race and social justice', ② '기후 변화 대응 climate protection', ③ '청소년 창의력, 지적 능력 발휘 youth-initiated projects', ④ '근린조직 neighborhood organizing', ⑤ '근린 계획과 디자인 neighborhood planning and/or design', ⑥ '물리적 개선과 비물리적 개선 physical and non-physical improvements', ⑦ '공교육 파트너십 public school partnership'의 유형 중 하나로 구분된다. 이것은 기금을 구분하는 기준이 기금의 외형적 조건이 아니라 기금이 지원하게 될 프로그램의 가치와 목표, 내용에 따른 것임을 보여준다.

시 정부가 주민이 제안한 프로젝트 신청서를 심사해 지원 여부를 결정하는데, 지원할 기금의 규모는 커뮤니티의 자원봉사 인력, 후원 물품, 전문가의 후원 참여 시간, 현금 기부 등 실제로 이루어지는 다양한 형태의 참여 방식을 총합해 해당 커뮤니티가 자발적으로 동원하는 자원의 크기에 상응해 결정된다. 이것을

---

② 근린협력기금에 관한 일반적인 내용은 시애틀 시 정부의 공식 자료를 참고함.

- 커뮤니티의 자원봉사 인력, 후원된 물품, 전문 인력과 주민으로부터 걷은 자금 등에 맞추어 시 정부의 지원을 보강해주는 것.
- 정부 지원의 정도나 종류는 프로젝트의 필요에 맞게 조정.
- 커뮤니티의 자발적인 지원 정도는 그들의 합의된 정도나 프로젝트에 대한 투자 등을 나타내기에, 전체 지원 규모의 상당한 정도가 자체적으로 조달되어야 함.
  - 물리적 개선 프로젝트(놀이터, 공공미술 등) → 1(커뮤니티) : 1(시애틀 정부)
  - 비물리적 개선 프로젝트(디자인, 계획, 이벤트 등) → 0.5(커뮤니티) : 1(시애틀 정부)

⊙ **Box 2-1** 시애틀의 근린협력기금 개요

종류	금액 환산 방법
자원봉사자 인력	· 시간당 20달러로 환산 · 신청서 접수일 이후부터 모금, 계획, 기구조직 등의 활동 시간 포함
전문가 서비스	· 자원봉사자로 참여한 전문가의 업무 시간은 그들의 관례적인 급여를 고려해 금액으로 환산할 수 있음 · 최고액은 시간당 75달러
후원 물품과 기계 대여 등	· 후원 물품은 실제 가격에 준하여 금액으로 환산 · 대여 물품도 실제 대여 가격에 준하여 금액으로 환산
현금	· 현금 기부 가능. 현금 기부액 그대로 환산

⊙ **표 2-1** 커뮤니티 매치의 자원과 환산 규칙

커뮤니티 매치community match라고 하며, 이로써 프로그램의 실행으로 혜택을 누릴 지역 주민에게 지원되는 기금에 상응하는 자발적 노력을 요구community match requirement하는 것이다. 이 점이 바로 근린협력기금 프로그램의 고유한 핵심이라고 할 수 있다.

커뮤니티 매치는 금액으로 표 2-1과 같은 규칙에 따라 환산되어 총합되는데, 시 정부로부터 지원받는 기금의 규모는 커뮤니티 매치 금액의 규모를 넘지 않는다. 이 부분은 주민의 자발적인 참여를 강조하는 면에서, 그리고 해당 커뮤니티의 역량별 작업의 규모와 성격을 결정하는 면에서 중요한 시사점을 갖는 요소로 해석할 수 있다. 공동체 사업의 시행에서 지원 규모가 근거 없이 크면 오히려 해가 될 수 있기 때문이다.

이러한 방식은 시애틀 시 정부와 커뮤니티 주민 간 협력을 실질적으로 촉진하는 것으로, 프로젝트를 계획하고 이를 시행하는 주체가 될 커뮤니티, 즉 공동체를 형성하는 것이 프로젝트가 성공적으로 시행되는 핵심이라는 점을 반영해 이를 제도적 장치로 요구한 것이다. 그리고 무엇보다도 프로젝트가 달성하는 외형적 결과뿐 아니라, 프로젝트가 진행되기 이전에 얻어야 하는, 주민의 자발적 참여를 이끌어내려는 노력과 협력적인 관계 형성의 과정이 더욱 중요한 목표라는 점을 인식하고, 이를 제도적 수단을 통해 먼저 달성하려는 것이다.

1988년 프로그램을 시작한 이후 2010년까지 23년 동안 약 4,700만 달러(약 528억 원)가 집행되어 3,900여 개의 프로젝트를 지원했다. 이를 단순히 산술적으로 계산하면 프로젝트당 약 1만 2,000달러의 소규모 기금으로 해마다 약 170개의 프로젝트를 지원해온 셈이다. 이러한 시 정부 기금을 끌어들일 수 있었던 커뮤니티 매치의 규모는 8,500명 이상의 자원봉사자가 기여한 56만 6,000시간의 봉사활동을 포함해 총 6,800만 달러(약 765억 원)에 달했다. 프로젝트에 집행된 기금의 규모와 그것에 상응하는 커뮤니티 매치를 고려하면, 지역공동체 구성원의 자발적 참여를 바탕으로 소규모 공공 자금 지원만으로 효율적인 프로젝트 진행을 가능하게 했다고 할 수 있다(Seattle Department of Neighborhood).

4. 근린협력기금 프로그램의 종류와 지원 대상

현재 근린협력기금은 '작은 불꽃 기금Small Sparks Fund', '작고 간단한 프로젝트 기금Small and Simple Projects Fund', '큰 프로젝트 기금Large Project Fund'의 세 종류로 나뉜다. 각 기금별 지원 금액이나 신청 조건은 표 2-2와 같이 구분된다.[3]

---

[3] Tree Fund도 있었지만 이는 2010년 하반기부터 시애틀 공공시설국(Seattle Public Utilities)이 담당하는 것으로 바뀌었으며, 전체 기금 프로그램은 현재도 개선 중이다.

기금 종류	지원 상한	신청 자격
작은 불꽃 기금	1,000달러	공식, 비공식적인 근린 커뮤니티 모임이나 시민조직으로, 연간 운영 예산이 2만 5,000달러 미만인 조직
작고 간단한 프로젝트 기금	2만 달러	근린 기반의 모임, 커뮤니티 기반의 조직, 특별(ad hoc) 조직, 사업체 모임(상공회 등) 등으로서, 근린의 역량을 강화하고자 하는 프로젝트를 원하는 조직 지역적 기반이 없는 조직도 신청할 수 있음(인종, 민족적 집단, 장애인 단체 등)
큰 프로젝트 기금	10만 달러	근린 기반의 조직, 특별 모임, 사업체 모임 등(Small and Simple Projects Fund와 유사). 단, 이 프로젝트는 반드시 특정 근린에 기반을 둔 것이어야 함

⊙ **표 2-2** 근린협력기금의 종류와 신청 자격 조건

① **인종 및 사회정의 추구**: 소규모 프로젝트만 해당

② **기후 변화 대응**: 소규모 프로젝트

③ **청소년 창의력, 지적 능력 발휘**: 소규모 프로젝트

④ **근린 계획과 디자인**

⑤ **근린조직**: 근린모임을 조직하고 다양화하며, 그들의 활동 범위를 확대하기 위한 프로젝트

⑥ **물리적 개선**: 근린의 물리적 환경을 개선하는 프로젝트. 사적 영역의 개선을 위해서는 소유자의 승인(letter)과 장기 대여(lease) 동의 문서를 첨부해야 함

⑦ **비물리적 개선**: 모임 활동, 이벤트, 교육과정, 워크숍, 축제 등의 지원은 1회에 한함

⑧ **공교육 파트너십**: 교육 취약 계층을 지원하기 위한 프로젝트

⊙ **Box 2-2** 근린협력기금의 지원 대상 유형

이 세 기금이 지원하는 대상은 지역사회가 당면한 쟁점과 지향하는 가치에 따른 문제 해결을 지역공동체 스스로 모색하는 사업이다. 시 정부는 이를 여덟 가지의 유형으로만 구분할 뿐, 프로젝트가 실행할 구체적인 내용은 지역공동체의 자발적이고 창의적인 제안의 몫으로 열어두었다. 이에 따라 프로젝트의 내용도 공원, 운동장, 공동체 공용 공간, 공공미술, 교통 소음·환경, 조경, 가판대 등의 다양한 물리적인 환경개선사업뿐 아니라 농산물 직거래시장, 자원 재활용 교육, 공동체 교육, 후원, 훈련, 지역 탐사, 축제, 문화적 기념, 도보 행진, 경주

대회, 지역단체 구성, 지역포럼, 방과 후 학교 프로그램, 미디어 교육, 청소년 힙합 경연, 예술 공연, 조상 찾기, 민족 문화 탐방, 다문화 소통 등 다양한 비물리적인 행사와 프로그램을 지원한다.

2009년과 2010년 기금이 지원한 프로젝트의 내용을 보면 총 257개 사업 중에서 물리적 환경개선사업이 63개, 근린조직 활동 사업이 43개, 축제 등 비물리적인 개선사업이 40개, 청소년 관련 사업이 29개, 근린 계획 및 디자인 사업이 29개, 인종 및 사회정의 관련 사업이 25개, 기후 변화 관련 사업 21개, 공공 교육 관련 사업이 7개 시행되었다. 물리적 사업(24.5%)뿐 아니라 비물리적 사업을 포함한 지역 활성화를 북돋는 다양한 사업이 고루 진행되었음을 알 수 있는데, 이는 주민의 참여와 소통을 촉진하는 사업에 기금을 지원한 결과라 할 수 있다.

5. 근린협력기금 프로그램의 운영과 조직

근린협력기금 프로젝트의 시작은 커뮤니티 구성원의 아이디어에서 비롯된다. 대개 구성원은 시 정부 담당국(시애틀은 근린국) 공무원으로부터 근린협력기금 프로그램에 대한 교육을 받을 수 있다. 어떤 공동체 단체가 기금을 신청하기로 결정하면, 전담 프로젝트 매니저가 그룹마다 배정되어 기금 신청 과정의 모든 절차를 지원하며, 기금 지원이 결정된 이후에도 지속적으로 도움을 준다.

기금 지원의 여부를 결정하는 과정은 기금 종류에 따라 두 가지 경로로 나뉜다. '작은 불꽃 기금'과 '작고 간단한 프로젝트 기금'은 신청 시 담당 공무원이 검토해 지원 여부를 결정하는 비교적 간단한 과정을 거친다. 한편 규모가 크고 사업의 영향력이 상대적으로 광범위할 수 있는 '큰 프로젝트 기금'의 신청은 사업이 기획하고 있는 대상 사업지역과 관련되어 근린 지역 의회district council 의 검토를 받아야 하고, 또한 시 정부의 시티와이드리뷰팀City Wide Review Team 이 도시 전체 수준에서 검토한다. 각 신청에 대해 지역 의회와 시티와이드리뷰팀이 각각 50%씩 평가 점수를 부여하며, 이 두 그룹은 상위 그룹인 시 근린협의회와 업무가 연계되어 최종적으로는 근린협의회가 기금 지원 대상 신청서의 추천을 승인하게 된다.

기금 지원 대상 자격을 결정하는 데에는 공공성에 관한 몇 가지 원칙과 조건이 주어진다. 우선, 공공에게 이익을 제공하며 무상으로 이용할 수 있도록 개방되어야 하고, 근린조직 스스로 발의하고 추진해야 한다. 제안된 사업의 내용에 따라 적절하게 상응하는 커뮤니티 매치가 금액으로 제시되어야 하며, 사업이 진행되는 영역은 시애틀 정부의 한계 내에서만 제안되어야 한다. 개인이나 개인적 이해를 추구하는 사업가, 종교단체, 공공기관, 정치적 집단, 지자체, 대학, 병원, 신문, 시애틀 외부 단체 등은 이러한 기준에서 벗어나 지원 대상에서 제외되며, 지원 심의 시점에서 과거 2년 내에 근린협력기금 프로젝트 수행에 실패한 경험이 있는 주체도 제외된다.

이상의 지원 결정 과정을 진행하는 각 그룹 구성도 공동체 대표성과 자발성에 기초한다. 시애틀의 13개 구는 각각 일단의 지역 의회 위원을 구성해 운영하는데, 이 위원들은 강력한 지역공동체를 만들고자 스스로 자원한 대표자들이다. 시티와이드리뷰팀의 인원 상한은 17명이며, 지원자 중 13개 구 의회에서 각 1명씩, 시애틀 근린국에서 더 큰 규모의 지역을 대상으로 나머지 4명을 선택해 구성한다. 시 근린협의회City Neighborhood Council도 13개 구 대표자로 구성한다. 이상의 모든 그룹 구성원이 공동체에서 리더십을 발휘하고 주민 참여에 헌신하는 수백 시간에 걸친 활동의 결과로 근린협력기금의 강력한 효과를 얻게 된다.

근린협력기금 프로그램이 집행되는 과정에서도 관련된 다양한 시 정부 기관과 강력한 파트너십을 형성한다. 시애틀 근린국 내에서는 공동체 정원 프로그램P-Patch Community Gardening과 역사 보존 프로그램Historic Preservation Program, 각 구별 코디네이터District Coordinator를 통해 협력한다. 담당 부서 외에는 공립학교나 시애틀 시 시설국Seattle Public Utilities, 교통국Seattle Department of Transportation, 주택국Seattle Housing Authority, 공원국Seattle Parks and Recreation 등과도 협력하게 된다.

6. 파이어니어 스퀘어 역사지구에서 근린협력기금을 활용한 프로젝트

파이어니어 스퀘어 역사지구에서 최근에 이루어진 근린협력기금 프로젝트의 사례를 정리하면 표 2-3과 같다. 물리적 환경이 개선된 결과도 중요하지만, 주민 주도의 각 단계에서 발생하는 주민 역량 강화 및 소통의 과정적 가치 또한 매우 중요하다.

규모	연도	내용
대규모 프로젝트	2000	Pioneer Square: Journey to the Future 시애틀에서 첫 번째로 계획된 역사지구인 근린(Pioneer Square)의 숨은 사회적·경제적 역사를 기록하기 위한 작업. 근린에 관한 가이드북과 데이터 시디, 웹페이지 등을 제작하고, 관련 포럼 및 전시 개최
	2001	South Downtown Lighting Analysis and Implementation 인근 근린(차이나타운)과 연계해 공공 조명과 개인 건물의 조명을 개선함으로써 근린의 정체성을 드러내고 치안 확보
	2003	Activate Pioneer Square's Parks 공원에 체스 게임용 탁자와 운동시설(bocce courts) 설치
	2006	First Avenue Median Strip Renovation 도심 주요 도로의 중앙 분리 녹지를 좀 더 매력적인 디자인으로 복구
소규모 프로젝트	2000	MID Station 도심지 내 치안이 불안정한 지역에 종합안내센터 설치. 근린 치안을 위해 활동하는 여러 근린 내 조직을 대상으로 대화, 협력사업, 시설을 제공함으로써 각각의 조직과 그들의 협력 사업을 지원
	2000	The Occidental Park Seating and Kiosk Project 오래된 공원인 옥시덴털파크(Occidental Park)에 어울리는 역사적 분위기의 벤치, 테이블, 개인 의자 등을 제작해 설치. 밤마다 수거되어 수선·보관되고 낮에 다시 설치되는 유지·관리 시스템까지 포함
	2000	Historic Trash an 오래된 역사를 지닌 근린의 정체성에 어울리도록 쓰레기통 교체
	2001	Pioneer Square Parking and Construction Access Project 방문객과 거주자가 근린에서 좀 더 효율적으로 주차장, 통로, 진입로 등을 찾거나 상점 정보 등을 알아볼 수 있도록 기반시설의 재질을 개선하고 표지판 등을 제작
	2002	Pioneer Square Pergola Neighborhood Celebration 근린에서 공원이 지닌 상징적 기능을 회복시키기 위한 축제 기획. 여러 가지 활동과 공원의 역사, 음악 등이 동원된 행사 개최

⊙ **표 2-3** 최근 파이어니어 스퀘어 역사지구에서 근린협력기금을 활용해 이루어진 프로젝트
자료: 시애틀 시 근린협력기금 아카이브(Neighborhood Matching Fund Archive)에서 도출한 자료를 재구성.

7. 결론 및 시사점

파이어니어 스퀘어 역사지구는 1971년 역사지구로 지정된 이후, 공공의 다양한 지원제도 덕분에 지속적으로 유지·관리될 수 있었다. 여기에서는 시민·주민의 주도로 역사지구가 지속적으로 유지되고 성장할 수 있게 한 중요한 수단이 된, 시애틀 시의 근린협력기금에 대해 심층적으로 분석해볼 필요가 있었다. 그 이유는 다음과 같다.

첫째, 근린협력기금은 해당 지역의 다양한 주민 단체가 각기 자발적으로 참여하며 작은 것에서부터 지속적으로 지역공동체 계획을 세우고 실천해가는 데 중요한 매개 역할을 했다.

둘째, 근린협력기금은 시 정부의 예산집행에서 보았을 때 비교적 소규모 자금으로 효율적인 결과를 가져온 성공적인 정책이라는 점에서 의미가 있다. 근린협력기금이 처음 시행된 1988년 이래 지난 23년간 약 580억 원의 공공 자금을 들여 약 3,800개의 소규모 프로젝트를 각 근린지역에서 완성해 얻어낸 성과는 그 가치를 금전적으로 환산할 수 없을 만큼 크다. 한편, 지역 활성화의 이름으로 한국에서 지난 수년간 농어촌 마을에 투여한 공공 자금은 근린협력기금으로 지원된 금액보다 훨씬 큰 규모인데, 그에 비해 효과의 지속성은 거의 찾아볼 수 없는 일회적 사업에 그친 것도 많았다. 결국 이를 통해 얻을 수 있는 시사점은 재생 프로젝트의 성공 여부가 공적 자금의 규모에 달려 있지 않다는 점, 따라서 어떻게 하면 재생 주체들 스스로 지역공동체 활성화를 이룰 수 있을지 방법을 찾고, 주민 개개인과 조직이 역량을 강화해 서로 소통·협력해갈 수 있도록 도와주는 촉매 프로그램을 우리 현실에 맞도록 개발하고 실행해가는 것이 중요하다는 점이라 할 수 있다.

셋째, 근린협력기금의 지원 방식 가운데, 아무리 작은 규모의 공공기금일지라도 그것에 상응한 주민의 노력이 수반되는 것을 조건으로 하여 지급하는 것 또한 중요한 시사점을 던져준다. 즉, 그것이 자원봉사 형식의 노동 기부이든 현금 기부이든 간에 주민 스스로가 주도해 무엇인가 하려고 할 때 공공의 지원 프로그램이 개입하는 구조야말로 근린협력기금의 효과를 지속시키는 중요한 요인이라고 할 수 있다.

이전에는 역사지역·지구를 활용한 도시재생의 주제를 논할 때, 해당 지역의 물리적 환경 요소, 즉 오래된 장소나 건물과 같은 물리적 대상물의 재생 자체에 초점을 맞추는 경향이 있었다. 그러나 최근의 도시재생 논의는 물리적 환경이라는 한정된 범위를 넘어 다양한 관점에서 폭넓게 시도되고 있다. 특히 '누가 누구를 위해서 무엇을 재생하는가'와 같은 근본적인 가치 점검도 비평적으로 시도되는데, 이는 매우 고무적인 현상이라고 볼 수 있다. 이러한 맥락에서 볼 때, 근린협력기금을 매개로 한 시애틀 파이어니어 스퀘어 역사지구의 재생 사례는 도시재생의 핵심 주체인 지역 주민이 지속적으로 중요한 역할을 할 수 있도록 어떤 정책과 제도로 뒷받침했는지 잘 보여준다는 점에서 그 의의가 크다.

제3장

일본 가나자와의
역사적 수변 공간 재생

역사적 수변 공간과 역사·문화 도시재생

권영상 | 인천대학교 도시과학대학 교수

© uemu(flickr.com)

일본 가나자와 시는 전통 주거지를 보전하고 활용한 역사·문화 도시로 알려져 있다. 건축 분야 전문가들에게는 프리츠커상을 받은 세지마 가즈요(妹島和世)의 '21세기 미술관'이 있는 도시로 익숙하며, 일반인에게는 많은 역사적 건축물, 특히 가나자와 성과 일본의 3대 정원 중 하나인 겐로쿠엔으로 널리 알려져 있다. 2009년에는 유네스코 창의도시네트워크 사업의 공예·민속예술 분야에 가입되었다.

사이가와와 아사노가와라는 두 개의 하천이 가나자와 시를 관통하는데, 그 사이에 용수를 목적으로 수없이 많은 물길을 냈고, 그 흔적은 지금까지 남아 있다. 이처럼 가나자와에 있는 두 개의 하천과 그 사이를 거미줄망처럼 연결하고 있는 용수는 역사도시로서 가나자와의 장소적 기억과 도시의 재생에 기여하고 있다.

일본의 「역사도시 만들기 법」과 가나자와 시의 경관 조례, 용수 보존 조례 등의 제도적 노력은 이러한 역사적인 하천 공간을 중심으로 한 도시재생을 가능하게 하며, 마치즈쿠리와 같은 주민 참여 조직은 이러한 정부의 노력을 효과적으로 뒷받침하고 있다. 그리고 이 과정에서 그리고 이 과정에서 시 정부는 하천과 물길 주변에 형성되어 있던 역사적 건축물의 활용과 예술 및 공예산업, 인력 육성을 위한 예산을 지원하고 있다.

필자는 수변 도시에 관한 연구를 진행하면서 2010년도에 가나자와에서 열린 '물과 도시 국제심포지엄(International Symposium on Water and City in Kanazawa: Tradition, Culture and Climate)'에 참석하고자 가나자와 시를 방문했으며, 수변 공간 활용에 관한 심포지엄을 통해 각국의 수변 공간 활용에 대해 많은 이와 의견을 나눴다. 또한 당시 가나자와 시를 답사하면서, 도시에서 단순히 건축물이나 길, 광장 같은 도시 공간뿐만 아니라 하천을 중심으로 하는 수변 공간도 훌륭한 역사·문화 공간이 될 수 있다는 것을 확인했다. 건축물과 길, 광장과 같은 인조물뿐만 아니라, 한국의 도시에도 대부분 존재하는 수변 공간의 역사적 가치와 장소적 기억을 바탕으로 한 도시재생정책은 우리에게도 시사하는 바가 크다.

위치 및 연혁

가나자와(金沢) 시는 도쿄에서 북서쪽으로 약 290km 떨어진 곳에 위치하며, 한국과는 동해를 사이에 두고 마주하고 있다. 일본 혼슈(本州)의 중앙부에 위치한 이시카와(石川) 현의 현청 소재지이며, 시가지의 동남쪽은 산지이고, 북서부는 동해에 면해 있다. 또한 사이가와(犀川)와 아사노가와(淺野川)라는 두 개의 하천 사이에 시가지가 자리해 있다. 시가지의 중심에는 가나자와 성 공원과 겐로쿠엔(兼六園)이 있고, 번화가(고린보, 가타마치, 무사시, 가나자와 역 주변)가 이를 둘러싸듯이 자리하고 있다.

⊙ 가나자와의 위치와 주요 지명

인구 변화

가나자와 시의 인구는 약 45만 8,000명(2010년 1월 현재)이다. 현재는 이시카와 현뿐만 아니라 호쿠리쿠(北陸) 지방(도야마 현, 이시카와 현)의 경제와 문화의 중심지다. 휴일만 되면 시내 번화가는 호쿠리쿠 각지에서 찾아온 많은 쇼핑객으로 북적댄다.

가나자와 시는 17세기부터 19세기 후반에 걸쳐 국내 굴지의 실력자들이 지배하는 대규모 조카마치(城下町: 성을 중심으로 형성된 상공업 중심지)였으며, 요즘에는 연간 700만 명 이상의 관광객이 찾아오는 국내에서도 손꼽히는 관광도시. 그리고 전쟁이나 대규모 천재를 겪지 않았기 때문에 시내에는 역사적인 거리가 많이 남아 있으며, 많은 전통공예와 전통예술도 이어져 내려오고 있다. 최근에는 2014년 호쿠리쿠 신칸센(도쿄~가나자와) 개통을 앞두고 더욱 활발한 경제 발전과 관광객 유치가 기대되고 있다.

면적 및 기후

가나자와 시의 면적은 467.77km²이며, 도시 전체에 걸쳐 하천과 수변 공간이 거미줄처럼 조성되어 있다. 한편, 가나자와의 기후는 도쿄나 오사카와 비슷하며 비교적 온난하다. 12월부터 2월까지도 빙점 아래로 내려가는 날은 적지만, 맑은 날이 적고 눈이 내리는 날이 많다.

도시재생의 연혁

가나자와의 지명과 관련해서는 옛날에 이모호리 토고로(芋掘藤五郞)라는 사람이 사금(砂金)을 씻었던 습지를 가네아라이사와(金洗沢)라고 부른 데서 비롯되었다는 전설이 있고, 다른 일설에는 현재의 겐로쿠엔 일대가 가나자와고(金沢郷) 혹은 가나자와노쇼(金沢莊)라고 불리던 것에서 유래했다고도 한다.

16세기 중엽, 가나자와에는 불교 일향종(一向宗)이 성행하여 사원이 이 지방을 지배했다. 그 후 1583년에 도요토미 히데요시(豊臣秀吉)의 우두머리 가신이었던 마에다 도시이에(前田利家)가 가나자와 성에 입성했고, 이후 14대 300년에 걸쳐 마에다 가(家)가 가가(加賀: 현재의 이시카와 현)를 통치했다. 이 기간에 마에다 가는 줄곧 중앙정권(도쿠가와 바쿠후)에 버금가는 대(大)다이묘로서 인정받았고, 쌀 수확으로 얻은 재력을 문화와 학문 장려에 쏟음으로써 가나자와 금박, 가가 유젠(염색) 등 전통공예, 다도와 노가쿠(能楽) 등 전통문화, 가가 요리와 화과자 등 전통음식 문화를 비롯해 수많은 격조 높은 문화를 꽃피웠고, 이는 오늘날에도 이어져 내려오고 있다.

일본이 근대화를 맞은 메이지시대(1868~1912년) 들어 가나자와는 도쿄나 오사카, 나고야 등에 비해 공업 발달이 뒤쳐져 전국 굴지의 대도시에서 호쿠리쿠 지방의 거점 도시로 한 걸음 물러났다. 다행히 제2차 세계대전 때 전화(戰禍)를 면함으로써 오늘날 시가지에는 개발지역의 근대적 건축물과 함께 역사적 거리가 공존한다.

2009년 6월에는 유네스코 창의도시네트워크(UNESCO Creative Cities Network) 사업의 공예·민속예술(Craft and Folk art) 분야에 등록되었으며, 하천과 수로를 중심으로 한 도시 정비가 이루어지고 있다(가나자와 시 관광협회 웹사이트).

⊙ 가나자와의 유네스코 창의도시네트워크(공예·민속예술 분야) 사업 등록 로고(왼쪽)와 2009년 가나자와에서 열린 세계 창의도시포럼의 모습(오른쪽)
자료: 가나자와 시 창의도시추진실.

1. 도시 역사 · 문화 공간으로서의 수변 공간

가나자와의 지명은 옛날에 이모호리 토고로^{芋掘藤五郎}라는 사람이 사금^{砂金}을 씻었던 습지를 '가네아라이사와^{金洗沢}'라고 불렀던 데서 유래했다는 전설이 있고, 또 다른 일설에서는 현재의 겐로쿠엔^{兼六園} 일대를 가나자와고^{金沢郷} 혹은 가나자와노쇼^{金沢荘}라고 불렀던 것에서 유래했다고도 한다.

16세기 중엽, 가나자와는 불교 일향종^{一向宗}이 성행했던 곳으로 사원이 이 지방을 지배했다. 그 후 1583년에 도요토미 히데요시^{豊臣秀吉}의 우두머리 가신이었던 마에다 도시이에^{前田利家}가 가나자와 성에 입성했고, 이후 14대 300년에 걸쳐 마에다가^家가 가가(현재의 이시카와 현)를 통치했다. 이 기간에 마에다가는 줄곧 중앙정권(도쿠가와 바쿠후)에 버금가는 대^大다이묘로 인정받았고 쌀 수확으로 얻은 재력을 문화와 학문 장려에 쏟음으로써 가나자와 금박, 가가 유젠(염색) 등 전통공예, 그리고 다도와 노가쿠^{能楽} 등 전통문화, 가가 요리와 화과자 등 전통음식 문화를 비롯해 수많은 격조 높은 문화를 꽃피웠고, 이는 오늘날에도 이어져 내려오고 있다. 일본의 근대화를 맞은 메이지시대(1868~1912년) 들어 가나자와는 도쿄나 오사카, 나고야 등에 비해 공업 발달이 뒤처져 전국 굴지의 대도시에서 호쿠리쿠 지방의 거점 도시로 한 걸음 물러났다. 다행히 제2차 세계대전 때 전화^{戦禍}를 면함으로써 오늘날 시가지에는 개발지역의 근대적 건축물과 함께 역사적 거리가 공존한다. 한편, 2009년 6월에는 유네스코 창의도시네트워크^{UNESCO Creative Cities Network} 사업의 공예·민속예술^{Craft and Folk art} 분야에 등록되었으며, 하천과 수로를 중심으로 한 도시 정비가 이루어지고 있다(가나자와 시 관광협회 웹사이트).

가나자와 시는 2개의 강(사이가와^{犀川}, 아사노가와^{浅野川})이 도시를 가로지르고, 그것과 합류하는 작은 물길(구라츠키 용수^{用水})이 그물망처럼 연결되어 시내 중심부를 가로질러 흐르며, 강과 작은 물길이 연계되어 역사적으로 오래된 경관을 형성하고 있다.

⊙ 아사노가와 수변의 전통 건축물 거리(왼쪽), 교량과 역사 경관(오른쪽)

2. 재생의 배경 및 필요성

에도시대 상공업의 중심지로 400여 년간 번성했던 가나자와는 메이지유신 이후 근대화에서 점차 소외되어 퇴락했다. 하지만 근대화에서 소외된 덕분에 제2차 세계대전의 폭격을 모면했고, 지진 등의 자연재해가 없어 '숲의 도시'라고 불릴 만큼 풍부한 자연에 둘러싸여 있으며, 작은 광장으로 이어지는 가로망, 해자垓子와 도심을 가로지르는 수로 등 가나자와 성을 중심으로 형성된 도시구조와 오랜 역사를 지닌 건축물 및 도시경관이 그대로 보존되었다.

이러한 지역적 특징을 반영해 가나자와 시민의 경쟁력을 되찾고자 경관보존 조례를 제정하고, '주민의 생활 향상, 환경미화, 문화·예술 기회 창출' 등 쾌적한 정주환경을 만들기 위해 도시재생사업과 경관조성사업을 진행하고 있다. 특히 에도시대부터 상공업의 중심지로 번성했던 가나자와 시는 저변에 깔려 있는 전통공예의 명맥을 바탕으로 하여 역사적인 도시경관과 어우러지는 전통공예 도시로서 다시 자리매김하고 있다.

연도	조례명
1968	전통환경 보존 조례(金沢市傳統環境保存条例)
1974	문화재 보호조례(金沢市文化財保護条例)
1977	전통적 건조물군 보존지구 보존 조례(金沢市傳統的建造物群保存地區保存条例)
1989	전통환경 보존 및 아름다운 경관 형성에 관한 조례(金沢市における傳統環境の保存及び美しい景觀の形成に關する条例)
1994	고마치나미 보존 조례(金沢市こまちなみ保存条例)
1996	용수 보전 조례(金沢市用水保全条例) 옥외광고물 조례(金沢市屋外廣告物条例)
1997	사면녹지 보전 조례(金沢市斜面綠地保全条例)
2002	조망경관 보전 조례(眺望景觀保全条例) 사찰풍경 보전 조례(歷史的文化資産である寺社等の風景の保全に關する条例)
2005	야간경관 조례(金沢市における夜間景觀の形成に關する条例) 가로경관 보전 조례(金沢市における美しい沿道景觀の形成に關する条例

⊙ **표 3-1** 가나자와 시 경관 보존을 위한 다양한 조례
자료: 金沢市まちなみ對策課(2003) 내부 자료에서 재구성.

3. 추진 절차

가나자와 시는 도시를 크게 전통문화가 살아 있는 전통환경 보존 구역(36개 구역, 1,887ha), 근대적 도시경관 창출 구역(13개 구역, 154ha)으로 철저하게 구분해 각 구역의 특성에 맞게 경관 형성 기준을 책정하고, 경관 형성을 위한 보존 대상물을 지정해 조망경관을 보전하며, 현황조사와 설문조사, 지역 주민과의 협의를 바탕으로 '지역경관 정비계획'을 책정했다.

초기에는 일본 최초로 제정된 '전통환경 보존 조례'(1968년 제정)에 따라 '전통 보존 구역'만을 대상으로 지정했으나, 시가지가 점차 확대되면서 새로운 지역에 대한 경관 관리를 위해 '근대적 도시경관 창출 구역'이 추가되었고, 이를 포함해 '경관 조례(1989)'로 통칭·제정되었다. 또한 경관 형성 기준은 단일 건축물에서 건조물군과 마을경관으로 점차 확대되어 부감경관, 조망경관, 야간경관까지 포함하게 되었고, 다양한 조례를 바탕으로 경관 정비 및 보수를 위한 보조

금을 지급했다. 특히 17세기 이
전부터 현재까지 가나자와 시의
역사와 함께한 용수를 보전·관
리하고자 '용수 보전 조례'를 제
정했다.

특히 도시 전체가 제도적 기
준(「지역의 역사적 풍치 지속 및
향상에 관한 법률」, 이른바 「역사
도시 만들기 법」)에 따라 역사도
시로 지정됨으로써, 도시 전체
경관을 유지하면서 도시 공간의
재생이 이루어지고 있으며, 역
사적 건축물 이외에도 특히 두
개의 강과 그 사이를 거미줄처
럼 엮고 있는 용수(작은 수로)를

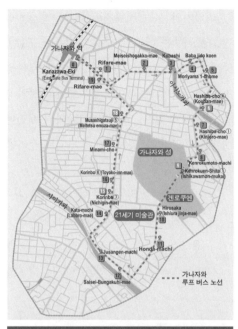

⊙ 가나자와 루프버스 노선도: 도시 스토리텔링 구
조를 활용한 도시 마케팅 전략
자료: (주)호쿠리쿠철도의 자료를 바탕으로 재구성.

유지·보전하면서 도시경관을 형성해간 특징이 있다. 이와 더불어 가나자와 시
에서는 역사적인 건축물들을 연결하는 순환버스를 운영해 역사도시로서 도시
스토리텔링 구조를 활용한 도시 마케팅으로 연계하고 있다.

또한 녹지도시선언(1974)과 경관도시선언(1992)을 제정하고, 문화적 경관
실태조사(2007)를 실시하며, 역사유산 보존활용 마스터플랜(2008)을 수립하고,
전통가옥 재생활용 지원제도(2010)를 만드는 등 가나자와 시는 경관을 보존하
기 위해 다양한 제도를 마련하고 각고의 노력을 기울이고 있다. 특히 2008년
'가나자와 시 역사적 풍치 지속 향상 계획'이 「역사도시 만들기 법」에 의해 승인
을 받으면서 '작은 교토小京都'라 불리던 가나자와 시가 '전국 교토 회의'에서 탈
퇴하고 '역사도시'로서 가나자와 시 고유의 정체성을 살린 마치즈쿠리まちづくり
를 추진하고 있다.

가나자와 시는 '시가지의 배경을 형성하는 가나자와 시의 자연적·지형적 특징을 보여주는 대지 및 구릉지 일부를 포함한 지역'까지 역사적 풍치 지속 향상 중점지역으로 지정(총면적 2,130ha)해 계획을 수립했고, 특히 가나자와 시의 유지·발전시켜야 할 역사적 풍치로서 하천의 역사적 풍치 및 용수의 역사적 풍치를 포함하고 있다. 도시경관간담회의 제언에 기초해 마련한 가나자와 시의 도시경관 형성의 목표는 다음 세 가지로 정리할 수 있다.

① 전승해온 역사와 자연을 살리고 가나자와다운 도시경관을 형성
② 지역의 개성을 살리고, 쾌적하고 윤택함이 있는, 활력과 매력이 넘치는 도시경관을 형성
③ 시민 한 사람 한 사람이 지원하고 창출하며, 시민문화로서의 도시경관을 형성

4. 주요 내용

4' 1. 역사적 용수 수변 경관 재생

가나자와 시의 용수는 지형적 특성으로 만들어진 강 중류에 위치한 도심의 용수를 하류로 연결하고 이 과정에서 도시 내부를 흐르게 하여 시민이 활용할 수 있도록 조성된 인공수로로서, 17세기 초에 건설되었으며 물류 수송 기능, 대화재에 대비한 소방 기능, 제설 기능, 과거 실크산업의 부흥에 따른 산업용수 등으로 활용되며 가나자와 시의 역사와 함께 변화·발전해왔다.

하지만 1950~1960년대, 상하수도 시설이 제대로 갖춰지지 않았던 시절에 도시화와 산업화가 급격히 진행되면서 용수는 오염이 심각해지고, 다른 한편으로는 차량이 급증해 주차 공간이 부족해지면서 복개되어 주차장 등으로 사용되었다.

⊙ 구라츠키 수로 정비 전(왼쪽)과 후(오른쪽)
자료: http://www4.city.kanazawa.lg.jp

이후 '가나자와 시의 역사적 도시경관 및 녹색경관과의 조화'를 목표로 고유의 용수 환경을 지키고, 귀중한 자산으로서 후대에 계승하는 것을 목적으로 수로를 복원해 본래의 모습을 되찾고자 했다. 특히 구라츠키 수로의 복원은 농림부와 산림청, 수산부가 주체가 되어 1994년부터 2004년까지 진행한 '수변 환경조성 프로젝트Water Environment Establishment Project'를 통해 이루어졌으며, 수로 보존의 대표적 사례로 꼽힌다.

재생사업의 주요 내용은 총 55개소(150km) 중 21개소를 보전 용수로 지정해 옛 물길을 되살리고, 도로와 주택 사이에 수로를 조성하며, 수변 조망을 최대화하기 위해 폭이 좁고 작은 다리를 건설하고, 다리에는 꽃과 화분으로 장식하며, 수로 일대의 건축물을 정비·개선하는 것이다. 또한 수로 복원을 통해, 전통 목조건축물이 많은 지역의 화재에 대비하고, 제설 기능을 복원하며, 용수를 덮고 있던 석재를 수로 복원 시 바닥재로 재사용하고, 보행로가 없이 협소했던 수로 주변을 개선해 수로를 따라 보행로 및 녹지 등 친수 공간을 조성해 주변 일대 쇼핑지구 및 주택가와 유기적으로 연계되게 했다.

한편, 도로 중앙분리선상에 수로를 묻고 필요할 때 물을 뿜어낼 수 있는 '수조 분출 장치'를 설치해, 화재 발생 시에는 소방용으로 사용하고, 여름에는 더위를 식히고 습도를 조절하며, 겨울에는 눈을 녹여 제설하고, 축제나 행사가 열릴

⊙ 가나자와 시 도시 내 용수

때에는 거리에 분수가 물을 뿜어내는 듯한 독특한 경관을 연출하는 등 다양한 용도로 활용할 수 있게 했다.

4' 2. 전통적인 하천 · 자연 · 녹지 경관재생

가나자와 시에서는 시를 관통해 흐르는 두 하천, 즉 사이가와와 아사노가와를 따라 전통적인 하천·자연·녹지 경관을 재생하고 있다. 가나자와의 도심에는 가나자와 성과 겐로쿠엔이 위치해 거대한 녹지경관이 조성되어 있으며, 수로에 녹지 및 녹도를 조성하고, 수변에 연접한 공공 공간에 작은 공원을 조성해 수로를 따라 수변 녹지축을 조성하고 있다. 대표적으로 구라츠키 용수에 연접한 주오中央 초등학교에 작은 공원을 조성해 어린이들의 실외 학습 공간으로 활용할 수 있게 했다.

도시 내의 인공적인 수로와 달리 사이가와와 아사노가와 주변에 대해서는 역사적 건축물과 함께 역사적 수변 공간을 보전하고 재생하는 노력이 진행되고 있다. 또한 이를 통해 녹지경관을 조성할 뿐 아니라, 충분한 수량을 확보함으로써 은어 및 황어 등 어류가 갈수기에 폐사하는 피해를 줄여 생태계를 회복하고 하천이 생태경관축으로 작동하게 하고 있다.

①	②
③	④
⑤	⑥

⊙ 아사노가와: ① 주변 전통 가로, ② 주변 전통 시설물, ③ 전통 목조다리,
⊙ 사이가와: ④ 근대유산으로 지정된 철제교량, ⑤ 전통 건축물과 현대 건축물이 조화된 야경, ⑥ 주민들이 즐겨 찾는 자전거 도로

4' 3. 역사 · 문화 가로재생

가나자와 시는 400여 년의 역사가 고스란히 남아 있는 역사·문화 경관을 보존하기 위해 역사·문화 마을 만들기 전략 세 가지를 추진하고 있다.

⊙ 가나자와 성(왼쪽)과 겐로쿠엔 내의 연못(오른쪽)

첫 번째는 역사·문화 심볼지역 정비 전략으로서, 겐로쿠엔 주변을 전통의 역사와 문화가 살아 숨 쉬는 심볼지역으로서 정비하는 것이다. 두 번째는 역사적 거리 보존 전략으로서, 무사계 마을과 서민계 마을의 주택, 전통차 거리, 사원 거리 등을 작은 규모의 마을, 전통환경으로서 보존하고, 역사적 거리를 재생(역사의 축선이라 할 수 있는 홋코쿠 마을 거리, 가나이와 마을 거리, 쓰루기 마을 거리 등을 정비)하여 '음악과 향기'가 있는 마을 만들기를 추진하고 있다. 세 번째는 역사와 문화의 마을 창출 전략으로서, 중요한 역사적 건축물을 보존함으로써 역사·문화 마을 만들기 전략을 추진하고 있다.

먼저 겐로쿠엔의 경우 가나자와 성에 인접해 조성된 정원으로서 일본을 대표하는 영주정원의 하나이며, 공원 내의 큰 연못은 도시를 흐르는 물길과도 연계되어 있는 특징을 지닌 대표적인 역사·문화 공간이다.

역사·문화 공간으로서 도시 가로 공간을 재생해 활용하는 대표적 사례로는 국가문화재로 지정된 차야 거리茶屋街와 나가마치長町 무사 저택터가 대표적이며, 차야 거리는 가나자와 시의 북측을 흐르는 하천인 아사노가와 주변에 위치하고, 무사 저택터는 도시 내부를 흐르는 용수 수로와 연계되어 있어서 역사적·문화적 수변 공간과 연계되어 있는 재생 사례를 보여준다.

한편, 역사적인 건축물을 활용해 문화시설로 활용하고 있는 사례도 확인할

① ② ⊙ 아사노가와 주변: ① 전통차 거리, ② 전통 건축물 거리
③ ④ ⊙ 무사 가옥 주변: ③ 주거지역의 도시 물길, ④ 상업지역의 도시 물길

수 있다. 이는 '21세기 미술관' 등 새로 조성되는 문화 공간과 연계되어 가나자와 시의 역사·문화 경관을 형성하고 있다.

한편, 이러한 가나자와 시의 역사·문화 재생에서 가장 주목할 만한 점은 '고마치나미こまちなみ 보존 조례'를 제정해 역사적 가치가 있는 사무라이 가옥, 옛 가옥, 신사 등의 건축물 및 유사 양식을 계승한 건축물이 모여 있는 소규모 가로와 역사적 수변 공간의 정비를 연계해 도시재생을 실시한다는 점이다. 보존이 필요한 가로를 '고마치나미 보전 구역'으로 지정해 각 구역의 특성에 맞는 '보전 기준'을 책정하고, 보전 구역 내 건물을 신축 또는 개축해야 할 때는 사전에 협의하여 개축 및 수리에 드는 비용을 가나자와 시에서 보조하며, 특히 구역 내 역사적으로 중요하다고 판단되는 건물은 소유주의 동의를 얻어 '고마치나미 보전 건조물'로 등록하고, 가나자와 시와 소유주 간에 보존 계약을 체결한다.

① ② ① 가나자와 축음기관, ②~③ 21세기 미술관, ④ 근대 방직공장시설을 재활용한 가
③ ④ 나자와 시민예술촌
자료: ②, ④는 가나자와 시 창의도시 추진실 자료.

4' 4. 전통공예 도시로서 산업 육성

가나자와 시는 유네스코 창의도시네트워크 사업의 공예·민속예술 분야에
등록된 도시로서, 전통산업 육성과 이를 통한 역사·문화 경관 관리 및 도시재생
을 진행한 것이 특징적이다. 이는 에도시대 마에다 가문이 추진한 전통공예 장
려 정책의 결과라고 할 수 있는데, 현존하는 가나자와 시의 전통공예는 스물두
가지에 달하며, 교토보다도 콘텐츠가 풍부한 것으로 알려져 있다. 또한 많은 중
요무형문화재 보유자(인간문화재)와 일본예술아카데미 회원을 배출했다.

도자기, 칠기, 목공예, 금속공예, 염색 등의 분야에서 전국적으로 활동하는
장인이 많으며, 인구당 중요무형문화재 보유자 비율은 일본 내에서 가장 높은

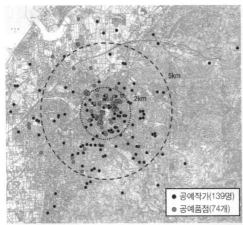

| ① | ② |
| ③ | ④ |

① 가나자와 시 공예작가와 공예품점 분포, ② 금박으로 장식된 가나자와 시의 역사적 건축물, ③ 가나자와의 금장 공예품이 전시된 역사적 건축물, ④ 국가 지정 중요문화재로서 현재 전통찻집으로 사용되는 역사적 건축물

자료: ①은 가나자와 시 창의도시 추진실 자료.

수준으로 교토나 도쿄를 능가한다.

5. 추진 주체

5' 1. 가나자와 시

가나자와 시 정부는 관(官)으로서 주로 제도적 근거를 담당한다. 시 정부는 도시의 역사·문화 및 자연 경관을 보전하기 위해 복원·관리해야 할 도시구조나 경관 요소 등에 관한 큰 틀과 이를 지원하기 위한 제도적 장치를 마련한다.

한편, 수변을 포함한 경관의 관리 및 사업의 실제적인 진행은 지역 주민의 주도로 이루어지는데, 이는 가나자와가 대도시나 다른 도시보다 인구 유·출입이 상대적으로 적어 마을 내 조직인 초나이카이町内会 등 주민자치모임이 현재도 강력한 힘을 발휘하고 있다는 데에 기인한다고 할 수 있다. 가나자와의 이러한 특징은 경관 관리에서도 나타나는데, 주민의 주도로 제정된 일본 최초의 경관 조례인 '전통환경 보존 조례'가 대표적인 사례라고 할 수 있다.

5' 2. 전문가 집단

가나자와 시는 경관 관리를 위해 1987년 전문가 집단(각계 대표자 20명)으로 구성된 '도시경관간담회'를 설치했으며, 이를 경관 조례에 의거해 확대하여 '도시경관심의회'를 설치·운영함으로써 전문가 집단이 실질적으로 참여할 수 있는 통로를 만들었다.

이러한 전문가 집단은 경관 형성 과정상의 필요 사항, 개·보수 및 새로운 개발계획에 대한 조사·심의, 경관 협정, 표창 및 원조 등의 제도 마련과 집행 등에 관여하며, 7개의 전문 부서를 두고 역사·문화 경관의 관리에 필요한 전문적 지식과 경험을 다양하게 수렴하고 있다.

5' 3. 지역 주민

가나자와 시의 수로 복원을 통한 수변 경관 조성사업에서 주민의 참여는 매우 활발한 편이다. 특히 용수의 유지 및 관리, 수로 청소 등을 지역 주민으로 구성된 단체Communities in the district of Land Improvement Project 주도로 1년에 1~2회 정도 관개용수로 사용하지 않는 3월 또는 9월에 실시하고 있다.

또한 관련 연구기관 및 지역대학 등에서 사업에 필요한 교육 및 체험 프로그램, 이론 연구 및 관련 기술 현대화, 인재 육성 등을 담당·지원한다.

6. 관련 제도 및 전략[①]

6' 1. 역사도시 만들기 법

일본에는 '경관합의제'나 '도시경관 보존지구' 등과 같이 근대 역사적 도시 환경을 관리하는 제도가 있었지만, 2008년 5월에 지역의 역사적 건축물 및 그 것이 만들어내는 도시경관, 도시의 역사 및 전통과 관련된 활동 등 지역의 역사적 풍치와 정서를 활용하고 지속·향상시켜 후세에 전하기 위한 종합적인 법률이 「지역의 역사적 풍치 지속 및 향상에 관한 법률」(이하 「역사도시 만들기 법」) 이라는 이름으로 제정되었다.

이는 일본 전국의 시정촌市町村[②]에서 작성한 각 지역의 '역사적 풍치 지속 향 상에 관한 계획'에 대해 국가(국토교통성, 문화재청(문부과학성), 농림수산성)에서 승인함으로써 법률상의 특례 및 각종 사업을 통해서 지역의 마치즈쿠리를 지원

---

① 이 부분은 권영상·심경미(2009)를 일부 재구성함.
② 시정촌은 일본의 행정구역으로서 2009년 6월 현재 시는 783개, 정은 801개, 촌은 191 개가 있다. 시정촌은 자치사무를 행하며 조례 및 규칙 등을 제정하는 자치입법권을 가지 고 있다.
　· 시: 인구 5만 이상(단, 시정촌의 합병에 관한 특례를 적용하면 인구 3만 이상)으로 중심 시가지에 전체 호수(戸数)의 60% 이상이 있으며, 상공업에 종사하는 자 및 그와 동일 세 대에 속하는 자의 수가 전 인구의 60%를 차지하는 것을 조건으로 한다.
　· 정: 해당 도도부현(都道府県)이 조례로 정한 정의 조건(인구, 산업별 종사자 수의 비율, 필요 관공서 등)을 충족해야 한다. 각 도도부현에 따라 인구 기준이 다르나 일반적으로 3,000~1만 5,000명 이상을 기준으로 한다.
　· 촌: 법률적 요건은 특별히 정해져 있지 않다.

하는 것을 목적으로 제정된 법률이다.

지금까지 일본의 역사적 풍치에 관한 법과 제도로는 1919년 「도시계획법」 상 '도시 내외의 자연미를 지속 보존하기 위한' 제도로 풍치지구가 창설된 적이 있으며, 실제 풍치지구로 처음 지정된 것은 1926년 도쿄의 메이지 신궁 주변으로, 그 후 교토 시 등 전국 각지로 확대되었다. 또한 역사적 도시경관의 보전에 관한 기존 제도로는 교토 시, 나라 시, 가마쿠라 시 등에 한정된 「고도보존법^古都保存法」(1966), 「문화재보호법」에 의한 전통적 건조물군 보존지구(1975) 등이 있었으나, 「고도보존법」은 그 대상이 교토, 나라, 가마쿠라 등 고도의 주변 자연 환경에 한정되어 있고, 「문화재보존법」은 문화재의 보존과 활용을 목적으로 하여 주변 환경의 정비와는 직접적인 관련이 없다. 한편, 「경관법」 및 「도시계획법」은 제도 조치를 중심으로 하고 있어 역사적 건축물의 복원 등 역사적 자산의 활용에 적극적인 지원 조치가 없다는 한계가 있다고 할 수 있다.

「역사도시 만들기 법」은 이러한 현행 법률의 한계를 인정하고 전국의 시정촌을 대상으로 역사적 자산을 활용한 마치즈쿠리 실행과 연계해 마치즈쿠리 행정과 문화재 행정이 연계된 새로운 제도를 만들 필요가 있다는 판단하에 제정된 법률로서, 그 주요 내용은 다음과 같다. 먼저, '역사적 풍치 지속 향상 계획'(제5조)을 담고 있는데, 시정촌은 기본 방침에 따라 다음 사항을 담고 있는 '역사적 풍치 지속 향상 계획'을 책정해 국가의 승인을 신청한다. 구체적으로 보면, ① 역사적 풍치의 지속 및 향상에 관한 방침, ② 중점지역 위치 및 구역, ③ 문화재 보존 및 활용에 관한 사항, ④ 역사적 풍치 지속 향상 시설의 정비 또는 관리에 관한 사항, ⑤ 역사적 풍치 형성 건조물의 지정 방침 등의 내용을 담는다.

또한 면 단위로 근대도시 공간을 관리할 수 있도록 '중점지역'(제2조 2항)"에 대해 규정할 수 있게 하는데, ① 중요문화재, 중요유형민속문화재 또는 사적, 명승지, 기념물로 지정된 건축물이 있는 토지, ② 중요 전통적 건조물군 보존지구 내의 토지 등에 대해 해당 토지구역 및 주변의 토지구역에서 역사적 풍치의 지속 및 향상을 꾀하기 위한 시책을 중점적이고 일체적으로 시행할 필요가 있는

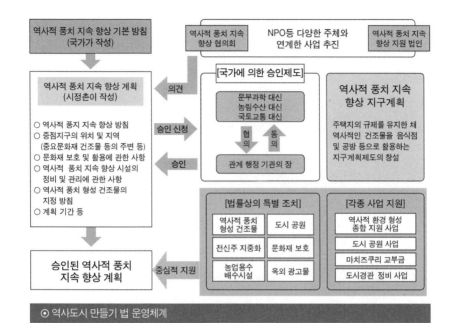

역사적 풍치 지속 향상 기본 방침 (국가가 작성)

역사적 풍치 지속 향상 계획 (시정촌이 작성) — 의견

○ 역사적 풍지 지속 향상 방침
○ 중점지구의 위치 및 지역 (중요문화재 건조물 등의 주변 등) — 승인 신청
○ 문화재 보호 및 활용에 관한 사항
○ 역사적 풍지 지속 향상 시설의 정비 및 관리에 관한 사항 — 승인
○ 역사적 풍치 형성 건조물의 지정 방침
○ 계획 기간 등

역사적 풍치 지속 향상 협의회 / NPO등 다양한 주체와 연계한 사업 추진 / **역사적 풍치 지속 향상 지원 법인**

[국가에 의한 승인제도]
문부과학 대신 / 농림수산 대신 / 국토교통 대신
협의 ↔ 동의
관계 행정 기관의 장

역사적 풍치 지속 향상 지구계획
주택지의 규제를 유지한 채 역사적인 건조물을 음식점 및 공방 등으로 활용하는 지구계획제도의 창설

승인된 역사적 풍치 지속 향상 계획 — 중심적 지원

[법률상의 특별 조치]
역사적 풍치 형성 건조물	도시 공원
전신주 지중화	문화재 보호
농업용수 배수시설	옥외 광고물

[각종 사업 지원]
역사적 환경 형성 종합 지원 사업
도시 공원 사업
마치즈쿠리 교부금
도시경관 정비 사업

⊙ 역사도시 만들기 법 운영체계

토지지역을 지정한다.

이어서 이렇게 지정된 지구에 대해 계획 방향을 제시하는데, '역사적 풍치 지속 향상 지구계획'(제31조)에서는 전통공예품의 전시장 및 향토요리점 등 역사적 풍치에 어울리는 용도의 건축물 등의 입지가 가능한 지구계획제도, 토지이용의 기본 방침을 정해 ① 지역의 역사적 풍치에 어울리는 용도, ② 규모, 형태, 의장에 관한 사항, ③ 상기 건축물의 건축을 승인하는 구역 등을 설정함으로써 용도지역에 의한 제한 없이 상기 조건을 만족하는 건축물을 건축할 수 있도록 규정했다.

또한 '역사적 풍치 지속 향상 지원법인'을 규정해, 시민 주도의 지속적인 활동을 지원하는 NPO[Non-Profit Organization] 법인 및 일반 재단법인 등을 역사적 풍치 지속 향상 지원법인으로 지정할 수 있게 했다. 지원법인은 역사적 풍치 지속 향상 시설에 관련된 정보를 제공하거나 정비사업에 참가할 수 있고, 관련 토지의 매입 및 관리, 역사적 풍치 형성 건조물 등에 관련한 조언 등의 사무를 집행할 수 있다. 이는 하드웨어로서 건축물 및 역사적 환경뿐 아니라 이를 둘러싸고 이루어지는 소프트웨어로서의 활동까지 역사적 풍치로 보고 이를 보전하기 위해 역사적 풍치를 형성하는 전통행사의 활성화 및 지역에 전수되어온 전통적 산업 등에까지 그 보전의 범위를 넓혔다는 것이 특징이라고 할 수 있다.

6' 2. 역사적 환경 형성 종합 지원사업

「역사도시 만들기 법」에 의해 새롭게 만들어진 제도인 '역사적 환경 형성 종합 지원사업'은 시정촌이 작성하고 국가의 승인을 받은 '역사적 풍치 지속 향상 계획'의 중심지구에서 실시되는 역사적 풍치 형성 건조물의 수리, 매수, 이설, 복원 등을 주요 사업으로서 지원하는 동시에, 역사적 풍치를 해치는 건조물 등의 경관 개선 및 역사적 풍치 형성 건조물 등의 활용을 촉진하기 위한 시설 정비, 전통적 행사를 활성화하기 위한 지원 등이 부속 사업으로서 이루어진다.

또한 지역의 전통적 기술이나 기능으로 제조되는 전통공예품 등의 판매를 주된 목적으로 하는 상점 등의 건축물 중에 역사적 풍치의 지속 및 향상을 위해 정비가 필요한 용도의 건축물에 대해서는 도시계획상의 용도제한 등의 완화를 승인하는 새로운 지구계획제도를 만드는 것이 가능하다는 것 또한 주목할 만한 특징이다. 2009년 7월 현재까지 11개 도시가 「역사도시 만들기 법」의 승인을 받았다.[3]

---

[3] 해당 11개 도시와 승인받은 날짜(괄호 안)는 다음과 같다. 가나자와 시(2008년 1월 19일), 다카야마 시(高山市, 2008년 1월 19일), 히코네 시(彦根市, 2008년 1월 19일), 하기 시(萩市, 2008년 1월 19일), 가메야마 시(亀山市, 2008년 1월 19일), 이누야마 시(犬山市, 2008년 3월 11일), 시모스와마치(下諏訪町, 2008년 3월 11일), 사카와초(佐川町, 2008년 3월 11일), 야마가 시(山鹿市, 2008년 3월 11일)), 사쿠라가와 시(桜川市, 2008년 3월 11일), 쓰야마 시(津山市, 2008년 7월 22일).

7. 소요 예산

7' 1. 지원사업 개요

「역사도시 만들기 법」은 국가로부터 승인된 시정촌의 '지역의 역사적 풍치 지속 향상 계획'에 대해 표 3-2와 같은 사업을 지원하고 있다.

구분	지원사업 개요
역사적 환경 형성 종합 지원 사업	· 역사적 풍치 형성 건조물에 관해 수복과 수리 등을 지원 · 중점지역 내 하드웨어 정비 및 해당 건조물과 관련한 전통 행사의 개최 등 소프트웨어 사업에 대해 종합적으로 지원
도시경관 정비 사업	· 중점지역 또는 마치즈쿠리 협의 지구 내에서의 협의회 활동, 건조물의 수복, 지구 공공시설의 정비 등에 대해 종합적으로 지원 · 역사적 풍치 형성 건조물 등에 대한 매입, 복원 등 지원
도시 공원 사업	· 고택, 성터 등의 유적 또는 이를 수복한 것 중 역사적 또는 학술적 가치가 높은 것을 조성 대상 시설로 함 · 공원 관리자 이외의 지방 공공기관 및 역사적 풍치 지속 향상 지원법인 등에 대해 지원
마치즈쿠리 계획 책정 실시 지원사업	· 지권자(地權者) 조직 등에 의한 도시계획의 제안 등을 지원함으로써 지구계획 등의 도시계획 결정 및 이에 기초한 건축물의 자율적인 재건축 촉진
도시재생 구획 정비 사업	· 승인계획에 기초해 토지 구획 정리 사업 지구를 중점지역으로 하여 지원 · 역사적 도시경관 형성에 영향을 끼치는 부지 내의 건축물 등에 대한 이전 보상비 등 지원
도시 교통 시스템 정비 사업	· 중점지역 내의 과도한 교통 유입을 억제하기 위해 주차장 등의 설비 지원
농촌 진흥 종합 정비 사업, 전원 정비 사업, 지역 용수 환경 정비 사업	· 역사적 풍치 지속 향상 계획에 의해 정해진 농업용 용수, 배수 시설의 복원(갱신) 등 지원
마치즈쿠리 교부금	· 고도(古都) 및 녹지 보전 사업, 전신주 전선류 이설 사업 등 새로운 기간 사업을 추가해 시정촌의 창조적 발상을 더욱 잘 살릴 수 있도록 지원
기타	· 중점지역을 대상으로 한 환경 형성 종합 지원사업 등

⊙ 표 3-2 시정촌의 '지역의 역사적 풍치 지속 향상 계획'상의 지원사업

보조 사업 종류	보존 지구	보조 건축물	보존 계획 체결 건조물 (연접한 건축물)
개축 · 수선 등 설계 경비	30% (30만 엔 이내)		
신축 · 개축의 외관 변경	70% (200만 엔 이내)	—	
외관의 수선 · 수복	—	70% (500만 엔 이내)	70% (700만 엔 이내)
흙담의 수복 · 정비	70% (300만 엔 이내)		
나무 등 담의 수복 · 정비	70% (100만 엔 이내)		
문의 수복 · 정비	70% (150만 엔 이내)		
외벽체 수복 · 정비	90%		
방화시설 정비	—	90% (300만 엔 이내)	
방화구조 정비	—	90% (300만 엔 이내)	
보존 단체 활동비	연간 10만 엔 이내		

⊙ **표 3-3** 가나자와 시 고마치나미 보존 지구의 보조금 지원 내역
자료: 조성태 · 강동진 · 오민근(2006).

7' 2. 소요 예산

가나자와 시의 역사·문화 도시재생과 관련한 예산은 크게 두 가지 유형으로 나뉜다. 하나는 적극적 개념으로 역사적·문화적 건축물에 대한 유지·보수를 위한 예산이며, 다른 하나는 역사·문화 도시로서 산업과 경제를 부흥할 수 있는 예술과 공예 장려를 위한 지원이다.

역사적·문화적 건축물에 대한 유지·보수를 위한 예산은 가나자와 시 정부 차원에서 지원한다. 가나자와 시 고마치나미 보존 지구는 건축물의 설계 및 수복, 정비를 위한 예산을 지원하고 있다(표 3-3 참조).

한편, 유네스코 창의도시네트워크 등록과 관련해 도시의 역사적·문화적 환경의 보전과 정비에만 예산을 지원하는 데 그치지 않고, 전통공예산업을 육성하고 촉진하기 위한 예산 지원도 병행한다. 예를 들어, '가나자와 예술 및 공예 인재 개발 기금'을 설정해 다음 세대 장인을 훈련하고 기술을 보전하는 데 예산을 지원하고 있다(가나자와 시 창의도시 추진실 자료). 이 기금으로 전통공예산업

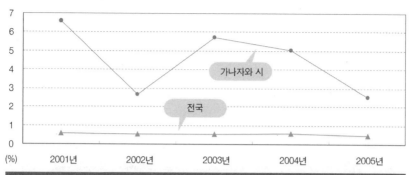

⊙ **그림 3-1** 가나자와 시와 일본 전국의 문화·예술 관련 예산 비중 비교
자료: 가나자와 시 창의도시 추진실 자료.

의 연수자나 그 연수자를 지도하는 사업자에 대해 장려금을 교부하며, 전통산업에 대한 신규 참여 연수자에게는 매달 10만 엔씩 3년 이내의 기간 동안, 그리고 전통산업 기술 전승 사업자에게는 매달 6만 엔씩 3년 이내의 기간 동안 지원한다.

전통문화산업을 육성하기 위한 가나자와 시의 노력은 예산에서도 나타나는데, 가나자와 시의 문화·예술 관련 예산은 연간 시 예산의 약 3~6%를 차지해, 전국 평균이 1% 이하인 것과 비교할 때 매우 높은 수준이다(그림 3-1 참조).

2011년도 가나자와 시의 역사·문화 도시재생과 하천 및 용수 정비 관련 예산을 살펴보면, 도시 정비 부분에 약 5억 5,000만 엔, 역사·문화 관련 전통산업 진흥 부분에 약 3억 엔, 도시정책 부분에서 창의도시 추진 및 역사도시 추진에 약 7억 6,000만 엔이 투입되었다(표 3-4 참조).

사업명			예산 (1,000엔)	비고
도시 정비 부문	시가지 정비	도시경관 대책비	34,594	가나자와다운 주택 경관 보존 조사비 등
	수해 방지 대책 사업	하천 개수 사업비	370,000	도시 기반 하천 개수 사업비 등
		종합 치수 대책 사업비	142,810	내수 관리 강화 대책비 등
	소계		547,404	
산업 부문	물건 만들기 추진	크래프트 창의도시 추진비	150,040	(가칭) 가나자와 크래프트 비즈니스 창의기구 개 설비, 가나자와 브랜드 창립 지원비 등
		전통산업 진흥비	131,407	금박(가나자와 박) 기술진흥연구소·작업장 운 영비 등
		물건 만들기 회관비	15,620	물건 만들기 회관 운영비 등
	소계		297,067	
도시 정책 · 총무 · 기타 부문	창의도시 추진시책	창의도시 추진비	14,853	아시아 공예작가 연수지원비 등
		우타츠야마(卯辰山) 공예공방 기술자 장려금	36,400	후계자 육성을 위한 기술연수자 장려금 등
		(재)가나자와예술창조재단비	78,621	재단운영비, 전통문화체험비 등
	역사도시 추진	역사적 경관 보전 사업비	160,694	구(舊) 에도무라 시설 이전 정비 사업비 등
		가나자와 마치야 보존 활용비	103,890	마치야 계승·활용 추진 사업비 등
		세계문화유산 등록 추진 사업비	17,730	사적 정비 사업비 등
		사적 지정 준비 조사비	5,750	사적 지정 준비 조사비 등
		전통적 건조물군 보존지구 보 존 대책비	92,078	전통적 건조물군 보존 지구 보존 대책비 등
		문화재 보존 정비비	68,087	문화재 보존 조사비 등
		용수 경관 정비 사업비	23,000	오노쇼(大野庄) 용수 환경 정비 사업비 등
		용수 보전 사업비	658	용수의 재발견 추진 사업비 등
		역사적 건축물 내진화 촉진비	440	내진 진단, 보강 설계 강습회 개최 등
		매장 문화재 보호비	103,724	매장 문화재 발굴 조사비 등
		직인 기술 향상비	52,078	가나자와 직인 대학교 운영비 등
		전통 예능 장려비	4,400	전통 예능 전습자 육성비 등
	소계		762,403	

⊙ 표 3-4 2011년도 가나자와 시의 역사·문화 도시재생 관련 예산

자료: 金沢市(2012).

8. 사업 성과 및 평가

8' 1. 사업 성과

가나자와 시는 역사적 풍치 지속 향상 계획 이전부터 독자적으로 '고마치나미 보존 조례'를 운영해왔다. 이는 도시 중심부의 에도시대에 형성된 역사적 도시경관을 보존하고자 하는 제도로, 그 대상 범위가 작게 나뉘어 있어 '고마치나미', 즉 '작은 마을' 경관 조례라는 이름이 붙었다. 가나자와 시의 역사적 풍치 지속 향상 계획은 중점지역에 대해 이러한 기존의 독자적인 시의 경관 조례와 연계한 경관 보전을 제시하고 있다. 또한 중점지역에 대한 고도 제한, 지구계획, 마치즈쿠리 협정 등을 도입하고 옥외광고물 규제 등의 시행을 제시했다.

역사적 풍치 지속 향상을 위한 가나자와 시의 구체적 사업으로는 공원 설치, 가로 정비, 전신주 지중화, 주차장 설치, 건조물 보존·수복, 전통적 행사 장려 등이 있는데, 이 내용은 「역사도시 만들기 법」의 기본 지원사업 내용과 큰 차이가 없다.

역사적 풍치 형성 건조물로는 현縣 지정 문화재, 시市 지정 문화재, 등록문화재 및 등록기념물, 경관 중요 건조물 및 경관 중요 공공시설, 전통적 건조물군 보존 지구 내의 건조물 등이 있으며, 이 외에도 가나자와 시 독자적 조례에 의해 보존 대상물, 작은 마을 경관 보존 건조물, 보존 용수 등을 지정하고 있다. 특히 현재까지 미지정 건조물의 철거가 눈에 띄게 증가하면서 이번 계획으로 이러한 건조물에 대한 역사적 풍치 형성 건조물 지정이 늘어날 것으로 예상된다.

8' 2. 역사도시 만들기 법의 향후 과제

앞서 살펴본 특징을 종합해보면 「역사도시 만들기 법」은 제정 당시부터 소규모 도시의 전통적인 역사적 경관을 염두에 둔, 역사 및 문화를 통한 마치즈쿠리 법률이라고 할 수 있다. 현재까지 선정된 11개 도시는 이러한 전통적 도시경 관 특징이 뚜렷하며, 특히 가나자와 시를 포함한 많은 도시는 이 법률이 제정되기 전부터 근대 이전의 이른바 '전통적' 역사도시로서 그 경관을 보전하려는 고유의 정책을 시행해왔다. 그리고 각 도시의 '역사적 풍치 지속 향상 계획'에서도 그러한 전통적 역사도시 경관에 대한 각 도시의 정책이 잘 반영되어 있다.

그런데 「역사도시 만들기 법」의 승인을 받은 11개 도시 중 사쿠라가와 시④ 이외에는 전통적인 역사적 경관과 근대적인 역사적 경관을 연계하고자 하는 적극적인 시도를 찾아보기가 어렵다. 이는 중점지역에 대한 정의가 전통적 건조물 및 전통적 건조물이 모여 형성된 지역(중요 전통적 건조물 보존지구 등)에 한정되어 있다는 것이 가장 큰 원인이라고 할 수 있다. 향후 전통적 도시경관이 비교적 뚜렷하지 못한 '일반' 도시가 도시 고유의 역사 및 문화를 살린 역사도시 만들기를 추진할 경우, 또는 전통적인 역사적 경관이 아닌 근대적인 역사적 경관을 중심으로 역사적 풍치 지속 향상 계획을 시행하려고 할 경우, 이에 「역사도시 만들기 법」이 유연하게 대처하려면 역사적 풍치에 대해 좀 더 유연하게 해석하거나 전통적 건조물에 치중된, 중점지역에 대한 정의를 보완해야 할 것으로 보인다.

9. 시사점

9'1. 종합적인 도시 보전 지원

국토교통성, 문부과학성, 농림수산성이라는 3개의 정부 부처가 연계해 역사

---

④ 사쿠라가와 시는 중점지역 내 근대 건축물 및 등록문화재, 근대 산업유산의 보수 및 관리와 함께 중점지역 내의 전통 행렬 코스를 제안하고 옛 장터 재현 등을 통해 전통적 건조물과 근대 건축물을 연계할 수 있는 방법을 제안했다.

적 풍치 보존에 관한 법률을 제정함으로써, 개별 문화재 보호와 도시계획이 연동된 지구계획을 수립해 적용할 수 있게 되었다. 또한 역사적 지구의 보전뿐 아니라 이를 통해 주변 도시 공간의 시설 정비가 가능해지면서 좀 더 종합적인 도시 보전 및 도시재생 효과를 기대할 수 있다.

9' 2. 역사지구 보전이 도시 전체로 확대: 면 단위 역사 · 문화 환경 보전

「역사도시 만들기 법」은 소규모 도시(시정촌)를 대상으로 하기 때문에 중점지역의 보전 계획을 해당 도시의 도시계획과 연동해 운영하기 쉬워, 중점지역뿐만 아니라 그 외의 도시의 역사 환경의 보전이 용이하다. 또한 대도시에 비해 해당 지역의 보존 계획에 대한 시민의 인지도나 참여율 역시 높을 것으로 예상된다.

무엇보다 이 법의 중요성은 다른 법제도에 대한 특례를 제공하는 점이라고 할 수 있는데, 이를 통해 일본의 지자체 제도인 도도부현都道府県에서 제정·실시되는 이하의 법률 및 조례를 해당 시정촌에서 실시하는 것이 가능해진다. 특례제도가 인정되는 대상은 ① 농업용 지구 역내의 개발 행위의 특례, ② 「문화재보호법」 지정에 의한 사무의 특례, ③ 「도시공원법」의 특례, ④ 옥외 주차장에 관한 점용의 특례, ⑤ 개발 허가의 특례, ⑥ 전신주 지중화의 특례, ⑦ 「옥외광고물법」의 특례 등이다.

이를 한국의 상황에 적용해보면, 「문화재보호법」과 「도시계획법」의 의제 처리를 규정한 ②번 항목이나, 「도시공원법」과의 충돌을 완화하는 ③번 항목, 개발 행위와 관련된 ⑤번 항목은 우리에게도 시사하는 바가 매우 큰 조항으로 보이며, ④, ⑥, ⑦도 서울의 북촌을 떠올려보면 매우 의미 있는 조항으로 볼 수 있다.

9' 3. 역사 중심의 도시재생 지원 계획

「역사도시 만들기 법」운영 방침 제2조에서는 "단순히 역사적 가치가 큰 건조물이 존재하는 것만으로 역사적 풍치라 할 수 없으며, 지역의 역사와 전통을 반영한 활동이 전개되어야 비로소 역사적 풍치가 형성되는 것으로 본다. 법은 이러한 역사적 풍치를 있는 그대로 유지하는 것뿐 아니라 역사적 건조물의 복원·수리 등의 방법을 통해 적극적으로 양호한 시가지 환경을 향상하는 데 그 목적을 둔다"라고 규정한다. 이는 곧 도시의 역사적 자산을 단독의 기념물적 의미가 아니라 도시의 고유성으로 인식하고, 이를 도시개발의 자원으로 활용하는 것을 지원하는, 즉 역사가 중심이 된 도시재생 지원을 목적으로 한다는 것이다.

9' 4. 역사적 가치가 있는 하천과 물길 등으로 역사·문화 도시재생 범위 확대

「역사도시 만들기 법」에 의해 개별적 문화재 보호 및 개별적 도시재생(개발) 계획을 지구 단위로 포괄할 수 있는 개념이 창출되었고, 이에 따라 역사적 지구를 도시 차원에서 보호하고 활용할 수 있게 되었다. 또한 공적 용도의 건축물에 집중되었던 지원을 그 외의 용도의 건축물에까지 확대해 지원할 수 있다는 것이 이 법안의 특징이라 할 수 있다. 또한 건축물의 보존, 수리, 관리 및 도시 시설 정비 등 역사적 풍치 지속 향상을 위한 하드웨어뿐 아니라, 이와 관련한 행사, 전통기술의 전수 및 전통공예품의 판매에 이르는 소프트웨어적 사업까지 동시에 지원한다. 또한 역사적 풍치 지속 향상 계획을 지원하는 법인의 설립을 도모해 행정과 시민이 참여한 좀 더 조직적인 활동을 지원한다.

특히 기존의 역사·문화 도시재생정책이 주로 건축물 위주로 진행되었던 것과 달리, 많은 역사적 하천 및 물길 그리고 이러한 선적인 공간과 연계된, 마찬가지로 선적인 공간인 역사적 길을 역사·문화 재생의 대상으로 삼은 것은 하천과 물길이 풍부한 한국에도 많은 시사점을 준다.

제4장

일본 도쿄 가구라자카의 마을 만들기

도심 상업지에서의 역사 경관 마을 만들기

윤주선 | 도쿄 대학교 도시공학과 박사과정

© Kabacchi(flickr.com)

도쿄 이다바시 역 앞의 우시고메 다리 위에 서면 동 · 서 어느 방향을 선택하느냐에 따라 전혀 다른 경관을 경험하게 된다. 다리 동쪽을 택하면 니켄세케이 사옥, KDDI 사옥 등 고층 건물이 가득한 21세기 도쿄의 전형적인 업무지역을 만나게 된다. 그러나 서쪽을 향하면 얕은 경사를 타고 빽빽이 들어앉은 작은 건물과 예스러운 골목이 반기는 에도시대의 도쿄와 마주하게 된다. 화려한 도쿄 도심 속에서 옛 정취를 간직한 채 묵묵히 자리를 지키고 있는 이 지역이 가구라자카 역 사지구다.

2009년 처음 방문한 가구라자카에서는 전통적 경관이 줄지어 늘어선 것도, 화려한 건축술로 지어진 건물이 자리한 것도 아닌 탓에 그리 강한 인상을 받지 못했다. 그러나 도쿄 생활에 익숙해지고 나서 다시 방문해본 가구라자카에는 여행객의 시각에서는 발견할 수 없었던 특별함이 보였다. 고층 건물이 즐비한 중심업무지구 한복판에 예기치 않게 나타나는 에도 스케일의 오밀조밀한 도시조직. 이 낯선 시간의 변주는 관광객은 물론 도쿄 도시민들에게도 신선한 즐거움을 선사한다. 큰마음 먹고 교토나 오사카를 가지 않고도 지하철을 타고 쉽게 만날 수 있는 전통적 공간이 도심 한가운데에 건강히 작동하고 있다는 것은 이 도시의 훌륭한 도시적 자산임이 틀림없다. 못할망정 이렇듯 가장 도시적인 지역에서 가장 도시적이지 않은 기능에 공간을 내어주기란 그 가치가 높은 만큼 그 가치를 지켜나가기 또한 어려운 법이다. 강한 개발의 압력과 마주해야 하기 때문이다. 법규를 통한 규제로 경관을 보존하는 방법도 있지만, 거주민의 공감대가 폭넓게 형성되어 있지 않은 상태에서의 규제에는 부작용이 따르기 마련이다. 가구라자카는 행정 주도의 강력한 규제 대신 주민과 시민단체가 주도하는 점진적 타협의 방법을 선택했다. 지역민이 주요 주체가 되어 지역의 특성을 연구하고 이를 바탕으로 경관의 보존을 법제화하는 절차를 거쳐왔다. 최근에는 가치의 보존에서 한 발 더 나아가, 방치된 근대유산을 발굴해 등록문화재로 지정하는 작업을 통해 마을의 새로운 가치를 창조해나가고 있다.

인구 변화

가구라자카(神楽坂)를 구성하는 17개 정(町), 초메(丁目) 인구의 합은 2011년 12월 1일 기준 1만 2,670명이다(新宿区, 2011). 가구라자카의 인구는 1980년 1만 3,000명 이상이었던 것이 1995년 약 1만 명으로까지 감소했으나, 마을 만들기가 본격화된 2002년을 기점으로 다시 꾸준히 증가하고 있다. 고령화율 역시 2002년을 기점으로 점차 낮아져 2008년 기준 약 18%로 20.2%인 전국 평균을 밑돌고 있다. 인구의 증가와 고령화율 감소는 마을 만들기를 통한 지역 활성화의 효과로 볼 수도 있지만, 반대로 개발 압력에 따라 고층 주거지가 증가하고 신규 전입자가 늘어나는 현상이 반영된 것이기도 하다.

위치

가구라자카는 도쿄 신주쿠 구의 동북쪽 끝에 위치한 700m가량의 가구라자카로와 그 일대를 일컫는다. 일본 천황이 기거하는 황거의 외호(外濠)에 맞닿아 있어 에도시대에는 무기 장인과 무사의 거주지로, 메이지시대부터는 중심상업지로 이름을 알려왔다. 현재 가구라자카가 위치한 지구는 도쿄 역과 신주쿠 역, 이케부쿠로 역에서 각각 3.5km 정도 떨어져 있는 중심업무지역이며, 가구라자카의 절반 정도는 상업지역으로 지정되어 최대 용적률 500%를 적용받는다.

⊙ 가구라자카의 위치

면적 및 기후

가구라자카의 전체 면적은 약 16ha이며, 전통적 도시조직이 많이 남아 있는 '가구라자카 지구계획 지정 구역'의 면적은 약 3.1ha다. 가구라자카가 위치한 도쿄의 기후는 한국보다 여름에 고온다습하고 겨울에 온난건조한 편이다.

도시재생의 연혁

메이지시대부터 관동대지진 이후까지 서부 도쿄 최대의 번화가였던 가구라자카는 시부야, 신주쿠, 이케부쿠로의 역사(駅舎) 복합 개발에 밀려 점차 쇠락의 길을 걷는다. 하지만 개발의 눈길이 닿지 않은 채 반세기를 지나온 탓에 전통적 경관과 풍류를 간직한 마을로서 독특한 잠재력을 품고 있었다. 그렇게 정체되어 있던 마을에 1988년 신주쿠 구가 가구라자카를 마을 만들기 추진지구로 지정

한 것을 시작으로 지구재생이 이루어
졌다. 1990년대 후반 고층 건물의 급
증과 관록 있는 점포의 폐업에 대응한
경관 보존 운동, 1997년 가로환경정
비사업(まちなみ環境整備事業), 2007
년 지구계획 지정 등은 가구라자카를
도쿄의 역사·문화 거점으로 다시금
주목받게 만든 계기가 되었다. 마을

ⓞ 가구라자카의 효고(兵庫) 골목

만들기를 통해 가구라자카의 역사적·문화적 가치가 재조명되면서 도쿄 속의 작은 에도라는 특별
한 분위기를 찾아서 오는 이들이 급증했고, 가구라자카는 도쿄의 새로운 관광명소로 인기를 얻고
있다.

1. 가구라자카의 역사

15세기 군마^{群馬}의 호족 오고^{大胡}가 가구라자카^{神楽坂}에 정착해 이름을 우시고메^{牛込}로 바꾸고 우시고메 성을 쌓아 마을을 이룬 것이 가구라자카 역사의 출발이다. 우시고메 성 성곽 일부는 현재도 마을 곳곳에서 발견할 수 있다. 가구라자카는 도쿠가와 이에야스^{德川家康}가 교토에서 도쿄로 천도했을 당시 신주쿠 구에서 유일하게 마을의 모습을 갖추고 있던 지역이었다고 한다(新宿区観光協会, 2011). 에도시대에는 무기장인과 무사들의 마을이었다가, 메이지시대부터 무가주택이 철거되고 상업지가 들어서면서 서부 도쿄 제1의 번화가로 번성했다(越澤明, 1991). 메이지시대의 가구라자카는 나쓰메 소세키^{夏目漱石}, 오자키 고요^{尾崎紅葉} 등 일본 대문호들이 활발한 활동을 벌이던 장소이기도 했다. 그 영향으로 지금까지 가구라자카에는 인쇄·출판 관련 점포가 넓게 분포해 있다. 쇼와 초기는 가구라자카가 가장 번성했던 시기로, 관동대지진(1923년)으로부터 피해를 거의 입지 않았던 가구라자카는 당시 폐허가 된 긴자의 유명 상점과 백화점의 분점들이 앞다투어 출점하며 '야마노테의 긴자'라는 별칭이 붙을 정도로 성황을 이뤘다. 1940년대 초까지 도쿄에서 시내를 나간다는 것은 동부의 긴자 또는 서부의 가구라자카에 가는 것을 의미했을 정도였다. 특히 도쿄에서 가장 오랜 역사를 지닌 가구라자카의 환락가는 한때 600명이 넘는 게이샤가 활동하며, 밤에

| 에도시대(1603~1867) | 메이지시대(1868~1912) | 쇼와시대(1926~1989) |

◉ 가구라자카의 시대별 모습
자료: 新宿区観光協会.

도 대낮처럼 불빛
이 환하고 축제일
이면 움직이기도
어려울 만큼 인기
가 높은 곳이었다
고 한다.

에도시대

가구라자카로(神楽坂通り)

⊙ 에도시대부터 이어져오는 가구라자카의 가로 조직
자료: 에도시대 지도는 新宿区(2006).

하지만 1945
년 미군의 폭격으
로 가구라자카 일대는 전소되고 말았다. 전쟁 후 화류계를 중심으로 빠르게 상
권이 부활하며, 1960년대 철강 분야 기업가, 고위 정치가들이 교류의 장으로 이
용하면서 다시 한 번 인기를 누리기도 했다. 그러나 1920년대부터 급속히 성장
하던 도쿄 서부 3대 부도심인 신주쿠, 시부야, 이케부쿠로가 1960년대 수도권
정비위원회의 부도심 정비계획 등을 통해 각 역을 중심으로 한 대규모 개발을
완료하면서 상업의 중심축이 점차 가구라자카를 떠나게 되었다.

그렇게 '왕년의 동네'가 되어버린 가구라자카는 일본의 버블경제기에도 개
발의 파도에서 한 발 빗겨나 작은 소상권을 이루며 과거의 흔적을 간직한 채 조
용히 세월을 흘려보내고 있었다. 점차 대중의 기억에서 잊혀져가던 가구라자카
에 새로운 전환점을 가져다준 것은 1980년대부터 시작된 역사적 자원 중심의
마을 만들기 활동이었다.

2. 재생의 필요성

가구라자카는 용적률 500%의 상업용도지역인데도 1970년대까지 3층 이상
의 건물이 손에 꼽힐 정도로 대부분 소규모 필지에 저층 건물이 들어선 전통적
형태의 마을이었다. 그러나 1990년 들어 부지 합필을 통한 고층 건물이 곳곳에

⊙ 주위 경관과 어울리지 않는 모습의 초고층 '나홀로 맨션'
주: 맨 왼쪽 사진은 맨션이 없을 때의 경관을 볼 수 있도록 필자가 편집한 것이다.

신축되면서 경관이 점차 변하기 시작했다. 변해가는 경관을 걱정하던 주민들에게 1999년 'T부동산주식회사'가 가구라자카 5초메에 31층 초고층 맨션을 건립한다는 소식은 불난 데 기름을 붓는 격이었다. 화려하진 않지만 에도시대부터 이어져온 가구라자카만의 전통적 분위기에 자긍심을 지니고 있던 주민들은 사업자에게 적극적으로 항의했다. 주민 4,000여 명이 서명해 구청장에게 전달하고 고소까지 불사하는 경관 분쟁을 치렀지만, 결국 2003년 5층만을 낮춘 26층 높이로 아인스타워라는 이름의 맨션이 완공되었다. 이 사건은 경관 보전에 대한 지역 주민의 의식을 고조시키는 기폭제가 되었다.

신축 건물이 들어선 동시에 전통적인 점포가 문을 닫고 기존 목조 건물의 멸실도 두드러지게 증가하면서 거리의 얼굴이 변하기 시작했다. 전통과자점, 기모노집, 도기집, 칠기집, 문구점 등 오랜 역사를 간직한 개인 상점 위주였던 가구라자카에 2000년대 들어서 어디서나 볼 수 있는 개성 없는 프랜차이즈점이 눈에 띄게 증가한 것이다. 특히 1910년 개점 후 1950년대까지 도쿄에서 가장 세련된 서양식 레스토랑으로 가구라자카의 상징적 역할을 하던 다하라야田原屋가 2002년에 문을 닫으면서 가구라자카의 업종 변화는 그 속도를 더하게 된다. 다하라야는 2004년까지 1,000엔 지폐의 도안 모델이었던 나쓰메 소세키 등 일본 근대문학의 주요 인사들이 자주 드나들었던 곳으로 문화적인 의미 또한 큰 곳이었기에 다하라야의 폐점은 가구라자카만의 역사성을 유지하려는 지역민의 의식이 모이는 또 다른 계기가 되었다.

3. 추진 절차

가구라자카의 마을 만들기는 크게 과제 인식기, 활동 초동기, 조직 형성기, 조직 연대기 등 4개의 단계로 구분할 수 있다(矢原有理 外, 2008).

3' 1. 과제 인식기(1988~1992)

과제 인식기는 잠들어 있던 가구라자카의 역사적·문화적 가치를 재인식하기 시작한 시기다. 가구라자카에서 공식적인 마을 만들기는 1988년 신주쿠 구에서 가구라자카를 '마을 만들기 추진지구'로 지정하면서부터 시작되었다. 기존 건물이 철거되고 신규 건물이 증가하는 변화의 조짐이 감지되는 가운데 이를 조절할 정비정책이 부재하다는 문제의식이 제기되었고, 이에 신주쿠 구는 가구라자카를 마을 만들기 추진지구로 지정했다. 또한 가구라자카 마을 만들기를 이끌어갈 (구)마을 만들기회를 1991년 공모 방식을 통해 구성했다. 일부 상점주와 거주민으로 구성된 (구)마을 만들기회는 마을 만들기 계획안 작성과 마을 만들기를 위한 과제 토론 등을 수행했으며, 결성 1년 만인 1992년 해산했다.

3' 2. 활동 초동기(1993~1997)

활동 초동기는 가구라자카 마을 만들기의 나아갈 방향을 정하고 공간환경 개선사업을 시작해 마을 만들기의 토대를 닦은 시기다. 신주쿠 구의 공모를 통해 조직된 (구)마을 만들기회가 해산하자 곧바로 지역 유지들이 주축이 된 자체

1. 언덕과 돌길을 중심으로 보행자 친화적인 마을을 만들자.
2. 가구라자카의 역사와 전통을 배경으로 문화의 향기가 짙은 도시를 만들자.
3. 안심하고 쇼핑할 수 있는 생기 있는 상업 거리를 만들자.
4. 거주민이 살기 좋은 안락한 마을을 만들자.
5. 마을 만들기 협정을 체결하여 미래를 준비하는 가구라자키를 만들자.

⊙ **Box 4-1** 가구라자카 마을 만들기 헌장(1993년 결정)

적인 주민단체인 '마을 만들기회'가 1993년에 결성되었다. 같은 해 마을 만들기 회에서는 여러 차례의 워크숍과 전문가 자문을 거쳐 가구라자카의 마을 만들기 를 이끌어갈 기본 이념을 담은 '마을 만들기 방침'과, '전통과 현대가 접하는 멋 진 마을 가구라자카'를 목표로 하는 헌장(Box 4-1 참조)을 작성해 신주쿠 구청장 에게 전달했다. 또한 '가구라자카다움神楽坂らしさ'에 대한 논의를 지속하고 이를 책으로 엮은 '마을 만들기 키워드집 1권'을 1993년 6월에 발간했다.

가구라자카는 1950년 미군의 폭격으로 건물 대부분이 소실된 후 다시 재건 된 마을이라 건물 자체의 역사적 의미는 크지 않을 수 있지만, 가로의 형태와 체계만큼은 에도시대부터 크게 변하지 않은 채 그대로 전해졌기 때문에 무엇보 다 가로를 보존하는 것을 마을 만들기의 주요 과제로 삼았다.

하지만 구체적인 규제 조항 없이 이상적인 목표를 제시하고 있는 헌장만으 로는 실행력에서 한계를 보였다. 마을 만들기회에서는 세부 조항을 통해 가로 형태를 보존하려는 목적으로 마을 만들기 협정 체결을 추진했으나, 일부 유지 들이 중심이 되어 구성된 마을 만들기회만으로는 상인들을 설득하는 데 어려움 이 있었다. 이러한 한계를 극복하기 위해 신주쿠 구에서는 마을 만들기 협정 체 결을 전제로 국토교통성에 가로환경정비사업을 신청했다. 가로환경정비사업은 마을 만들기 협정이 체결된 지역을 대상으로 국고를 보조해 계획 수립과 환경 정비를 지원하는 사업이다. 가로환경정비사업 선정은 상인들이 마을 만들기의 주요 주체로 등장하는 계기가 되었다. 가구라자카로 주변 상인들은 가로상점회

⊙ 왼쪽부터 가구라자카의 대표 골목인 게이샤 신도, 숨바꼭질 골목, 효고 골목

를 조직하고, 이들의 주도로 1997년 가구라자카 1~5초메에는 대로변을 중심으로 하는 마을 만들기 협정이 체결되었다.

가구라자카 마을 만들기 협정은 가로상인회를 출범시키는 원동력이 되었고, 비교적 구체적인 조항의 가이드라인을 제시해 협의를 유도할 수 있는 단초를 제시한 것에 의의가 있다. 하지만 협정의 적용 대상이 대로변 상점가에만 한정되었고, 최종 디자인의 선택권이 여전히 사업자에게 있어 협정 이행을 강제할 수 없다는 것은 한계로 지적되었다.

마을 만들기 협정을 토대로 가로환경정비사업도 1997년부터 진행되었다. 가구라자카에서는 가로환경정비사업을 통해 가로수 식재, 가로등 교체, 전선 지중화, 바닥재 미화 작업, 안내판 설치 등을 완료했다. 바닥재로는 경도가 높고 미끄럼이 적으며 재활용이 용이한 케라미스톤을 사용했고, 바닥패턴에 군데군데 회색 돌을 혼합하여 가구라자카의 상징인 돌길을 연상시킬 수 있게 했다.

3' 3. 조직 형성기(1998~2007)

조직 형성기는 고층맨션 계획에 대한 반대 운동을 계기로 가구라자카 마을 만들기의 조직체계가 자리를 잡게 된 시기다. 1999년 마을 만들기 협정이 지정

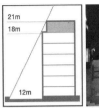

↑ 건물의 기본 높이는 18m까지로 하되, 18m 이상의 부분은 가로 반대편에서 보이지 않도록 후퇴시킨다.

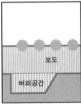

↑ 보도와 만나는 부분의 상점 입구에 맞이공간(버퍼공간)을 두며, 보도와 어울리는 재질을 사용한다.

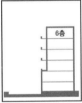

↑ 벽면 혹은 발코니의 입면 선을 옆 건물들과 나란히 맞춘다 (벽면 후퇴 방지).

↑ 건물의 벽면, 파사드, 간판, 설비 등의 디자인을 마을과 어울리도록 배려한다.

⊙ 가구라자카 주민 협정 개요(1997년 결정)

된 구역에서 불과 도로 하나를 사이에 두고 초고층 맨션 건립 계획이 확정된다. 가구라자카와 어울리지 않게 불쑥 튀어나온 모습의 초고층 맨션 계획에 대해 주민들은 소송과 주민서명 등의 반대 활동을 벌였지만 사업을 저지하지 못하고 결국 2003년 건물이 완공되었다. 이 과정에서 주민들은 지역의 모든 구성원이 포함되어 있지 않은 임의 단체 성격의 마을만들기회만으로는 영향력 있는 목소리를 낼 수 없다는 것을 깨닫고, 신주쿠 구가 구성원으로 포함된 공식 협의체인 흥성회興隆会를 조직했다. 흥성회는 가로상인회를 중심으로 지역회, 상점회, 조합회 등 가구라자카의 모든 지역 조직과 신주쿠 구, 지역 NPO Non-Profit Organization가 참여하는 공식 협의체이자 의사 결정 기구다. 또한 전문가들의 체계적인 활동 지원이 가능한 'NPO 멋진 마을 만

들기 클럽(이하 'NPO 멋진 마을')'도 2003년 설립되었다. 전문가로 구성된 'NPO 멋진 마을'과 지역 주민은 맨션 사태를 통해 법적 한계가 있는 헌장이나 협정만으로는 개발 압력으로부터 '가구라자카다움'을 지킬 수 없다는 인식을 공유했

가구라자카 3·4·5초메 지구계획, 가구라자카로 지구계획(2011년 12월 19일 변경 및 결정)

아인스타워
가구라자카 3·4·5초메 지구
쓰쿠도초
멋진 마을 가구라자카 지구 (경관지구) 현행 지역
혼다 골목
이다바시 역
가루코카자카로
멋진 마을 가구라자카 지구 추가 지정 지역(예정)
가구라자카로
가구라자카로 지구

0 25 50 100m

4) 지구계획 적용 시 건축 불가 범위
3) 가구라자카 지구계획에서는 OOm 셋백 시에도 도로 사선 완화 적용 불가
1
1.5
건축 가능 범위
2) 건축기본법에 의한 OOm 셋백 시의 도로 사선 완화
OOm
1) OOm 셋백할 경우
지구계획상의 사선 제한

최고 높이 21.0m
이격 6.0m
높이 14.0m
이격 3.0m
도로중심선   도로경계선
혼다 골목 접도 건물의 벽면선 제한

간판은 도로 중심으로부터 3.5m 이상의 높이에 설치 가능
도로경계선
건물
높이 3.5m
보행자 공간으로 활용(셋백)

고도 제한	1. 가루코카자카로 및 가구라자카로와 면한 건물: 31m 2. 그 외 지역: 21m
건축물 등의 형태, 색채 및 의장의 제한	1. 건축물 및 공작물의 형태, 색채 기타 의장은 지구의 경관 및 주변 환경을 배려해야 한다. 2. 건축물 및 공작물은 골목에서 보이는 모습을 고려하고 골목 경관을 해칠 우려가 없게 해야 한다.

⊙ 가구라자카 3·4·5초메 지구계획 개요
자료: 新宿区役所.

고, 법정계획인 지구계획 제정을 추진했다. NPO와 마을 만들기회에서 지구계획 초안 작성 작업을 담당하고, 최종적으로 홍성회가 지구계획을 정리·제출해 2007년 가구라자카 3·4·5초메를 대상으로 하는 지구계획을 확정했다. 개발자

흑담
흑담풍의 의장
격자창, 격자문
격자풍의 의장
⊙ 버퍼공간이 있는 입구

0 25 50 100m

와인바에 적용된 흑담

격자문

버퍼공간(접대공간)이 있는 입구

⊙ 가구라자카의 대표적인 의장: 지구계획 수립 이후 신축 건물과 서양식 음식점도 가구라자카의 대표 의장 요소를 따른다
자료: 松井 大輔 外(2010).

들의 압력으로, 최초 계획보다 범위가 줄어든 3·4·5초메 약 2.5ha만을 대상으로 계획이 적용되었으나, 기존의 50m 고도 제한보다 한층 강화된 고도 제한 조항을 지구계획에 포함시켜 강력한 경관 보존 규제가 가능해졌다. 또한 의장에 대한 조항도 포함시켜 디자인 관리가 가능해졌다. 2011년 12월에는 '가구라자카 3·4·5초메 지구계획'이 변경되어 홍다 골목의 벽면선과 간판 규제가 추가되는 등 변화가 있었고, '가구라자카로 지구'에도 추가로 지구계획이 수립되었다.

이 시기에는 가구라자카의 축제를 포함한 문화행사를 전담하는 실행위원회가 구성되기도 했다. 현재 가구라자카에서는 크고 작은 다수의 축제가 매년 열리며, 특히 1999년 7월부터 매년 가구라자카로 위에 700m의 흰 캔버스를 깔고 주민들이 물감과 붓 등을 이용해 마음껏 가구라자카의 문화나 일상을 기록해 가로 전체를 미술관으로 만드는 축제인 '마을 위를 나는 페스타 まち飛びフェスタ' 가 유명하다.

3' 4. 조직 연계기(2008~현재)

마을 만들기 협정, 지구계획 등을 통해 전통적 가로의 훼손을 막고 건물 신축 또는 개축 시 경관을 관리하는 것이 일부 가능해졌지만, 적용 범위가 한정될 뿐 아니라 여전히 기존 건물의 철거에 대해서는 속수무책이었다. 이러한 문제를 해결하기 위해 다음 단계로 마을에서 궁리한 것은 골목길을 중심으로 하는 면面적 보존에 더해, 보존 가치가 있는 개별 건물을 찾아내고 지원해주는 점点적 보존을 추가하는 일이었다. 마침 신주쿠 구에서는 행정에 유연성과 창의성을 더하기 위해 행정에서 전담하던 공공분야 사업을 민간과 시민단체에 개방해 사업 공모 형식으로 공공사업을 진행하는 '신주쿠 구 협동사업'을 실시하고 있었다. 마을에서는 'NPO 멋진 마을'이 주축이 되어 가구라자카 전체 건물에 대한 전수조사를 바탕으로 보존 가치가 있는 건물을 '등록문화재'로 지정하는 사업에 신청했고, 이에 선정되어 2012년 1월 현재 5채의 건물이 등록문화재로 지정되었다.

이와 함께, 빈집이 무분별하게 개발되거나 합필되어 대규모 개발이 진행되는 것을 막고자 빈집 매입과 문화강좌 등 수익사업이 가능한 '주식회사 멋진 마을[이하 (주)멋진 마을]'을 2007년 9월 설립했다. 자본금 1,000만 엔으로 'NPO 멋진 마을'과 연계해 창립했으며, 직원 2명은 'NPO 멋진 마을'의 회원이다. (주)멋진 마을 설립으로 가구라자카 마을 만들기는 정부 보조금에만 의존하던 사업

연대	1954년
등록 날짜	2011년 7월 25일
구조	목조 2층, 기와지붕
등록 기준	국토의 역사적 경관에 기여하는 것
건축 면적	42m²
주소	東京都新宿区矢来町114
소유자	(주)다카하시(高橋) 건축사무소
등록 번호	13-0280

⊙ 등록문화재로 지정된 다카하시 건축사무소
자료: 文化庁 데이터베이스(bunka.go.jp/bsys/).

영역을 좀 더 창의적이고 유동적으로 조절할 수 있게 되었다.

가구라자카에 대한 연구·기록 작업도 지속되었다. 국토교통성의 '살고 싶은 마을 만들기 담당자사업住まい·まちづくり担い手事業'을 통해 가구라자카의 지역자원과 마을 만들기 관련 정보를 수록한 '마을 만들기 키워드집 2권'을 2010년 발행했다. 이 밖에도 (주)멋진 마을과 'NPO 멋진 마을'의 전문가를 중심으로 2항 도로와 3항 도로에 대한 연구가 수행되고 있다. 현행법상 폭 4m 이하의 도로는 건물 신축 또는 개축 시 넓혀야 하지만, 예외 조항에 의해 2항 도로 또는 3항 도로로 지정되는 경우 그 대상에서 제외된다. 이 예외조항이 적용되면 가구라자카 또한 전통적인 골목길을 보존할 수 있어 이 조항을 가구라자카에 적용하기 위한 소방도로의 확보, 가로 네트워크 연구 등이 진행 중이다.

한편 2009년에는 경관법에 의거한 '신주쿠 구 경관 마을 만들기 계획'에 가구라자카 3·4·5초메 지역이 '멋진 거리 가구라자카 지역' 특별지구로 지정되어, 사업자가 7m 이상 연면적 300m² 이상의 건물을 신축할 때는 검정색 담과 돌길의 연속성을 고려하는 등 골목길 경관계획과 관련해 담당 행정기관과 사전 합의하도록 규정했다. 지금까지 살펴본 가구라자카 마을 만들기의 흐름을 정리해 보면 그림 4-1과 같다.

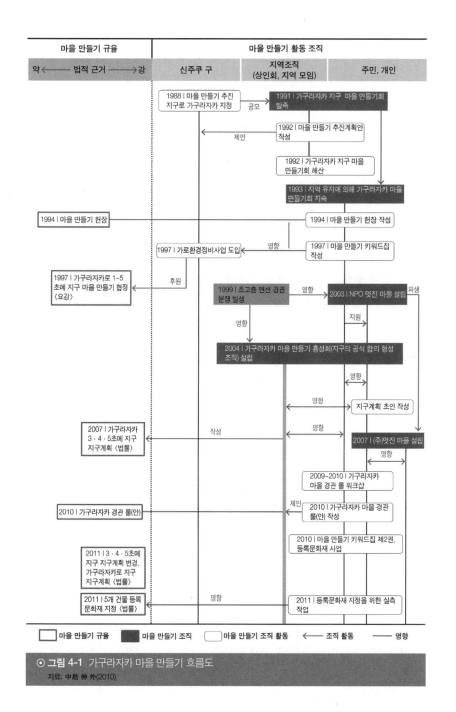

마을 만들기 규율		마을 만들기 활동 조직		
약 ←——— 법적 근거 ———→ 강	신주쿠 구	지역조직 (상인회, 지역 모임)	주민, 개인	

1988 | 마을 만들기 추진 지구로 가구라자카 지정 — 공모 → 1991 | 가구라자카 지구 마을 만들기회 발족

1992 | 마을 만들기 추진계획안 작성 — 제언 →

1992 | 가구라자카 지구 마을 만들기회 해산

1993 | 지역 유지에 의해 가구라자카 마을 만들기회 지속

1994 | 마을 만들기 헌장 ——— 1994 | 마을 만들기 헌장 작성

1997 | 가로환경정비사업 도입 ← 영향 — 1997 | 마을 만들기 키워드집 작성

1997 | 가구라자카로 1~5초메 지구 마을 만들기 협정 〈요강〉 ← 후원

1999 | 초고층 맨션 경관 분쟁 발생 — 영향 → 2003 | NPO 멋진 마을 설립 → 파생

영향 ↓ 지원 ↓

2004 | 가구라자카 마을 만들기 흥성회(지구의 공식 합의 형성 조직) 설립

영향 ↓

지구계획 초안 작성 ← 영향

2007 | 가구라자카 3·4·5초메 지구 지구계획 〈법률〉 ← 작성 — 영향 → 2007 | (주)멋진 마을 설립

영향 ↓

2009~2010 | 가구라자카 마을 경관 룰 워크샵

2010 | 가구라자카 경관 룰(안) ← 제안 — 2010 | 가구라자카 마을 경관 룰(안) 작성

2010 | 마을 만들기 키워드집 제2권, 등록문화재 사업

2011 | 3·4·5초메 지구 지구계획 변경, 가구라자카로 지구 지구계획 〈법률〉

2011 | 5개 건물 등록 문화재 지정 〈법률〉 ← 영향 — 2011 | 등록문화재 지정을 위한 실측 작업

☐ 마을 만들기 규율 ■ 마을 만들기 조직 ☐ 마을 만들기 조직 활동 ← 조직 활동 —— 영향

⊙ **그림 4-1** 가구라자카 마을 만들기 흐름도

자료: 中島 伸 外(2010).

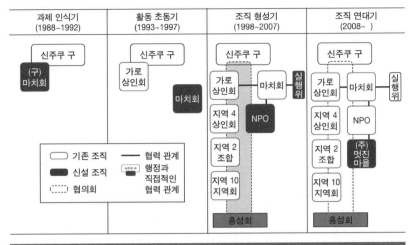

과제 인식기 (1988~1992)	활동 초동기 (1993~1997)	조직 형성기 (1998~2007)	조직 연대기 (2008~)

○ **그림 4-2** 가구라자카 마을 만들기 주체의 변화
자료: 矢原有理 外(2008).

4. 추진 주체

가구라자카 마을 만들기의 추진 주체는 크게 주민, NPO, 행정으로 구분할 수 있다. 주민과 지역 상인으로 구성된 각종 협의회에서는 각자의 특성을 살린 자생적 지역재생 활동을 수행하고 있다. 마을 만들기회에서는 조직 간의 중재와 주민 의식 고취를 담당하고, 실행위원회에서는 지역 축제를 포함한 문화활동을 담당하며, 가로상인회와 각종 지역 모임에서는 해당 지역의 주민 합의 도출과 실행 지원을 담당한다.

도시·건축 분야를 포함한 전문가로 구성된 NPO에서는 연구사업과 각종 계획안 제시 등 마을 만들기의 전문적 지원을 담당한다. 2007년에는 NPO와 연계한 사회적 기업 (주)멋진 마을을 설립하기도 했다. 또한 도쿄 대학, 도쿄 이과대학, 와세다 대학 등 인근에 위치한 대학에서는 기초 조사, 경관 시뮬레이션, 회의 진행, 자료 정리 등 인력이 많이 들어가면서도 전문적 지식이 필요한 활동을 지원하고 있다.

구분		개인 주체						조직 주체								
		지구 내			광역			지구 내								광역
		상점주	주민	전문가	주민	구청직원	전문가	가로상점회	지역내10개지역	지역내4개상점회	지역내2개조합	도쿄이과대학	마을만들기회	NPO	(주)멋진마을	신주쿠구
(구)마을 만들기회 (1991. 7~1992. 7)		◎	◎	◎		◎										
마을 만들기회 (1993. 4~현재)	회원: 수십 명(학생 등)	●		◎	◎											
실행위원회 (1999. 9~현재)	실행위원장 1명 연간 이벤트 시 외부 자원봉사자	△	△		● △											
NPO (2003. 5~현재)	전문가, 상점주: 8명 정회원: 30여 명 자원봉사: 200명	◎	◎ △	●	◎ △	◎	◎									
흥성회 (2004. 11~현재)	22단체 연합							●	◎	◎	◎	◎	◎	◎	◎	◎
(주)멋진 마을 (2007. 9~현재)	2명		◎		● △											

⊙ **표 4-1** 가구라자카 마을 만들기 조직의 구성

●: 주요 주체, ◎: 참여 주체, △: 자원봉사

자료: 矢原有理 外(2008).

신주쿠 구에서는 한 발 뒤에서 마을 만들기를 행정적으로 지원한다. 주민 협의체에서 제안한 지구계획을 승인하거나 주민이 제안하는 협동사업을 시행하는 등의 협조체계를 구성해 지원하는 방식이다.

각 역할을 담당하는 이 주체들은 공동 합의체인 흥성회의 구성원이며, 최종 결정은 흥성회 회의 절차를 통해 내려진다.

5. 관련 제도 및 소요 예산

가구라자카에 적용된 지원사업은 소프트웨어적 지원의 비중이 크다. 워크숍 지원이나 현장 답사, 실측 등의 조사사업은 가시적 성과물이 화려하지 않지만 역사적·문화적 가치를 발굴하고 널리 알리는 데 필수적인 과정이다.

또한 2007년 사회적 기업인 (주)멋진 마을이 설립된 이후에는 정부나 지방 정부의 지원에 의존하지 않고, 스스로 수익사업을 벌여 사업비를 마련하고자 노력하고 있으며, 마을 만들기 펀드 제도의 도입도 추진 중이다.

5' 1. 가로환경정비사업

가로환경정비사업은 국토교통성에서 1993년부터 추진하고 있으며, 시설이나 주거환경의 정비가 필요한 지구에 계획 수립비, 시설 설치비 등을 일정 부분 지원해주는 제도다. 0.2ha 이상의 사업 대상지 중 마을 만들기 협정이 체결되어 있는 곳을 대상으로 하며, 주요 사업으로는 지권자地權者 등으로 구성된 협의회 조직에 의한 양호한 거리 만들기, 가로환경정비방침 및 가로환경정비사업 계획 수립, 생활 도로와 소공원 등 지역 시설 정비, 지역 주민의 대문, 담 등의 이전이나 주택 등의 경관 만들기 등이 있다. 사업 주체는 마을 구성원이 포함된 법정 협의회여야 하며, 사업 승인은 국토교통대신이 한다. 사업비는 2분의 1에서 3분의 1을 지원한다. 가구라자카 가로환경정비사업은 국가에서 사업비의 2분의 1을, 도청에서 4분의 1을, 구청에서 4분의 1을 지원받아 사업을 완료했다.

5' 2. 등록문화재 제도

1996년 10월 1일부터 시행된 등록문화재 제도는, 도시적·사회적 가치가 높지만 국토개발이나 생활양식 변화로 소멸될 위기에 처한 근대의 건조물을 계승

기준	준공한 지 50년이 지난 건축물		
	국토의 역사적 경관에 기여하는 것	조형의 규범이 되는 것	재현이 쉽지 않은 것
예시	· 특별한 애칭 등으로 널리 알려진 것(예: ○○의 양옥, □□벽돌집) · 지명의 유래 등 해당 지역이나 장소의 역사가 담긴 것 · 회화나 노래 등 예술작품에 등장하는 것	· 디자인이 우수한 것(예: 고전 양식의 은행) · 유명한 설계자나 시공자가 관련된 것 · 시대를 대표하는 건축적 규범을 담고 있는 것	· 뛰어난 기술이 사용된 것 · 현재의 시각으로 볼 때 특별한 기술이 사용된 것(예: 검정색 도료로 도장된 상가) · 모양과 디자인이 유사한 예가 드문 것

⊙ 등록문화재 선정 기준
자료: 文化庁.

하기 위한 제도다. 등록문화재의 가장 큰 특징은, 소유자가 못 하나 박을 수 없을 정도로 규제가 엄격한 지정문화재와 달리, 리폼과 내부 수정이 가능하고 점포 영업도 가능하다는 것이다. 따라서 소유자의 부담이 상대적으로 적고 융통성 있는 보전이 가능하다. 등록문화재는 지정 요건 역시 상대적으로 덜 까다로워 특히 근대문화유산의 보전에 큰 역할을 하고 있다. 2011년 7월을 기준으로 총 8,331건이 등록문화재로 지정되어 있다. 등록문화재로 지정되면 설계·관리비 보조 및 재산세 경감, 상속세 우대 등의 조치가 이루어진다.

5' 3. 살고 싶은 마을 만들기 담당자사업

'살고 싶은 마을 만들기 담당자사업住まい·まちづくり担い手事業'은 지속가능한 주택 재고를 확보해 질 높은 주택을 장기간 사용할 수 있는 시장 환경 마련과 시가지 환경 정비에 대한 요구를 수용하기 위해 시행되었다. 이 사업은 이러한 환경을 조성하기 위해 주택의 건설, 유지·관리, 유통, 마을 만들기와 관련한 NPO 법인, 임의 단체 등의 활동을 지원하는 것을 목적으로 한다. 이러한 관점에서 국가가 모델 활동을 공모 형식으로 모집해 우수한 제안에 대해서 소요 비

용 일부를 보조한다. 보조금은 연간 100만~300만 엔이며 가구라자카에서는 마을 만들기 룰 제안(워크숍, 세미나 포함), '마을 만들기 키워드집 2권' 발간으로 2010년에 300만 엔을 지원받았다.

5' 4. 신주쿠 구 협동사업

2006년부터 시행된 신주쿠 구 협력사업 제안제도는 시민, NPO 등의 전문성과 유연성을 살린 사업 제안을 모집하는 제도다. 지역 과제를 효과적이고 효율적으로 해결할 자율성과 실행력을 갖춘 법인, NPO의 육성을 목적으로 한다. 지역문화부 문화관광국제과 문화관광국제원 녹지토목부 관리과에서 담당하며, 연간 500만 엔까지 지원이 가능하다. 가구라자카에서는 등록문화재 조사 및 지정사업에 공모해 2011년 500만 엔을 지원받았다.

6. 사업 성과 및 평가

가구라자카의 마을 만들기는 '더함'이 아닌 '더하지 아니함'으로 지역재생을 추진한 사례다. 대규모 예산으로 화려한 무언가를 덧붙이지 않고도 기존의 '가구라자카다움'을 보존함으로써 새로운 가치를 창출한 것이다. 가구라자카다움을 보존하기 위한 마을 만들기 활동의 성과로는 우선 다양한 이해관계가 얽혀 있는 상업지에서 상인들이 중심이 된 '마을 만들기 협정'을 1997년 체결한 것을 들 수 있다. 또한 31층 초고층 맨션에 대한 반대 운동으로 직접적으로는 맨션의 층수를 5개 층 낮추었고, 간접적으로는 향후 개발사업을 통한 경관 훼손에 반대한다는 주민들의 단합된 의지를 보여주었다. 이후 주민 발의의 지구계획을 수립해 마을과 어울리지 않는 무분별한 개발에 대해 법적 제재 장치를 마련함으로써 가구라자카다움을 체계적으로 지켜나갈 수 있게 되었다. 최근 급속히 증가하고 있는 서양식 레스토랑이나 카페의 건물에도 '가구라자카다움'을 반영해 지역 역사에 녹아들게 독려하고 있다. 2010년부터는 가구라자카 속 근대 건축물의 가치를 재발견하고자 등록문화재 제도를 통한 등록문화재 지정사업을 펼치고 있다. 그 결과 2011년 5월까지 5채의 건물이 등록문화재로 선정되었다. 그 밖에 수많은 지역 축제가 매년 성황리에 개최 중이며, 지역의 역사적·문화적 가치를 드러내고 알리기 위해 게이샤들이 연주, 다도 등을 가르쳐주는 가구라자카 전통예술문화 강좌를 연 2~3회 개최하고 있다. 또한 가구라자카 마을 만들기에 관한 자료집을 '마을 만들기 키워드집'이라는 제목으로 두 차례 발간하여 그동안의 활동을 정리하고 외부에 홍보하는 기회를 가졌다. 이러한 활동이 관심을 끌자, 2007년에는 일본의 대표 아이돌인 아라시의 멤버가 주연을 맡고 가구라자카의 전통적 경관·점포 훼손 반대 움직임을 소재로 한 TV 드라마가 인기리에 방영되어 가구라자카에 대한 젊은 층의 관심과 방문을 증가시키는 계기가 마련되기도 했다.

마을 만들기를 통해 가구라자카는 잊혀진 '왕년의 마을'에서 하루 6,000여 명이 방문하는 매력 있는 마을로 재탄생했다(吉田彰男, 2011. 1. 11.). 또한 10년 전까지만 해도 노인이 드문드문 방문하던 거리가 지금은 젊은 학생부터 노년층까지 폭넓게 즐길 수 있는 활력 있는 마을로 변했다.

7. 한계 및 시사점

도쿄 도심 한복판에 위치한 가구라자카의 위치적 특성상 마을 안에는 여전히 새로운 건물이 속속 들어서고 있으며, 재생이 진행되어 인기가 높아질수록 프랜차이즈점과 서양 음식점의 입점도 줄을 잇고 있다. 신축 맨션을 통해 새로 유입된 주민들 및 신규 점포의 상인들과 어떻게 '가구라자카다움'에 대한 공감대를 유지하며 마을 만들기를 이끌어나갈지는 가구라자카 마을 만들기의 새로

・벽면 후퇴 방지(마을 만들기 협정)
・고도 제한(지구계획)
・골목길 도시조직 보전(지구계획)
・필지 합병 방지(경관 마을 만들기 계획)

・협정 운용의 공평성(균형) 확보
・각 주체의 요구 사항의 '룰'화(추진 중)

・건물 해체 방지(등록문화제)
・골목 보전, 필지 합병 방지를 위한 조직 결성
  (NPO)
・빈집 활용법 모색

・연구회 개최를 통한 미래상 모색(NPO)
・협정 운영 및 지역 미래상 논의 조직 구성
  (흥성회)
・마을 만들기 키워드집 1, 2권 발행
・전통예술문화 강좌를 통한 문화 전파

⊙ 가구라자카 마을 만들기의 성과
자료: 田口太郎 外(2009)에서 재구성.

운 고민거리다. 또한 도심 상업지역에 위치한 역사지구로서, 개발의 압력과 역사적 마을 경관의 보존 사이에서 균형을 맞추는 것 역시 여전히 마을 만들기의 난제로 이어져오고 있다. 이러한 갈등은 2011년, 지역 주민의 반대에도 도쿄 이과대학이 대규모 부지 합필을 통한 대형 부속 건물을 건립한 것에서도 드러난다. 계획적 측면에서 지역 맥락을 고려하고 주민 협정 내용을 반영했으나, 프로그램 측면에서는 건물의 상당 부분을 프랜차이즈 점포로 할애했다. 개발 압력과 역사 경관 보존을 사이에 두고 갈등이 빚어진 또 다른 사건으로는 2010년 가구라자카 5초메 지역 주민들이 재산권 보호를 이유로 지구계획에서 지정한 용적률 제한과 고도 제한의 과도함을 지적한 진정서를 제출한 것을 들 수 있다.

하지만 용적률 500%의 민감한 상업지역에서 20년 넘게 성공적으로 진행되어온 가구라자카 마을 만들기의 시사점은 다음 네 가지로 정리할 수 있다.

첫 번째는 전면에 나서지 않는 행정의 지원 방식이다. 신주쿠 구에서는 물리적 성과물을 목표로 한 성급한 지원과 사업 추진이 아닌, 마을 만들기 공감대 확산과 저변 확대를 위한 소프트웨어적 사업을 위주로 마을 만들기를 지원했다. 등록문화재 발굴·지정사업과 마을 만들기 룰 작성, '마을 만들기 키워드집' 발행 등이 이에 해당한다. 또한 민간의 창의성과 유연성을 최대한 살린 민간 제안 공공사업을 발주해 주민 스스로 목표를 세우고 사업을 실천할 수 있게 유도했다. 한편 상인의 참여가 저조했던 마을 만들기 초기에는 국고 보조 사업 신청을 통해 상인들의 주민 협정 참여를 독려하기도 했다.

두 번째는 점진적 합의 형성의 추진이다. 이해관계가 민감하게 얽혀 있는 도심 상업지역에서의 보존형 마을 만들기이기 때문에, 이해관계자들 간 충분한 합의가 형성되지 않으면 마찰이 생길 수밖에 없다. 법정규제인 지구계획을 수립하는 데까지 10년이 걸렸으나, 이 기간에 낮은 강제력과 구체적이지 않은 비전 수립 정도의 공감대에서부터 출발해 마을 만들기 협정, 지구계획, 경관계획 등 점차 구체적인 합의 형성을 도출했기 때문에, 가구라자카의 주민과 상인, 개발자, 지권자, 행정이 모두 합의할 수 있는 지구계획이 만들어질 수 있었다. 점진적 합의 형성이 가능했던 또 다른 이유로는 가로에 면하는 필지의 폭이 좁은 것을 들 수 있다. 전면폭이 좁은 필지를 최대한 활용하기 위해 수직적으로 높은 건물을 짓게 되었고, 건물의 1층은 점포, 2층은 임대, 3층과 4층은 주인의 거주 용도로 사용하는 것이 일반적 형태가 되었다. 이 때문에 상업 거리인 동시에 지권자들이 직접 거주하는 마을이 형성되었고, 이는 마을에 대한 주민의 관심을 높이고, 점진적 합의를 가능하게 한 또 하나의 요인으로 작용했다.

세 번째는 사회적 기업을 통해 자체적으로 자금을 조달했다는 점이다. 가구라자카에서는 2007년 (주)멋진 마을을 만들어 빈집 구매와 문화강좌, 공예 등의 활동으로 수익을 창출하고 이를 마을에 재투자함으로써 행정의 지원 없이 스스로 마을사업을 벌여나가고 있다. 행정의 지원에 의존한 지역재생은 마을 만들기의 가장 큰 어려움 중 하나인 예산 문제가 해결되기 때문에 사업 진행이 수월할 수 있지만, 행정의 지속적인 지원 여부에 따라 사업이 흔들릴 수 있다는 위험 요인이 존재한다. 반면 사회적 기업이나 마을기업을 통한 마을 만들기는 행정의 지원 여부와 상관없이 사업을 지속해나갈 수 있다는 장점이 있다.

네 번째는 면적 보존 활동에 더해 점적 창조 활동으로 사업이 확대되고 있다는 점이다. 지구계획 수립과 (주)멋진 마을의 설립으로 가구라자카의 가장 큰 특징인 골목길과 건물의 보존에서 성과를 거둔 가구라자카 마을 만들기 구성원은 2010년 면에서 점으로 관심을 넓혀, 기존의 가치가 소멸되지 않도록 신축을 최소화(-)하는 데 머물지 않고, 지금까지 빛을 발하지 못했던 가치를 새롭게 창조(+)하는 방향으로 마을 만들기의 영역을 넓히고 있다. 이를 위해 지금까지 큰 관심을 받지 못했던, 1950년 이후 지어진 건물들의 역사적 의미를 재발견하는 데 중점을 두고 있다. 1945년 폭격으로 전소된 후 다시 지어진 건물들이기 때문에 깊은 세월이 축적된 것은 아니지만, 근대 일본의 문화와 상업에서 적지 않은 역할을 했던 가구라자카의 건물에서 역사적·문화적 의미를 발굴해 등록문화재로 지정하는 작업을 진행하고 있다. 이러한 등록문화재 지정 작업은 지역의 가치를 높이고 주민의 자긍심을 고취하는 데 큰 역할을 하고 있다.

제 2 부

역사적 건축물을 활용한 도시재생

제 5 장

미국 오리건 주 포틀랜드 시의 맥주공장 구역 재생

맥주공장에서 친환경 녹색도시로

이왕건 | 국토연구원 도시재생전략센터장

© tedeytan(flickr.com)

지역 역사자산의 적극적인 활용과 친환경적인 도시재생 방식을 통한 포틀랜드의 맥주공장 구역 재생사업은 도시재생의 대표적인 성공 사례로 인정받는다. 참고할 만한 두 가지 특성은 다음과 같다. 첫째는 역사성이 높은 문화자산을 재활용한 점이다. 병기창, 맥주공장, 쉐보레 자동차판매점이 업무 및 소매업 용도로 재활용되었다. 둘째는 환경친화적인 녹색도시 실현에 중점을 두었다는 점이다. 소매업, 서비스업, 예술교육시설, 주거시설 등에 대한 복합화를 추진해 통행 발생량을 줄이고 토지 이용의 효율성을 높였다. 또한 에너지 절약형 녹색건축을 실현하기 위해 남향에 태양광 발전설비를 갖춘 이중 유리창을 설치했고, 고층 건물의 옥상 공간을 활용해 녹화사업을 시행했으며, 자전거로 출퇴근하는 사람들의 편의를 돕기 위해 샤워시설과 물품 보관 공간을 제공하는 등 별도의 전용 공간을 설치했다.

맥주공장 구역 도시재생사업은 사업적으로도 성공했다. 미국 서부 해안에 위치한 많은 도시들이 벤처기업 거품이 꺼진 후 경제위기와 높은 실업률로 어려움을 겪었지만, 포틀랜드는 이러한 어려움을 겪지 않았다. 임대 공고 후 1년 이내에 업무시설의 85% 이상이 일반적인 거래가보다 높은 가격으로 임대되었다. 콘도미니엄은 2004년 완공되기도 전에 매각이 완료되었다.

시에서 성장관리정책을 통해 기성 시가지의 충진적 개발을 장려하고, 노후 공장지역을 매력적인 공간으로 만들기 위해 공공투자를 확대한 것이 성공의 중요한 요인으로 작용했다.

위치와 면적

포틀랜드 시는 미국 오리건 주 북서부에 있는 오리건 주 최대의 도시다. 시의 면적은 376.5km²이고, 2010년 시행된 인구 센서스에 따르면 인구는 약 58만 4,000명으로 미국에서 29번째로 큰 도시다. 대도시권(Metropolitan Statistical Areas: MSA) 인구를 기준으로 하면 약 226만 명으로, 미국에서 23번째 큰 대도시권을 형성하고 있다.

⊙ 포틀랜드의 위치

도시성장관리의 메카

도시계획가에게 포틀랜드는 강력한 토지이용 규제시스템을 운영하고 있는 도시로 유명하다. 1973년 탐 매콜(Tom McCall) 주지사는 미국 최초로 성장관리방식을 도입했다. 1979년에는 전통적인 농업지역과 도시지역을 엄격히 분리하는 도시성장경계구역(Urban Growth Boundary)을 설정했다. 우리의 개발제한구역과 유사한 전통적인 농업지역에서는 비농업적 활동이 엄격히 규제되며, 도시지역에서는 고밀 개발을 유도하고 있다. 1995년에는 향후 20년간 도시개발 수요를 충족할 수 있도록 유보지의 성격을 지닌 토지(reserved areas)를 추가로 지정해 개발 수요를 계획적으로 수용할 수 있게 했다.

대상지의 변천

대상지는 시민들에게 맥주공장 구역(Brewery Blocks)으로도 불린다. 포틀랜드 도심 북부 지역의 쇼핑가로 유명한 펄 지구(Pearl District)의 남쪽 끝부분에 있으며 15.8ha의 면적에 5개 블록으로 구성되어 있다. 약 150년 전 맥주공장이 건설되면서 시가지로 변모했고, 이후 창고 및 경공업 밀집 지역으로 바뀌었다. 1980년대부터 미술관, 전문 의류 매장, 고급 레스토랑이 들어서면서 변화의 조짐을 보였으나, 결정적인 계기는 2001년 건설된 현대적인 순환형 노면전차로서, 시에서는 대중교통 지향적 개발(transit oriented development)을 추진해 새로운 일자리와 투자를 유치했다.

1. 사업의 배경 및 필요성

포틀랜드 시민들에게 맥주공장 구역Brewery Blocks 으로 알려진 사업 대상지는 포틀랜드 도심 북부 지역에서 쇼핑 중심지로 유명한 펄 지구Pearl District 의 남쪽 끝부분에 위치해 있다. 서측으로는 405번 고속도로I-405 가 남북을 가르고, 동쪽 으로는 올드타운·차이나타운Old town/China Town 이 있다. 또한 윌래메트Willamette 강이 도심의 서쪽을 관통한다. 현재 이 구역에는 화랑, 공원, 레스토랑, 쇼핑 매장 등 다양한 업종이 분포하는데, 전형적인 도심지역으로서 상업 활동이 활발하게 이루어지고 있다.

총 5개 블록으로 구성된 맥주공장 구역은 1856년에 헨리 웨인하드Henry Weinhard 가 이곳에 맥주공장을 건설하기 시작하면서 시가지가 되었고, 이후 도심 북쪽에 위치한 창고 및 경공업 밀집 지역으로 변모했다. 이후 1980년대부터 1990년대까지 이곳 주변에는 미술관과 전문 의류 매장boutiques, 고급 레스토랑 등이 새롭게 들어서며 변화하기 시작했다. 그러나 변화의 결정적 계기를 마련

⊙ 포틀랜드 도심의 구역도(왼쪽)와 맥주공장 구역을 나타낸 지도(오른쪽)
자료: Office of Neighborhood Involvement and Bureau of Planning, City of Portland(2011)(왼쪽)와 Brewery Blocks(오른쪽)에서 재구성.

⊙ 포틀랜드의 순환형 노면전차
자료: www.portlandstreetcar.org

한 계기는 노면전차의 등장이다. 2001년 7월 20일, 포틀랜드 시에서는 미국 최초로 4.7마일(7.5km) 구간을 대상으로 현대적인 순환형 노면전차streetcar 노선을 건설했고, 이는 맥주공장 구역이 새롭게 변신할 결정적인 기회를 제공했다. 노면전차의 개통은 펄 지구 전체에 대해 약 140억 달러의 투자와 약 5,200호의 주택 건설, 33만 4,450m²의 상업지 개발이라는 경제적 효과를 유발한 것으로 추정되었다(IEDC, 2006. 8: 10). 이러한 순환형 노면전차는 북서쪽의 주거지역과 도심부, 남쪽지역을 연결하고 있다. 맥주공장 구역의 재생사업이 추진되기 시작한 2001년 노면전차의 주 중 이용객 수는 하루 4,982명 수준이었으나, 2003년에는 하루 5,729명으로 늘었고, 맥주공장 구역의 재생사업이 일부 완료된 2004년에는 하루 6,899명까지 증가했다. 재생사업이 완료 단계에 접어든 2005년 봄에는 이용객 수가 하루 7,837명으로 급증했다. 포틀랜드 시에서는 도심을 대상으로 대중교통 지향적 개발transit oriented development을 추진하면서 새로운 일자리와 투자를 유치해 주민과 지역 상인의 삶의 질을 개선하기 위한 다양한 전략을 마련하고자 했다.

2. 추진 절차

1856년 포틀랜드에 자리를 잡기 시작한 블리츠-웨인하드Blitz-Weinhard 맥주공장은 이후 오랫동안 꾸준히 공장시설을 확장하면서 성장했다. 그러나 1914년부터 1933년까지 미국에서 금주법이 시행되면서 큰 어려움을 겪었다. 1929년에는 1865년 건설된 9층 높이의 맥주공장을 철거한 자리에 쉐보레 자동차판매

점Chevrolet Auto Dealership
이 들어섰다. 「금주법」이
폐지된 1930년대 후반부
터는 다시 지속적인 성
장을 거듭했다. 1968년
에는 1889년 건설된 병
기창armory house을 맥주
창고로 활용하기 위해
매입했다. 한편, 1856년
부터 1999년까지 140년
이 넘는 기간 동안 맥주
공장으로 활용되던 부지
는 1970년대 말 이후 여
러 명의 주인이 바뀌면
서 최종적으로 밀러맥주
회사Miller Brewing Company
에 매각되었다.

⊙ 「금주법」 시행으로 비알콜성 음료를 생산하기도 한 맥주
공장(위), 1928년 블리츠-웨인하드 맥주공장의 모습(가운
데), 1929년 건설된 쉐보레 자동차판매점(아래)
자료: www.breweryblocks.com

밀러맥주회사는 생산시설을 다른 지역으로 이전하고 2000년 1월 토지를 포
틀랜드에 기반을 둔 지역기업인 거딩·에드렌 개발회사Gerding / Edlen Development
Company에 매각했다. 거딩·에드렌 개발회사는 GBD Architects에 설계를 의뢰
하고 전체 개발사업을 추진했다.

3. 재생계획의 특성

설계를 담당한 GBD Architects에서는 사업 대상지의 유서 깊은 근대 건축

유형		건축물 바닥 면적		점유율
		m²	ft²	(%)
신축	주거시설	40,877	440,000	34.4
	업무시설	46,359	499,000	39.1
	소매점	22,483	242,000	19.0
	계	109,719	1,181,000	92.5
수복	업무시설	2,694	29,000	2.3
	소매점	6,249	67,260	5.2
	계	8,943	96,260	7.5
총계		118,662	1,277,260	100.0

⊙ **표 5-1** 공간 배치 계획
자료: IEDC(2006, 8: 10).

물을 재활용하고, 보행자 친화적 가로경관을 유지함으로써 현대적인 구조물과 과거의 산업시설이 서로 조화를 이루도록 맥주공장 구역을 디자인하고자 했다.

건축물 바닥 면적을 기준으로 한 맥주공장 구역의 공간 배치 계획에 따르면, 대상 지역에는 업무, 주거, 소매 등 3개 업종이 배치되었다. 이 중 업무시설 office space 면적이 4만 9,053m²로서 전체 건축물 바닥 면적의 41.4%를 점유해 가장 높은 비율을 보인다. 다음은 주거시설 residential space 로, 전체의 34.4%인 4만 877m²를 차지한다(표 5-1 참조). 레스토랑을 포함한 소매점은 2만 8,732m²로, 전체 중 가장 작은 24.2%를 점유한다.

맥주공장 구역 재생사업을 추진하는 과정에서 나타난 주목할 만한 사항으로는 크게 다음 두 가지를 들 수 있다.

3' 1. 역사 · 문화 자산의 재활용

첫째는 역사적 가치가 큰 문화자산의 재활용이다. 맥주공장 구역 내에 있는 보전 가치가 높은 역사·문화 자산을 검토해 재활용 여부를 결정했다. 최종적으로 포틀랜드 병기창 Portland Armory, ① 맥주공장 Blitz-Weinhard Brewhouse, 쉐보레 자동차판매점 Chevrolet Auto Dealership 등 3개 건축물을 역사적 의미가 있는 시설물로

---

① 포틀랜드 병기창은 2007년 포틀랜드에서는 최초로 연방정부의 국가유적지 명부(US National Register of Historic Places)에 등록된 자산이 되었다.

선정해 보존하거나 정비하여 재활용하기로 결정했다.

한편, 재생사업 시 신축 또는 수복될 건물의 전체 바닥 면적은 11만 8,662m²로, 그중 신축하기로 한 건물의 바닥 면적은 그것의 92.5%에 해당하는 10만 9,719m²였고, 그전까지 병기창과 맥주공장, 자동차판매점 등으로 활용되다가 수복하기로 한 시설물의 바닥 면적은 8,943m²로, 전체의 7.5%에 해당했다. 주거시설은 모두 신축하는 방식으로 사업이 추진된 반면, 업무시설과 소매점으로 사용할 건물은 대부분 신축하되 일부는 병기창과 맥주공장, 자동차판매점 등 기존 건물을 수복해 재활용했다.

역사성이 높은 건축물의 개·보수를 통해 재활용한 실태에 관해 좀 더 구체적으로 살펴보면 다음과 같다. 1블록에 있는 1929년 건설된 쉐보레 자동차판매점은 역사 경관 보전을 위해 외관을 유지하며 저층부는 자연식 식품점Whole Foods, 고층부는 업무시설로 이용하기로 했다. 특히 1층과 2층에 걸쳐 3,204m²(3만 4,485ft²)에 달하는 자연식 식품점은 개장 당시 유기농 식품점으로서는 세계에서 가장 큰 규모를 자랑했다. 2블록에 있던 블리츠-웨인하드 맥주공장은 선술집 Henry's Tavern과 바닥 면적 1,970m²(2만 1,200ft²)의 업무시설로 개·보수되었다.

3블록에 있던 1889년 건설된 1,858m²(2만ft²) 규모의 병기창은 2004년 4월 이 지역 공연회사인 포틀랜드센터스테이지Portland Center Stage에 매각되었다. 포틀랜드개발위원회Portland Development Commission와 커뮤니티투자은행community investment bank인 포틀랜드가족기금Portland Family of Funds은 3,290만 달러를 투자해 병기창을 주립 종합공연예술센터 State-of-the-Art Theatre로 개·보수하는 공사를 시행했다. 포틀랜드개발위원회에서는 2006년 가을 포틀랜드 병

ⓞ 재활용을 위해 내부 공사 중인 병기창
자료: www.breweryblocks.com

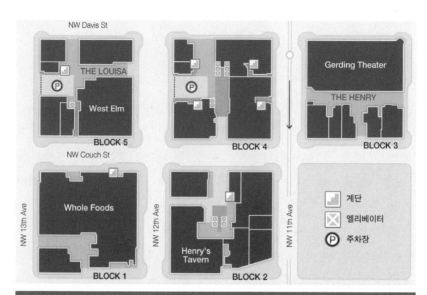

NW Davis St

THE LOUISA

Ⓟ

West Elm

BLOCK 5

NW Couch St

Ⓟ

Gerding Theater

THE HENRY

BLOCK 3

NW 13th Ave

Whole Foods

BLOCK 1

NW 12th Ave

Henry's Tavern

BLOCK 2

BLOCK 4

NW 11th Ave

계단

엘리베이터

Ⓟ 주차장

⊙ 구역별 시설물 배치 계획도

　자료: www.breweryblocks.com에서 재구성.

⊙ 개·보수를 통해 재활용된 자동차판매점과 맥주공장

　자료: www.breweryblocks.com(왼쪽); Ajbenj, 2002(Wikipedia)(오른쪽).

기창을 종합공연예술센터로 재개장하면서 이를 통해 300여 개의 새로운 일자리가 만들어지고, 경제 규모가 약 8,000만 달러 확대되며, 향후 10년간 시, 카운티, 주 정부에 약 220만 달러의 세수를 늘려줄 것으로 예측했다.

3' 2. 친환경 녹색도시 실현

사업 추진 과정에서 친환경 녹색도시 실현에 중점을 두었다는 사실도 주목할 만하다. 첫째, 소매업과 서비스업 용도의 시설, 예술·교육시설, 주거시설의 복합화를 추진했다. 이러한 복합 용도의 건축물을 건설함으로써 통행 발생량을 줄이고 토지 이용의 효율성을 높이고자 했다. 둘째, 에너지 절약형 녹색도시 실현을 위한 구체적인 방법을 강구했다. 예컨대, 4블록의 복합 용도 건축물 남쪽에 태양광 발전설비를 갖춘 이중 유리창solar panel 시설을 설치해 해당 건축물에서 필요로 하는 전체 전력 사용량의 약 4.5%를 충당한다. 이러한 건축 방식은 미국 친환경 건축물 인증제도인 LEED Leadership in Energy and Environmental Design 에서 골드 등급gold status 을 받았다. 셋째, 고층 건축물의 옥상 공간을 활용해 녹화사업Eco-roof 을 추진하고, 친환경 시설물을 설치해 도시재생사업에서 녹색도시

⊙ 태양광 발전설비를 갖춘 이중 유리창(왼쪽), 옥상녹화 및 친환경 시설물 배치(오른쪽)
자료: www.metropolismag.com

구역명	주요 용도 및 배치 특성
1	· 소매점 및 업무시설 · 1층에 자연식 식품 판매점(Whole Foods) · 역사성이 높은 건물 전면부(historic art deco facade)는 보전 · 옥상에 냉각탑(chiller plant) 설치
2	· 소매점 및 업무시설 · 헨리 12번가 선술집(Henry's Tavern) · 역사성이 높은 블리츠-웨인하드 맥주공장의 외형 보전
3	· 124세대를 수용하는 주거용 빌딩(Henry) · 포틀랜드 병기창 건물의 외관을 보전하면서 종합공연예술센터(Gerding Theater)로 재활용
4	· 소매점 및 업무시설 · 옥상녹화
5	· 244세대를 수용하는 주거용 빌딩(Louisa) · 옥상녹화

⊙ 표 5-2 구역별 주요 용도 및 배치 특성

의 개념을 실현했다. 5블록의 고층 주거건물^{Louisa} 은 LEED 골드 등급의 타워형 콘도 프로젝트^{Gold condo tower project} 로 사업을 추진했는데, 여기에 조경시설뿐 아니라 자전거로 출퇴근하는 이들의 편의를 돕기 위해서 전용 공간에 샤워시설과 100개 이상의 물품 보관 공간이 있는 라커룸 등을 설치했다.

한편, 3블록과 5블록에는 주거시설을 배치해 총 368세대의 주택을 공급하는 계획을 세웠다. 주거시설의 저층부는 소매점을 비롯한 복합 용도의 구조물로 설계하는 등 에너지 효율성이 높고 지속가능한 설계 방식을 추구했다.

4. 관련 법과 제도

미국에서 보전 가치가 있는 지구^{district}, 대상지^{sites}, 건축물^{buildings}, 구조물 ^{structures}, 대상^{objects} 등 다섯 가지 유형에 대해, 미 연방 내무부^{Department of Interior} 에서는 이를 국가유적지 명부^{US national register of historic places} 에 등록해 관리한다. 여기에 등록된 자산이거나 등록된 역사지구 내에 있을 때는 보존에 필요한 비

용에 대해 세금 감면 혜택이 주어진다. 국가유적지 명부 등록제도는 1966년 제정된 「국가역사보존법National Historic Preservation Act」에 의거해 시행되었다. 보전 가치가 큰 자산이 계속 등록되고 있으며, 2011년 11월 현재 8만 5,014곳이 역사유적지historic places로 등록되었고, 1만 3,594곳이 역사지구Historic Districts로 지정되었다. 그런데 국가유적지 명부 등록이 영구적으로 존속하는 것은 아니며, 지정을 반대하는 주민이 소송을 제기하면 법원의 판결로 해제되기도 한다. 예를 들어, 1999년에는 982곳의 유적지가 명부에서 제외되기도 했다.

5. 추진 주체와 절차

맥주공장구역 추진 주체는 민간 개발업자인 거딩·에드렌 개발회사다. 거딩·에드렌 개발회사는 포틀랜드에 있는 GBD Architects에 건축설계를 의뢰했다.

이와 함께 포틀랜드센터스테이지도 참여 주체 중 하나다. 앞서 설명했듯이, 거딩·에드렌 개발회사는 3블록에 있던 포틀랜드 병기창을 2004년 4월 지역 공연회사인 포틀랜드센터스테이지에 매각했다. 포틀랜드개발위원회와 포틀랜드 가족기금으로 포틀랜드센터스테이지라는 독립법인이 만들어졌고, 3,290만 달러를 투자해 병기창을 600석 규모의 주립 종합공연예술센터로 개·보수했다.

6. 소요 예산

개발 주체인 거딩·에드렌 개발회사의 투자계획에 따르면, 맥주공장 구역 재생사업에 약 3억 달러에 이르는 자본이 지출되었다. 먼저 공공 부문인 포틀랜드 시에서 전체 투자 금액의 2.7%에 해당하는 800만 달러를 투자했다. 지하 3층으로 된 1,350면의 주차공간을 만드는 데 600만 달러가 투입되었고, 낙후된 기반

구분	금액(달러)	점유율(%)	비고
시의 채권(loan)	600만	2.0	공공
시의 보조금(grant)	200만	0.7	공공
상업은행의 토지·건설 채권	7,200만	24.0	
노조연기금	5,200만	17.4	직접투자
노조연기금을 활용한 건설 채권	3,600만	12.0	
10년 이상 장기채권	5,300만	17.6	기관투자자
사모투자기금	7,900만	26.3	
계	30,000만	100.0	

⊙ 표 5-3 투자 재원 조달 방식

자료: IEDC(2006, 8: 10).

시설 infrastructure 을 개선하는 데 200만 달러가 보조금으로 제공되었다.

전체의 97.3%에 해당하는 2억 9,200만 달러는 민간 부문에서 조달했다. 노조연기금 union pension funds 이 29.4%에 해당하는 8,800만 달러를 투자해 최대 투자자이며, 그중 5,200만 달러는 직접투자, 3,600만 달러는 건설채권 construction loans② 에 투자하는 방식으로 투자가 이루어졌다. 7,900만 달러를 투자한 사모투자기금 private equity funding③ 이 전체의 26.3%, 7,200만 달러를 투자한 상업은행 commercial bank 토지·건설 채권④ 이 24.0%를 차지한다. 5,300만 달러는 기관투자자를 통해 10년 이상 장기채권 permanent loans⑤ 형태로 투자되었다.

시설별 투자 재원을 살펴보면, 전체의 65.8%인 1억 9,750만 달러가 신축에 투자되었고, 재활용 대상이 된 맥주공장과 지하실 건물, 병기창의 개·보수에 각

---

② 건설채권은 공사 시작부터 완공까지 건축 기간에 제공되는 채권을 말한다. 건축물의 건설을 위해 차입된 융자금(loan)을 말하며 일반적으로 건설 기간에는 한 개의 융자금이 제공되고, 건축물이 완공된 이후에는 장기상환계획(permanent plan)에 의해 대환된다. 건설 기간에 건축물은 아무런 가치가 없기 때문에 채권자(lender)는 단기간에 자금을 제공해 상환을 받고 또 다른 단계로 옮겨가는 전략을 쓴다.

③ 사모투자기금은 비공개로 투자자를 모집해 자산 가치가 저평가된 기업에 자본 참여를 하게 하여 기업 가치를 높인 다음 기업 주식을 되파는 전략을 취한다.

④ 토지채권(land acquisition loan)은 부지 확보에서 건축 시작까지의 계획에 필요한 기간에 도입되는 채권을 말한다. 개발자는 개발계획을 세우고 부지 확보와 등록, 이해당사자와의 협상, 환경문제 처리, 건축계획에 대한 승인 등의 준비를 하고 토지 매입을 위해 대출을 받게 된다.

⑤ 장기채권은 건물 완공 후부터 프로젝트가 성과를 내기 시작하는 기간에 제공되는 채권을 말한다. 개발업자는 완공 후 매각이나 임대, 운영의 과정을 거쳐 사업성을 확보하게 된다.

각 5,500만 달러와 2,000만 달러가 투자되었다. 전체적으로 재활용을 위한 개·보수에 전체 투자비의 25.0%에 해당하는 7,500만 달러가 투입되었다. 한편, 토지 매입 비용이 전체 사업비의 상당 부분을 차지하는 우리의 현실과는 달리, 포틀랜드 맥주

구분	금액(달러)	점유율(%)	비고
주차시설	600만	2.0	
기반시설 개선	200만	0.7	
토지 매입	1,950만	6.5	
신축	1억 9,750만	65.8	
맥주공장과 지하실 건물	5,500만	18.3	재활용
병기창	2,000만	6.7	재활용
계	3억	100.0	

⊙ **표 5-4** 시설별 투자 재원
자료: IEDC(2006, 8: 10)

공장 구역 재생사업에서 토지 매입에 투입한 비용은 1,950만 달러로, 전체 비용의 6.5%에 불과했다.

7. 사업 성과 및 평가

지역 역사자산의 적극적인 활용과 친환경적인 도시재생 방식을 통한 포틀랜드의 맥주공장 구역 재생사업은 도시재생의 대표적인 성공 사례로 인정받는다.

포틀랜드뿐 아니라 미국 서부 해안의 많은 도시들이 벤처 거품이 꺼지면서 경제위기와 높은 실업률에 고통을 겪었지만, 사업 시행사인 거딩·에드렌 개발 회사는 사업을 성공적으로 수행했다. 임대 공고 후 1년 이내에 업무시설의 85% 이상이 일반적인 거래가보다 높게 임대되는 성과를 거두었다. 3블록에 있는 124세대를 수용하는 15층의 콘도미니엄은 2004년 완공되기 이전에 매각이 완료되었다. 판매 가격은 25만 달러에서 140만 달러로 다양하다.

포틀랜드 시에서 성장관리정책을 통해 기성 시가지를 대상으로 충진적 개발 infill development을 장려하고 맥주공장 구역을 매력적인 공간으로 만들기 위해 공공투자를 확대한 것도 사업 성공에 중요한 요인으로 작용했다.

구분	2000년	2002년	2007년(추계)
인구 수	13만 2,203명	13만 3,287명	13만 6,497명
가구 수	6만 6,359개	6만 7,374개	6만 9,822개
소득 중위 가구의 소득	-	4만 5,771달러	5만 395달러
1인당 소득	-	2만 9,455달러	3만 4,482달러

⊙ **표 5-5** 맥주공장 구역 반경 3마일 이내 지역의 경제지표 변화
자료: IEDC(2006, 8: 9).

펄 지구의 문화적 쾌적성, 주거 선택의 다양성, 대중교통 수단에 대한 편리한 접근성이 고학력·고소득 계층의 유입을 촉진했으며, 이는 여러 소매점을 끌어들이고 나아가 재생사업이 성공하는 데 도움을 주었다. 맥주공장 구역 반경 3마일 이내 지역의 경제지표 변화를 분석한 결과, 2002년부터 2007년까지 5년간 가구 소득과 1인당 소득이 모두 매년 약 1,000달러 정도 늘어난 것으로 분석되었다(표 5-5 참조).

맥주공장 구역 재생계획은 그 우수성을 인정받아 2000년 오리건 주 정부의 역사보전국historic preservation office으로부터 적응적 재활용상Adaptive Reuse Award을 받았다. 포틀랜드 병기창은 포틀랜드에서는 최초로 2007년 연방정부의 국가유적지 명부에 등록된 자산이 되었다.

포틀랜드 시 재무관리국Office of Management and Finance에서 발표한 「2004년

⊙ 개·보수 후 병기창 건물 내부 모습
자료: www.metropolismag.com

연례 종합재무보고서2004 Comprehensive Annual Financial Report」에 따르면, 재생사업을 시행하기 이전인 1999년 맥주공장 구역의 자산 가치는 약 1,460만 달러에 불과했으나, 사업 시행 후 2004년에 7,110만 달러로 5년간 5,660만 달러 늘어나 389%의 증가율

구분		1999년(달러)	2004년(달러)	순 변화량(달러)	증가율(%)
맥주공장 구역	자산 가치 평가액	1,455만 180	7,114만 1,870	5,659만 1,690	389
	자산 세입	25만 3,600	157만 4,207	132만 607	521
포틀랜드 시 자산 세입		1억 6,955만 7,214	3억 1,377만 748	1억 4,421만 3,534	85

⊙ **표 5-6** 자산 가치와 세입 변동
자료: Office of Management and Finance, City of Portland(2004), http://www.portlandmaps.com

을 나타냈다.

맥주공장 구역의 자산 세입 증가분은 특히 두드러진다. 포틀랜드 시 전체의 자산 세입이 1999년부터 2004년까지 5년간 85% 증가한 것과 비교해, 맥주공장 구역에 대한 자산세는 같은 기간에 최대 521%까지 증가했다.

8. 시사점

맥주공장 구역 재생사업에서 우리가 주목할 만한 점은 두 가지로 요약해볼 수 있다. 첫째는 보전 가치가 높은 역사·문화 자산을 재활용해 상업적으로 성공했다는 사실이다. 포틀랜드 병기창과 맥주공장, 쉐보레 자동차판매점 등 3개 건축물을 역사적 의미가 큰 시설물로 선정해 이를 없애지 않고 용도를 바꿔 정비함으로써 시민들에게 사랑을 받는 역사적 건축물로 재활용했다.

둘째는 도시재생사업 지역을 대상으로 친환경 녹색도시의 구체적인 실현을 추진했다는 점이다. 친환경적인 설계기법을 적극 도입함으로써 맥주공장 구역은 건축가와 환경보호자 모두로부터 긍정적인 평가를 받았다. 에너지 효율성이 높은 냉난방시스템을 갖추고, 개폐형 창문과 설계기준을 초과하는 단열과 조명, 물 사용량을 줄이는 배관, 냉각탑, 태양광발전 설비 등을 사용했고, 옥상녹화사업을 시행했다. 이러한 설계로 건축 비용은 약 10% 정도 더 들었지만, 연간 5만 8,700달러의 에너지 비용을 절감하는 것으로 추정된다.

제6장

서호주 미들랜드의
워크숍 재생

새로운 미래를 향한
철도 정비창의 역사·문화 가치 활용

유해연 | 숭실대학교 건축학부 교수, 도시재생사업단 선임연구원

김형민 | 호주 멜버른 대학교 도시계획학 박사 수료

처음 호주를 방문했을 때, 생각보다 그리 길지 않은 역사를 자랑스러워하는 그들의 자부심에 놀랐고, 주변의 광활한 자연과 대지를 남겨둔 채 기존 건축물을 활용해 도시재생을 그리는 모습에 다시 한 번 놀랐다. 2011년 당시 학회(The 3rd World Planning Schools Congress)에 참석했던 국내 연구자들을 비롯한 많은 연구자들 역시 놀라는 기색이 역력했다. 그러나 이러한 생각도 잠시, 현대와 과거를 공존시키며 그들만의 삶과 문화를 지키고자 하는 마음을 읽게 되었고, 사라져가는 우리의 근대 건축과 도시 공간을 되돌아보는 계기가 되었다.

워크숍(the Workshops) 또한 다른 재생 사례와 마찬가지로 여전히 진행 중이고, 앞으로도 오랜 시간을 통해 진행되어야 할 사례이므로, 10여 년의 재생 추진 현황만으로 성과를 판단하기는 이르다. 하지만 '삶'과 '문화'가 공존했던 그들의 일터에 가치를 두고, 그곳에 새로운 숨을 불어넣음으로써, 지역문화를 보존하고 도시 전체를 새롭게 계획했다는 점은 여전히 재건축·재개발에 미련을 버리지 못하는 우리에게 경종을 울리는 듯하다. 무엇보다 공공(서호주 정부와 스완 지방정부)이 끊임없이 지원하고, 지역 주민과 소통하고 있다는 점, 활발한 재생을 위해 지역만의 기구(미들랜드 재개발기구)를 설립하고, 새로운 전략과 계획을 세워 추진하고 있다는 점은 우리에게 시사하는 바가 매우 크다.

위치 및 연혁

미들랜드(Midland)는 퍼스(Perth)에서 동북쪽으로 16km 떨어진 곳에 위치하며, 도시계획상 서호주의 전략적인 거점으로 스완 지방정부(City of Swan)의 중심부이며, 스완 강 줄기와 인접해 있다(WAPC, 2009). 퍼스 공항으로부터는 차로 약 15분 떨어진 거리에 위치한다. 원래 지역명은 헬레나 베일(Helena Vale)이었으나, 1901년에 미들랜드 정션(Midland junction)으로 바뀌었고, 이후 시청사(1906년), 법원(1907년), 도서관(1912년), 우체국(1913년) 등 주요 공공기관이 자리를 잡았다. 1961년부터 미들랜드라는 이름으로 불리고 있다(City of Swan, 2010).

⊙ 미들랜드의 위치

자료: GordonE, 2011(Wikipedia)에서 재구성.

인구 변화

미들랜드를 관할하는 스완 지방정부의 '미들랜드 지역계획(The Midland Place Plan 2010~2012)'(2010)에 따르면, 2006년을 기준으로 미들랜드의 인구는 1만 165명이다. 2031년까지 70% 이상의 인구가 증가해, 2031년에는 1만 7,352명에 이를 것으로 예상하고 있다. 2011년 현재 스완 지방정부의 전체 인구는 11만 4,560명이며, 스완 지역은 서호주에서 가장 빠르게 성장하는 지역 중 하나이다.

면적 및 기후

미들랜드 재생사업에 포함되는 면적은 총 256ha로, 크게 우드브리지(Woodbridge)와 미들랜드 센트럴(Midland Central)의 두 개 지역으로 구분된다. 스완 지방정부는 1,043km²의 넓은 면적을 관할하는데, 미들랜드 지역의 면적이 스완 지역에서 많은 부분을 차지하지는 않지만, 지방정부의 경제적 중심부로서의 역할을 하고 있다.

이 지역의 여름철(12~3월 말)은 덥고 건조하며, 여름 최고기온은 평균 섭씨 30도, 최저기온은 평균 섭씨 17도이다. 겨울철(6~8월)은 서늘하고 습하며, 겨울 최고기온은 평균 섭씨 18.8도, 최저기온은 평균 섭씨 8.5도이다.

도시재생의 연혁

워크숍은 서호주 초기 정착 과정에서 철도 운송을 지원하기 위해 건설한 철도 정비창으로, 1904년에 스완 지방정부의 미들랜드 지역에 세워졌다. 산업화·공업화 시기 이 지역의 물자 수송에서 핵심적인 역할을 했으나, 산업구조의 변화와 함께 점차 효율성이 저하되었고, 1994년에 정비창이 폐쇄되었다. 이 때문에 많은 노동자들이 직장을 잃었으나, 2000년 미들랜드 재개발기구(MRA)가 설립되면서 도시재생이 본격화되었다. 10여 년에 걸친 노력의 결과,

⊙ 시청 앞에 선 미들랜드 노동자
자료: City of Swan(2010: 7).

과거 워크숍 지역은 서호주의 문화유산(heritage)으로 지정되었으며, 주요 관공소가 들어서고, 국제학교와 의료시설이 유치되는 등 다양한 성과가 나타나고 있다.

1. 워크숍 초기 설립과 번영 그리고 폐쇄까지

시호주Western Australia는 1616년 독일 탐험가 디르크 하토그Dirk Hartog에 의해 발견되었고, 1829년 제임스 스털링James Stirling 선장에 의해 퍼스Perth가 건립되었다. 1890년에는 서호주 독립정부가 수립되있고, 1901년 호주의 다른 주와 연방을 이루어 현재의 호주에 소속되었다. 이미 호주에는 수만 년 전부터 원주민들이 뿌리를 내리고 살아왔지만, 본격적으로 근대도시가 세워진 것은 19세기에 들어서이다. 이처럼 호주인들은, 200년이 채 되지 않는 짧은 역사를 갖고 있지만 자신들의 삶의 흔적이 담긴 모습을 보전해가며 도시를 개발하려고 노력하고 있다. 심지어 산업화 시대에 사용된 공업 관련 장비까지도 보전해야 할 유산으로서 가치를 두고 있다.

여기서 다룰 서호주의 워크숍the Workshops 사례는 퍼스가 건립된 이후 교통의 중추적 역할을 했던 철도산업과 관련이 있다. 서호주에서 철도는 1879년 55km 구간의 운행을 시작으로, 1881년에 프리맨틀Fremantle과 길드포드Guildford 구간으로 연장되었다(Rogers, 2006: 19). 1885년 203km에 불과했던 서호주의 철도는 1905년 2,583km까지 확장되었다(표 6-1 참조). 이러한 철도 서비스의 비약적인 확장은 정부가 운영하는 정비창을 필요로 하게 되었다. 각종 공구와 장비를 보관하는 서호주 최초의 정비창은 1877년 프리맨틀에 세워졌지만,

연도	철도 연장(km)	기관차 수	객차 수	화물차 수	총 기차 수
1885	203	12	20	154	186
1890	299	22	30	283	335
1895	884	48	78	1,456	1,582
1900	2,184	233	259	4,778	5,270
1905	2,583	327	305	5,930	6,562

⊙ **표 6-1** 서호주의 철도 서비스 관련 규모 변화(1885~1905년)
자료: Rogers(2006: 20).

1904년 미들랜드의 철도 정비창과 합병해, 이후 미들랜드 철도 정비창이 기능을 하게 되었다.

1904년부터 1994년까지 워크숍은 서호주 내에서 가장 큰 정비소였다. 약 2,000~3,500명이 여기에서 일했고, 제조업과 철도 엔진 및 구륜 장치 수리를 포함해 서호주 철도 네트워크에서 중심적인 역할을 했다. 토목공사나 교통 및 기계공업 등은 워크숍 없이는 제 기능을 발휘할 수 없을 정도였다. 제2차 세계대전 당시 워크숍에서는 탄약 등 군수·방위 물자를 제조했고, 미국 잠수함을 수리하기도 했다. 워크숍은 숙련공을 훈련시키는 곳이기도 했고, 민간업체에 숙련된 노동력을 제공하는 역할을 하기도 했다(Bertola and Oliver, 2006).

1904년 워크숍 설립으로 미들랜드 지역은 소규모 정착촌에서 워크숍을 중심으로 한 도시로 성장했다. 당시 공공시설이 미흡했고 토지에 대해 제한 사항이 존재했기 때문에 워크숍을 지원하기 위한 기반시설이 공급되었다. 주로 점질토 clay soil 로 이루어져 있는 평지인 데다 홍수로 범람이 잦은 지역이어서 효율적인 오수 처리 및 배수 시설이 우선적으로 설치되었다. 그 밖에 경공업 관련 산업, 도로와 다차선 철도뿐 아니라 철도 노동자를 위한 여가시설(스포츠 시설, 호텔, 유흥가 등), 공공기관 건물이 워크숍 주변에 세워졌다. 철도 차량에 의해 부상당하는 사람들을 고려해 인근에 병원도 들어섰으며, 철도 노동자들을 수용하기 위한 주택 수요도 증가했다(Highfield, 2006: 43~44).

1964년 구 미들랜드 철도회사가 주 정부의 결정에 따라 위치를 옮긴 이후, 워크숍 중심부는 허물어지고 그 자리에 쇼핑센터가 건립되었다. 쇼핑센터는 미들랜드 기차역과도 인접해서 거주자의 쇼핑 행태에 큰 영향을 주었으며, 1970년대에 진행된 또 다른 쇼핑센터 개발사업(미들랜드 게이트 쇼핑센터)은 주변의 소규모 상점에 매우 큰 영향을 끼쳤다.

워크숍에서 간과할 수 없는 중요한 것 중의 하나가 강력한 노동조합의 구성이다. 평생 워크숍에서 일하면서 하루도 병가 없이 일하는 노동자들이 있을 정도로 노동강도가 높았고, 같은 장소에서 일하는 데에서 오는 강력한 유대감이

⊙ 동력실(powerhouse)의 모습
자료: www.mra.wa.gov.au

노동조합을 지탱하는 힘이 되었다.[1] 숙련공을 비롯해 비숙련공뿐 아니라 사무원과 행정직도 노동조합에 포함되었다. 노동자의 권익이 침해받을 때에는 곧바로 노동조합에서 불만을 표출했다. 조합원의 대규모 집회도 빈번히 열렸고, 1952년에는 금속 교역과 관련하여 파업을 벌이기도 했다(Layman, 2006: 186). 노동자 간의 강력한 단결은 많은 노동자들의 머릿속에 생생하게 기억되었고, 이는 워크숍 폐쇄 때 노동자들이 거세게 반발한 주요 원인이 되었을 뿐만 아니라, 재개발계획 수립 시 노동자들의 노동 현장도 보전해야 한다는 원칙이 반영되는 데 이바지하기도 했다.

산업구조 변화와 워크숍의 효율성 저하로 1993년 주 정부는 최종적으로 워크숍의 폐쇄를 결정했고, 1년 후 워크숍이 문을 닫을 것이라고 노동자들에게 공지했다(Elliot, 2006). 그리고 결국 1994년 워크숍은 폐쇄되었다.

워크숍 폐쇄는 철도 산업을 중심으로 발전해온 미들랜드 지역에 많은 영향을 미쳤다. 인구가 가장 많았던 1971년 9,800명이던 인구는 2001년 3,600여 명으로 줄어들었으며, 노동자들이 직장을 잃고 떠나자 주변 상점도 문을 닫았고, 200채가 넘는 주택이 공실로 남게 되었다(Highfield, 2006: 59).

---

[1] 워크숍이 미들랜드로 이전한 1904년에 생겨난 노동조합의 영향력은 매우 컸다. 조합원이 아닌 사람은 워크숍에서 일할 수 없었기 때문이다(Layman, 2006: 172).

2. 재생의 배경 및 필요성

1970년대 후반, 호주의 여타 정비창과 마찬가지로 미들랜드 또한 생산성 저하의 문제를 겪었다. 건물의 개·보수가 일부 이루어졌지만, 자본의 투자와 기술력에서 한계가 나타나기 시작했다. 1980년대부터 노동조합은 워크숍이 교외지역에 철도 서비스를 제공하는 데 필요한 기관차를 만들기에는 기술이 부족하다고 반복해서 주장했다. 당시 주요 철도 프로젝트는 정부가 운영하는 정비창 대신에 민간 업자들이 주체가 되어 추진했다. 이에 정부는 1980년 워크숍을 현대화하는 데 5년간 520만 달러를 투자하겠다는 계획을 발표했다. 생산성 저하가 편의시설의 노후화와도 연관성이 있기 때문이었다.

당시 화장실은 1920년대에 지어진 것이었고, 작업 후 옷을 갈아입을 탈의실조차 없었다. 식사는 기계 장비가 있는 곳에서 거의 이루어져, 비위생적인 환경이 노동자들의 건강을 해쳤다. 더불어 1980년대에는 컴퓨터 기반의 생산관리시스템이 도입되기도 했다. 270만 달러가 투입된 이 시스템은 인력과 기계, 물자와 공간을 미리 계획할 수 있게 해주며, 자원을 배분하고, 정비 및 새로운 생산에 필요한 일을 예측할 수 있게 해주었다.

⊙ 1955년 당시 워크숍 정비창고 모습
자료: Australian Asbestos Network Archive.

그런데 당시 미들랜드는 경제적으로 큰 변화를 겪게 된다. 새로운 열차에 대한 수요가 감소하고, 기술의 발전으로 정비 수요 또한 줄어든 것이다.

경제적 여건뿐 아니라 정치적 여건도 변했다(Elliot, 2006). 공공 부문 개혁의 일환으로 공기업 민영화 요구가 증대했고, 워크숍은 민간 기업체와 더욱 치열한 경쟁 상태에 놓이게 되었다. 미들랜드 위크숍에서 전문화되었던 화물차도 민간 기업체에서 생산하기 시작했다. 따라서 1980년대 중반 정부가 주도했던 교외지역 철도 네트워크를 전기로 사용하려는 1억 4,500만 달러의 프로젝트에도 워크숍은 거의 참여하지 못했다.

결국 효율성의 저하로 워크숍에서 일하는 노동자의 수는 1982년 2,300명에서 1990년 1,094명으로 감소했고, 시대와 더불어 호흡하지 못하는 '비효율적이고, 강력한 노동조합이 결속된 곳'이라는 평판까지 듣게 되었다.

1990년대에도 공기업의 민영화 요구가 웨스트레일West Rail: 미들랜드 워크숍 운영 회사을 지속적으로 압박했다. 이 과정에서 워크숍을 별도의 구분된 사업 단위로 발전시키는 계획이 추진되는 등 워크숍을 합리화하기 위한 노력이 지속되었다. 고용자의 참여 프로그램, 자문, 인센티브 프로그램 등은 워크숍 운영에 어느 정도 영향을 미치기는 했다. 하지만 1990년대 초반 미들랜드의 가장 큰 문제점은 기관차 설계 기술 발전과 웨스트레일의 프로젝트 외주로 업무량이 감소한 것이다. 더불어 낮은 생산성도 계속해서 문제로 지적되었다.[2] 이러한 상황을 극복하고자 1992년 주 정부는 워크숍의 생산성과 경쟁력 향상을 위해 4년간 2,700만 달러 자본을 투자한다는 원칙에 동의하고, 이에 따라 워크숍은 별도의 구분된 사업체로 운영될 듯했지만, 1993년 결국 주 정부는 워크숍의 폐쇄를 발표했다(Elliot, 2006: 244).

미들랜드 노동자들과 노동조합은 정부의 워크숍 폐쇄 결정에 배신감을 느끼고 반대운동을 펼쳤다. 노동조합은 웨스트레일과 정부에 워크숍의 재정적인 상태를 입증하라고 요구했다. 노동자들은 공공의 지원을 통해 폐쇄 결정을 되돌릴 수 있을 것이라 생각했다. 장소를 변경하거나 운영의 합리화 등 새로운 방안을 모색해 폐쇄 조치만은 막을 수 있을 것이라고 판단한 것이다. 그러나 정부는 다음과 같은 판단을 근거로 폐쇄를 결정하게 된다(Elliot, 2006: 247).

---

[2] 워크숍의 매니저는 다른 민간 기업의 생산성이 70~80%라면 워크숍의 생산성은 40% 수준이라고 주장했다(Elliot, 2006: 243).

① 생산성이 낮고 작업장의 추가적인 혁신이 필요하다.

② 자본지출이 정당화될 수 없다.

③ 작업량이 감소하고 있다.

④ 외부에서 추가적인 업무 잠재력이 없다.

⑤ 장소가 더 이상 적당하지 않다.

⑥ 웨스트레일은 화물 단가 절감에 대해 지속적으로 요구를 받고 있다.

⑦ 민간 부문의 제조업·공업 기업들이 워크숍과의 경쟁에 대해 오랫동안 불만을 나타냈다.

워크숍 폐쇄 결정으로 많은 노동자가 직장을 잃고 경제적인 어려움을 겪었다. 특히 워크숍 폐쇄는 모기지 담보대출을 받았던 노동자들에게 치명적인 영향을 끼쳤다. 일부 노동자는 정신적·육체적 질병을 얻기도 했고 배우자와 이혼하는 사례도 있었다. 급기야 두 명의 노동자가 스스로 목숨을 끊는 일까지도 벌어졌다(Elliot, 2006: 254).

워크숍 폐쇄를 결정할 당시에는 재개발에 대한 계획이 수립되지 않은 상태였다. 미들랜드는 철도 정비창으로서 90여 년간 큰 역할을 수행해왔기 때문에 기반시설은 잘 갖추어진 지역이었다. 철도와 도로 연계 등 교통이 양호할 뿐 아니라 쇼핑센터, 호텔, 커뮤니티센터, 병원 등의 편의시설도 그대로 남아 있었다.

이러한 조건은 철도 정비창 일대를 새롭게 개발해야겠다는 의지를 불러일으키기에 충분했다. 1997년 미들랜드 커뮤니티의 미래 비전 수립 연구를 통해 재생의 필요

◉ 워크숍 건물의 공공 용도 활용

성이 부각되었고, 2000년 서호주는 미들랜드 재개발기구를 설립하면서 재생사업에 본격적으로 들어갔다.

3. 추진 절차 및 주요 내용

미들랜드 지역은 1890년대 골드러시 이후 성장하기 시작했고, 1904년부터 철도 정비창이 자리 잡으면서 오랜 기간 경제적 번영을 유지했다. 하지만 워크숍의 효율성이 저하되면서 노동자의 수 또한 감소했고, 1994년 철도 정비창의 폐쇄는 미들랜드 지역을 쇠퇴하게 한 결정적인 이유가 되었다. 따라서 정비창을 폐쇄한 이후 재개발계획과 관련한 연구가 진행되었고, 지역 커뮤니티의 오랜 요구는 1999년 미들랜드 재개발기구Midland Redevelopment Authority, 이하 MRA 설립의 근거를 마련하기 위한 「미들랜드 재개발법 1999Midland Redevelopment Act 1999」이 제정되면서부터 본격적으로 가시화되기 시작했다(MRA, 2005a). 2000년

⊙ 워크숍 일대 전경
자료: City of Swan(2010: 9).

70ha 정도의 워크숍 부지를 재개발하는 계획 권한이 스완 지방정부에서 MRA로 이양되었다.[3]

첫 번째 단계의 재개발 계획은 2000년 5월에 발표되었다. 이것은 4,200만 달러를 투자해 서호주에서 가장 큰 15ha 크기의 경찰서

---

[3] 「미들랜드 재개발법 1999」에 의해 MRA가 공공용지 계획 권한을 갖고 있으며, 개발 과정에서 발생하는 수입에 대해서도 MRA가 관리한다.

설립에 관한 계획까지 포함했다. MRA의 사무공간을 위해 1914 철도기관 및 기술학교 건물 1914 Railway Institute and Technical School 을 개축하여 사용하기로 했다. 재개발계획의 발표로 한 분기에 주택가격이 6% 상승하기도 했다 (MRA, 2005a).

MRA는 2000년 8월, 향후 15년을 계획 기간으로 하는 구상안 Concept Plan 초안을 발표했다. 주민의 의견을 듣기 위해 3개월 동안 쇼핑센터 등 몇몇 장소에서 계획안이 배포되었으며, 10월부터는 지역 신문에 미들랜드 개발과 관련된 칼럼을 게재했다. 이 칼럼은 지역의 관심사가 되었고, 2001년 12월까지 지속되었다. 그리고 2000년 10월에는 약 6,000명이 워크숍 오픈데이 The Workshop's Open Day 에 참여하기 위해 모여들었다 (MRA, 2005a). 12월에는 MRA 홈페이지를 개설했고, 사업 방향과 목적도 공개했다. 그러나 안타깝게도 12월 부랑자에 의해 워크숍에 화재가 발생해 주요 건물이 심각한 피해를 입었고, 당시 피해액은 25만 달러에 이르렀다 (MRA, 2005a).

2001년에는 세부 지역에 대한 디자인이 이루어지기 시작했는데, 8월에 2단계 504만 달러의 도로 및 경관 공사를 발주했다. 9월에 열린 두 번째 오픈데이에도 6,000여 명이 참여했다. 2002년에 MRA는 1904년부터 1994년까지 이곳에서 일했던 이들을 기념하기 위해 '노동자의 벽 Workers' Wall' 프로젝트를 시작했다. 이 프로젝트에서 벽돌 하나는 노동자 한 명을 의미한다.

⊙ 노동자의 벽
자료: MRA(2005a).

2002년의 오픈데이에는 8만여 명이 참여했다 (MRA, 2005a). 2002년 12월에는 MRA의 첫 번째 공공예술 작품이 설치되기 시작했다. 예술가 캐스 휘틀리 Kath Wheatley 가 디자인한 긴 다리 모양의 금속 조형물은 워크숍에서 가족 간의 강한 유대감을 표현했다. 이 작품은 곧 사람들에게 널리 알려졌고, 스완 지방정부

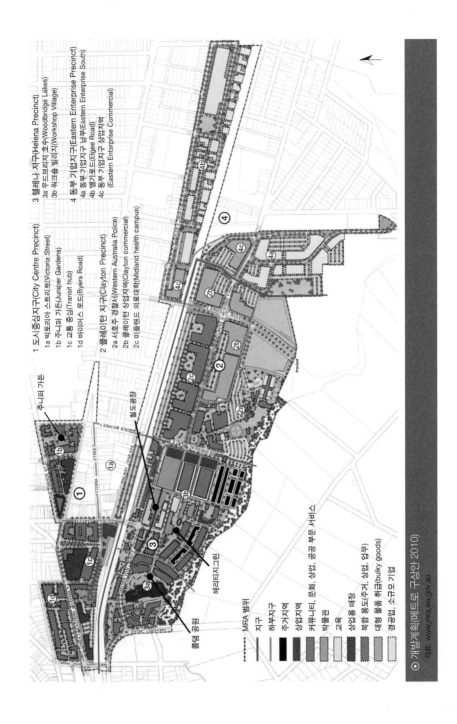

1 도시중심지구(City Centre Precinct)
1a 빅토리아 스트리트(Victoria Street)
1b 주니퍼 가든(Juniper Gardens)
1c 교통 중심(Transit hub)
1d 바이어스 로드(Byers Road)

2 클레이턴 지구(Clayton Precinct)
2a 서호주 경찰서(Western Australia Police)
2b 클레이턴 상업지역(Clayton commercial)
2c 미들랜드 의료대학(Midland health campus)

3 헬레나 지구(Helena Precinct)
3a 우드브리지 호수(Woodbridge Lakes)
3b 워크숍 빌리지(Workshop Village)

4 동부 기업지구(Eastern Enterprise Precinct)
4a 동부 기업지구 남부(Eastern Enterprise South)
4b 엘기 로드(Elgee Road)
4c 동부 기업지구 상업지역
(Eastern Enterprise Commercial)

MRA 범위
지구
하부지구
주거지역
상업지역
커뮤니티, 문화, 상업, 공공 부문 서비스
박물관
교육
상업용 매장
복합 용도(주거, 상업) 업무
대형 물품 취급(bulky goods)
경공업, 소규모 기업

⊙ 개발계획(메트로 구상안 2010)
자료: www.mra.wa.gov.au

는 더 많은 창작물을 설치할 것을 요구했다.

2003년에는 처음으로 재개발지역의 토지를 매각하기 시작했다. 하비노먼-피벗 그룹Harvey Norman-Pivot Group 컨소시엄이 309만 달러에 2ha 면적의 토지를 매입했다. 이어서 2004년에는 그 자리에 하비노먼 매장(가구 및 가전 매장)을 건립하기 시작했다.

2004년에 MRA는 계획 면적을 전체 재개발지역으로 확장했다. 한편, 2단계 '노동자의 벽' 개관식에 1,200여 명이 참여한 가운데, MRA는 보전 전략을 발표했다. 특별히 당시 워크숍 노동자와 스완 지역 축구팀 간 축구 경기가 열려 개관식을 기념했다. 11월에는 3,000여 명이 워크숍 100주년 기념 공연에 참여했고, 12월에 워크숍은 경제적·사회적 기여도를 인정받아 서호주의 공식적인 문화유산 아이콘으로 자리매김했다(MRA, 2005a).[4]

MRA가 설립된 이후 개발을 시작한 결과가 2005년부터 가시적으로 나타나기 시작했다. 교육기관을 유치하려는 노력으로 첫 학생들이 수업을 받게 되었고, 대규모 가구·가전 매장이 개장했으며, 토지 분양이 성공적으로 이루어졌다. 경찰 서비스 복합관이 추가로 계획되기도 했다. 같은 해 MRA는 2000년 발표되었던 계획 초안을 가다듬어[5] '미들랜드 메트로 구상안 2010Midland Metro Concept Plan 2010'을 발표했다.[6]

---

[4] 스완 강 지역 설립 175주년 기념식의 일환으로 공식화되었으며, 스완 강, 프리맨틀 항구, 킹스 파크 등 서호주의 역사적인 장소와 함께 문화유산 지역으로 인정받았다.

[5] 마케팅을 위해서 워크숍과 미들랜드 재개발지역 중심부에 있는 주거 및 상업지를 '미들랜드 메트로'라고 명명했다(MRA, 2005b).

[6] 워크숍 재개발지역은 과거 워크숍 지역을 포함해서 전체 256ha 규모이며, 크게 네 개의 구역으로 나뉜다. 기차역을 중심으로 미들랜드의 중심지인 '도시중심지구(City Centre Precinct)', 경찰서, 보건·의료 대학, 커뮤니티센터 등 대규모 공공건물이 입지할 '클레이턴(Clayton) 지구', 과거 워크숍과 우드브리지 호수가 있던 '헬레나(Helena) 지구', 산업 활동을 지원하기 위한 '동부 기업지구(Eastern Enterprise Precinct)'가 그것이다.

4. 추진 주체

워크숍의 추진 주체는 MRA로서 워크숍 개발계획 수립과 실행에서 주도적인 역할을 한다. MRA는 2000년 1월 1일 설립되었으며, 미들랜드에서 재개발지역으로 지정된 토지의 관리 및 개발을 책임지고 있다. 이와 더불어 MRA는 재개발지역의 개발을 관리하고 계획을 수립하는 역할을 하며, 개발·시행사developer로서 토지 매각에 대한 책임을 진다(MRA, 2010).

MRA는 공기업으로서 「토지행정법 1997 Land Administration Act 1999」과 「공공업무법 1902 Public Works Act 1902」에 기초해 공공용지를 취득할 수 있는 권한이 있으며, 개발 과정(특히 토지 매각)에서 발생하는 수익을 취할 수는 있지만, 본래 수익 창출을 목적으로 설립된 것은 아니다. 정부 소유의 토지와 함께 주변의 토지를 취득·개발한 이후, 다시 민간에 매각해 수익을 올리는 구조를 지닌다. MRA는 약간의 임대 수입과 토지 개발 과정에서 발생하는 토지 매각 수입(총수입의 70~80%)으로 운영된다. 따라서 매년 토지 가치의 상승이 어느 정도였는지를 감정 평가해 발표하며, 이는 MRA의 성과를 나타내는 지표로도 사용된다.

구분	2007년	2008년	2009년	2010년
토지 가치 상승률	9%	3%	16%	(2%)

⊙ 표 6-2 토지 가치 상승 (주요 성과 지표 중)
자료: MRA Annual report, 2010.

구분	2009년	2010년
토지 매각	2,655,327	2,776,636
임대 수입	327,989	380,524
이자 수입	71,829	28,252
기타 수입	614,355	325,283
계	3,669,500	3,510,695

⊙ 표 6-3 MRA 수입 (단위: AUD)
자료: MRA Annual report, 2010.

주 정부와 스완 지방정부가 소유하던 토지 중 재개발지역에 포함된 것들은 MRA에 보조금 형식으로 소유권이 이전되었다. 예를 들어, 2001년 스완 지방정부의 토지 필지번호 14200와 정부 토지 필지번호 28348가 MRA로 이전되었고, 그 금액은 감정가 각각 158만 5,000달러, 445만 달러였다. MRA가 출범한 첫해에는 과거 웨스트레일 워크숍 사이트 보조금 1,568만 달러가 MRA로 이전되었다.

MRA의 인력은 최고경영자^{CEO}를 제외하고는 MRA로부터 직접 고용되지 않고 지방정부의 계획부서에서 보강된다. 인력 규모는 개발사업의 필요와 경제 여건에 따라 유동적인데, 가장 많은 인력이 일했을 때는 18명이었으며, 2008년 세계금융위기 이후에는 10명 정도로 줄었다가, 현재는 12명 정도의 풀타임 인력이 일하고 있다(MRA와 이메일 인터뷰, 2011년 11월).

MRA의 주된 목적은 다음 네 가지로 요약된다. 첫째, 미들랜드 지역을 활성화하고, 전략적 지역으로 육성한다. 둘째, 재개발을 통해 미들랜드가 다른 지역과 조화를 이루게 하고, 지역사회에 서비스를 제공한다. 셋째, 환경적·사회적 유산을 유지하고 문화 가치를 증대시킨다. 넷째, 장기적으로 경제적 유익을 최대화한다.

의사 결정을 위해 MRA는 다섯 명의 위원$^{board\ member}$으로 구성된 위원회를 두고 있다. 세 명은 서호주 정부에서 추천하고, 나머지 두 명은 스완 지방정부에서 지명한다. 서호주 정부는 이 다섯 명의 위원 중에서 MRA 의장을 선출할 권한을 지닌다. 위원들은 도시계획, 문화유산, 사업경영, 부동산 개발, 금융, 교통, 주택, 커뮤니티 업무 등에 대한 전문 지식을 가지고 있어야 한다(Midland Redevelopment Act 1999).

MRA의 행정을 위해서 최고경영자와 각 부서 직원들이 존재하며, 전문적·기술적 지원이 필요한 때에는 외부에 자문을 구할 수 있다. 현재 MRA는 사업 운영$^{business\ services}$, 계획, 장소 개발$^{place\ development}$의 세 부서로 운영되며, 문화유산, 환경, 디자인, 토목 등 전문 분야는 외부 자문을 받는다.

MRA는 스완 지방정부 및 주 정부와도 긴밀한 관계 속에서 사업을 진행한다. MRA는 서호주의 대출 약정에 의해 운영되며(MRA와 이메일 인터뷰, 2011년 11월), MRA의 위원 5명 중 3명이 주 정부에서 지정한 사람임을 감안할 때, 스완 지방정부와 마찬가지로 주 정부도 미들랜드 재개발사업의 계획 수립 및 시행에 지배적인 영향을 미친다고 볼 수 있다. 특히 워크숍 건물이 주 지정 문화유산에

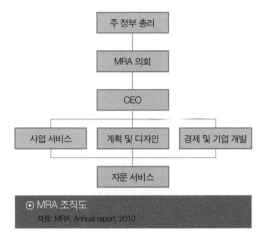

주 정부 총리

MRA 의회

CEO

사업 서비스 │ 계획 및 디자인 │ 경제 및 기업 개발

자문 서비스

⊙ MRA 조직도
자료: MRA, Annual report, 2010.

포함되기 때문에 서호주문화유산위원회Heritage Council of Western Australia의 자문을 받아 개발의 수립 및 시행이 요구된다. 또한 주 정부의 총리는 MRA에 방향을 제시할 수도 있으며, 관련 자료를 요청할 수도 있다.

스완 지방정부는 MRA가 개발계획을 수립하면 의사 결정에 참조할 수 있도록 조언하며, 2000년에는 정부 소유의 철도 부지를 MRA로 이양하는 것을 지원하기도 했다. 스완 지방정부와 MRA는 서로의 유익을 위해 미들랜드 CBD 개발사업 등 다양한 사업을 함께 진행했다(스완 지방정부와 이메일 인터뷰, 2011년 10월).

5. 관련 제도 및 전략

워크숍과 관련해 가장 기초가 되는 법은 「공공업무법 1902 Public Works Act 1902」이다. 이 법은 서호주 내 정부 소유 토지, 건물, 시설물(철로, 도로 등)에 대한 개발 및 유지 등과 관련해 공사 시행 및 조사 등에 관한 절차, 규정, 권한 및 책임 등을 다루는 법이다. 또한 「토지행정법 Land Administration Act 1997」은 서호주 내 공공토지에 대한 전반적인 행정 관련 규정을 기술한 것으로서, 토지의 보존, 판매, 관리, 임대 등과 관련한 사항을 규정한다.

워크숍을 가능하게 했던 대표적인 제도인 「미들랜드 재개발법 1999」는 스완 지방정부 지역 내 특정 토지의 재개발 및 재생에 대한 근거를 마련하고, MRA 설립의 근거를 제공하기 위한 법으로, 계획과 개발, 통제 및 기타 역할과 관련한 규정을 담고 있다.

'보존계획Conservation Plan, 1994'은 역사적인 장소에 대한 보존 및 향후 활용 방향에 대한 지침이다. 여기에는 어떤 요소가 문화적 중요성을 담고 있는지, 향후 재개발 시 유지·보전·개발 등에 관한 중요 요소에 대해 고려되어야 하는 부분, 보장되어야 하는 부분이 기록되어 있다. 이 계획은 서호주 정부의 문화유산위원회에서 수립한다. 1994년 보존계획에는 미들랜드 레일웨이 워크숍Midland Railway Workshops의 요소들(건축물, 식물, 도로, 철도, 기구, 오픈스페이스, 풍경 포함)이 문화유산으로서 중요성을 지닌다고 명시되어 있다. 문화유산으로 선정된 이유는 호주의 20세기 초 철도 정비창의 모습이 손상되지 않은 채로 비교적 잘 유지되어 있으며, 서호주 정부의 가장 중요한 산업단지로 100여 년간 서호주 경제와 삶의 중심부로서 역사적 의미를 지니고 있다는 것이었다.

이와 더불어 '레일웨이 워크숍 헬레나 지구Helena Precinct의 전략 2004'는 워크숍이 있는 헬레나 지역만을 위해 MRA에서 수립한 개발전략이다. 이 지역은 산업폐기물 때문에 토양이 오염된 상태여서 이에 대한 환경 조사가 선행되어야 했고, 그에 따른 환경 복구가 요구되었다.

'미들랜드 중심지 재개발 지역을 위한 문화유산 전략Heritage Strategy for the Midland Central Redevelopment Area'에서는 「미들랜드 재개발법 1999」에 따라 재개발지 내의 문화유산을 보호하기 위한 구체적인 방법을 밝혔다. 이 전략은 문화유산 보호 관련 전문가들의 자문을 받아 MRA에서 발표했으며, 미들랜드 재개발 구역 내 문화유산의 현황과 그 중요성, 취급 방법 등을 담았다.

6. 소요 예산

미들랜드 기구 설립과 다양한 전략 수립 이후 미들랜드 지역은 새롭게 성장하고 있다. 주요 사업 내용과 사업에 사용된 예산을 정리하면 표 6-4와 같다.

연도	주요 내용	지출액과 기간
2000	· 개발 주체 MRA 설립 · 구상안(concept plan) 초안 작성 착수 · 전문가(유산, 도시계획, 사업 개발) 모집 · 경찰서 부지 준비	32만 8,772달러 2000. 1. 1~6. 30 (6개월)
2001	· 미들랜드 철도 정비창(Midland Railway Workshops) 부지(약 70ha) 확보 · 경찰서 부지에 대한 공공적 환경성 검토(public environmental review) · 경찰서 부지 기반시설 기초공사 · 접근도로 1단계 디자인 공모 및 입찰 · 헬레나 스트리트(Helena Street) 철도 건널목의 계획 및 디자인	71만 2,266달러 2000. 7. 1~ 2001. 6. 30 (1년)
2002	· 도시계획 장관의 공식 승인(시티센터 및 클레이턴 지역 개발에 대한 MRA의 전적인 계획 통제) · 킨 스트리트(Keane Street) 공사계획 완료 · 미들랜드 센트럴 문화보전계획 완료, 문화계획위원회에 제출 · 워크숍 부지 환경 정화 작업 진행 · 첫 공공예술품 전시	78만 2,669달러 (1년)
2003	· 로이드와 클레이턴 스트리트의 코너에 있는 2ha 부지를 하비노먼-피벗 컨소시엄에 305만 달러에 판매(MRA의 첫 번째 상업용 부지 판매) · 헬레나 스트리트 철로 건널목 완공 · 클레이턴-로이드 스트리트 도로망 완공 · 미들랜드 농산물시장을 시티센터로 이전 · 전문학교(Technical and Further Education) 행정센터 설립 발표(주 정부) · 워크숍에 주 정부 철도문화유산센터 설립 계획 및 타당성 검토	78만 7,802달러 (1년)
2004	· 킨 스트리트 확장 · '노동자의 벽' 봉헌식 · MRA의 첫 부지 경매 · 메디컬센터 부지 1,839m² 매각 · 우드브리지 호수(Woodbridge Lakes)의 환경 정화 작업 완료	240만 9,102달러 (1년)
2005	· 우드브리지 주거지역 필지 분할 완료(29개 필지 판매. 그중 13개는 경매로 매각) · 5개의 타 필지 완공(대형 소매상가 부지 1, 상업 부지 1, 주상복합 부지 3) · MRA가 27개의 개발 신청 승인(건설 가치 총 3,000만 달러로 추정) · 주요 문화유산 건물 보전을 위한 주 정부 자금 할당(1,424만 5,000만 달러) · 워크숍 빌리지(Workshops Village: 교육지역, 철도문화유산센터, 상가 및 주거지역이 어우러진 곳) 개발 진행 · 콜댐 공원(Coal Dam Park), 우드브리지 호수, 시티센터에 공공예술 작품 설치 · 경찰서 부지 환경 정화 완료 · MRA의 포괄적인 문화유적 보호 전략 발표	1,117만 7,167달러 (1년)
2006	· 주요 주거지역인 우드브리지 호수의 2, 3단계 개발지 전부 매각 · 두 개의 센트럴 미들랜드 필지 매각 · 서호주 정부가 최신식 326개의 침대를 보유한 종합병원을 워크숍 부지에 건설하기로 결정	1,578만 5,687달러 (1년)

	· 주니퍼 가든(Juniper Garden) 개장 · **워크숍 문화유산 건물 복원 착공(3년간 1,424만 5,000 달러 소요)** · **MRA가 헬레나 지역 환경 정화 비용 획득(2년간 1,395만 9,000달러)** · 이전 미들랜드 초등학교 부지에 대해 MRA와 호주 오페라 스튜디오(Australian Opera Studio) 간 10년 임대 계약 성사	
2007	· 유명 시행 · 개발사(developer)들과 돔카페 그룹에 시내 주상복합 부지 판매, 3개 주요 개발 프로젝트 착공 · **워크숍 문화유산 건물 복원 거의 완공(3년간 1,424만 5,000달러 소요)** · 헬레나 서부 지역 환경 정화 작업에 대한 환경영향평가 완료 · **우드브리지 호수의 콜댐 공원이 다수의 최고 조경 및 디자인상 수상**	6,023만 5,038달러 (1년)
2008	· 지속적인 환경보정 작업 진행 · 하비노먼 옆 부지(1.73ha)를 서호주의 선도적 시행 · 개발사인 프라임웨스트 매니지먼트(Primewest Management Ltd)에 매각(101만 9,000달러) · MRA와 스완 지방정부가 공동으로 향후 10년간의 도시 성장 및 개발에 대한 보고서인 「미들랜드 2017(Midland 2017: The Challenge)」 발간 · 역사 · 문화유산 재생의 중심부에서 도시계획장관이 **워크숍 개발 착수**(urban village: 1,000채의 새 주택, 창조적 산업센터, 교육기관, 고급 호텔, 카페 및 상점)	2,107만 2,634달러 (1년)
2009	· **워크숍의 첫 번째 주택가 필지 분할 완료** · 워크숍 내 대학 설립 관련, 싱가포르 교육단체인 라플스(Raffles)의 제안 진행 · 호주 정부자금으로 미들랜드 의사(General Practitioner) 클리닉을 위한 워크숍 입지 홍보 · 워크숍 및 중요 문화유산 건물과 공간을 포함하기 위해 **미들랜드 재개발계획 수정** · 주조공장, 구급차 차고 및 응급처치실 보존 작업 완료 · 헬레나 동부 지역 환경 정화 작업 완료	768만 7,176달러 (1년)
2010	· 우드브리지 호수 내 모든 이용 가능 부지 매도 · 미들랜드의 새로운 아이콘으로 워크숍에 최신, 최대의 공공조형물인 '타워 오브 메모리' 건립 착수 · 퍼스의 태양열 도시 프로젝트의 일환으로 미들랜드 아틀리에 솔라 파워(201개의 태양열판과 연관 시설) 설치 의뢰 · **라플스와 대학 설립 건 진행 중** · 공용주차장 및 상업용 부지를 위한 레일웨이 스퀘어(Railway Square)와 더 사이딩스(The Sidings) 공사 완료	466만 7,950달러 (1년)
2011	· 워크숍의 분할된 필지의 토양 정화 작업 완료 · **헬스캠퍼스(Health Campus) 유치 계획 수립을 위해 보건부(Department of Health)와 협력** · 대중교통기관과 미들랜드 역 지역의 **대중교통 계획 수립 착수** · **문화유산 보전계획 마무리** · 워크숍 내 사립대학 설립을 라플스와 함께 진행 · 미들랜드 의원 클리닉 공동 건설 촉진을 위해 다층 건물의 공간 소유권 확보를 위한 공사 착수 · 공공예술품 '잉곳(The Ingot)' 설치로 시티센터 공공예술 프로그램 종료 · 메모리얼 가든의 접근성을 높이기 위한 공사 완료	954만 4,894달러 (1년)

7. 사업 성과 및 평가

2005년 2월에는 워크숍 내 우드브리지 호수$^{Woodbridge\ Lakes}$의 13개 획지를 모두 분양하는 데 성공했다. 그리고 커틴 대학$^{Curtin\ University}$에서 운영하는 직업 전문대학이 처음으로 22명의 학생을 모집해 미들랜드에서 대학 교육을 시작했다. 한편, 하비노먼 매장도 같은 해 개장되어 사람들을 워크숍으로 이끄는 데 중요한 역할을 하고 있다.

또한 MRA는 1,425만 달러의 워크숍 철도 문화유산 건물 복원계획을 발표했다. 이를 통해 MRA는 워크숍 지역이 교육·철도 산업의 문화유산, 상업, 주택의 복합 개발이 이루어지는 것을 기대하게 되었다. MRA는 연이어 워크숍 지역에 서호주 경찰 서비스 복합건물 계획(4,370만 달러 투자)을 발표했고, 이 계획에 따라 1,000명 정도의 고용(경찰관)을 이끌어낼 수 있게 되었다. 이러한 이유로 매각된 우드브리지 레이크 지역은 고급 주거단지로 인기를 끌었다.

2005년에 발표한 '미들랜드 메트로 구상안 2010'에서 MRA는 향후 15년간 1억 달러를 기반시설에 투자한다는 계획을 발표했다. 당시 미들랜드 우체국에서 반경 12km 내에 거주하는 인구는 9만 명이었고, 여가 활동을 위해 미들랜드를 찾는 방문객은 거의 없었다. 하지만 MRA는 2025년까지 이 지역의 인구가 14만 명으로 증가할 것으로 예상했다(MRA, 2005b). 또한 구상안을 통해 역사적 건축물을 활용하여 상업·주거·공원·정원 등을 통합하는 복합 개발을 계획·추진하고 있으며, 문화유산 아이콘으로 활용 가능한 것을 워크숍 지역에서 전략적으로 발굴해 지역의 재생에 활용하고 있다.

더불어 MRA는 오픈스페이스와 공공예술이 미들랜드 지역의 주요 전통으로 자리매김하도록 계획했다. 특히 오픈스페이스가 이 지역만의 유일한 전통 자산을 잘 표현하도록 설계했다. 주민의 안전과 편의를 돕기 위해 도로와 공원에 가로등을 설치했고, 피크닉을 위한 장비도 설치했다.

워크숍 건물에는 공공예술의 일환으로 그림, 스케치, 판화, 에칭 등의 작품

⊙ 워크숍 내 우드브리지 호수와 주거단지의 모습

⊙ 왼쪽부터, 워런 랭글리(Warren Langley)의 '타워 오브 메모리 1(Tower of Memory 1)'(워크숍에 위치), 캐스 휘틀리(Kath Wheatley)의 아연 도금 철제 조형물(크레센트에 위치), 스티브 테퍼(Steve Tepper)의 '트리클, 플로 앤드 폴(Trickle, Flow and Fall)'(킨 스트리트에 위치)
자료: www.mra.wa.gov.au

구분	주요 특징
콜댐 공원(Coal Dam Park)	우드브리지 호수에 있는 넓은 공원. 역사적인 콜댐에 인접
주니퍼 가든(Juniper Garden)	여가시설의 중심지, 문화유산 관련 예술 활동
철도 광장(Railway Square)	과거 워크숍의 조차장(操車場). 철도 유산과 조화를 이루는 교육환경 조성
헤리티지 그린(The Heritage Green)	적극적인 오픈스페이스. 마을의 연결 접합

⊙ 표 6-5 워크숍 오픈스페이스 계획

이 전시되었다. 또한 MRA는 미들랜드 커뮤니티에 '노동자의 벽', 길거리 조형물, 분수, 원주민 관련 예술품 등도 설치해[7] 지역의 문화와 커뮤니티 강화에 영향을 미쳤다.

8. 한계 및 시사점

시대적 요구의 변화에 따라 근대에 형성된 각종 산업시설이 노후하고 기능 또한 약화되면서 일자리가 감소하고 지역 전체가 쇠퇴하는 사례가 늘고 있다. 그러나 철도, 도로, 항만시설 등 교통 관련 산업시설이 도시구조 형성에 근간이 된다는 점을 고려하면, 이를 매개체로 도시 전체를 변화시킬 수 있는 잠재력이 존재한다.

이에 따라 이러한 시설에 새로운 생명력을 불어넣어 도시 전체에 활력을 주려는 노력이 곳곳에서 진행되고 있다. 철도 역사驛舍 중심인 독일의 쥐츠게랜데 자연공원Südgelände Natur Park(쇤베르거Schöneberger 화물열차역), 일본 도쿄의 료코쿠両国 역, 프랑스 파리의 라 뮈에트La Muette 역 외에도 철로 중심인 뉴욕의 하이라인High Line, 미국 오리건 주의 마운트 후드 레일로드Mount Hood Railroad 등이 그것이다. 국내에서도 2001년에 폐철도부지(경전선)를 활용한 녹지 공간 가꾸기 운동이 광주에서 전개된 이후 간이역과 폐철도 활용에 대한 연구가 시작되었고, 이에 문화재청은 2003년 이후 23개의 간이역과 17개의 철도 관련 시설 등을 등록문화재로 지정해 이를 활용하는 방안을 모색하고 있다. 그러나 철도 정비창 및 관련 시설을 매개로 도시의 새로운 재개발(재생)계획을 수립하는 사례는 매우 드물고, 그나마도 국내에는 소수의 사례만 소개되었다. 더욱이 구체적

---

[7] 노동자의 벽, 워크숍의 가족 간 긴밀한 유대를 상징하는 가로 조형물(street sculptures), 오페라 스튜디오 앞에 위치한 분수, 주니퍼 조형물(Juniper sculpture), 원주민 관련 예술품(aboriginal connection) 등이 설치되었다.

인 추진체계와 예산 및 주체에 대한 이해는 부족한 경우가 많았다. 따라서 이러한 측면에서 워크숍 사례는 매우 유의미하다고 볼 수 있다.

워크숍이 주는 시사점은 크게 다음 세 가지로 정리해볼 수 있다.

첫째는 서호주 정부와 스완 지방정부 등 공공이 적극적이고 지속적으로 재생전략과 계획을 수립·보완했다는 점이다. 이를 위해 정부는 지자체 중심의 도시재생기구인 미들랜드 재개발기구를 설립하고, 「미들랜드 재개발법 1999」와 '미들랜드 메트로 구상안 2010'을 수립하는 등 효율성을 강화했다. 주 정부의 지원과 더불어 해당 지자체가 중심이 되어 재생을 지원할 수 있도록 체계를 만들었다는 점은 국내에 시사하는 바가 크다.

둘째는 노동자들의 지속적인 일자리 창출과 산업유산의 보전을 위한 전략과 계획이 수립되었다는 점이다. 역사적인 장소 등을 보전하기 위해 서호주 정부의 문화유산위원회는 1994년 '보전계획'을 수립하고, 워크숍에 남은 요소들의 가치를 인정했는데, 이는 뒤이어 '역사유산 전략Heritage Strategy for the Midland Central Redevelopment Area, 2004'을 수립하는 데 영향을 미쳤다. 이를 위해 지역의 환경 조사와 복구가 요구되는 등 문화유산을 보호하기 위한 구체적인 방법이 서술되었다는 점에서 의의를 찾을 수 있다.

셋째는 철도 정비창 부지와 노후 건축물을 보존한 채로 현시대에 적합한 용도와 기능으로 전환하여 이를 기반으로 주변 지역까지도 함께 개발계획을 수립했다는 점과 이와 함께 도시 전체를 재생하고 있다는 측면이다. 비단 물리적인 재개발 외에도 교육, 건강, 문화 콘텐츠의 도입을 통해 지역의 유기적인 커뮤니티 창출에 힘쓰고 있다는 측면에서도 이와 관련한 구체적인 후속 연구의 필요성도 부각된다.

호주는 근대도시의 역사가 200년이 채 되지 않은 신생국가이다. 하지만 시드니, 멜버른, 브리즈번, 애들레이드, 퍼스 등 호주의 대표적인 도시에는 식민지 시절의 도시 형태 및 주요 기능을 수용했던 건축물이 남아 있고, 산업화 시대의 흔적까지도 자신들의 역사로 인식하여 보전을 위해 노력 중이다.

    19세기와 20세기 초에 세워진 다수의 근대 건축물을 문화재로 지정해 보전
한 결과, 호주의 도시는 고풍스러운 도시경관을 창출하면서도 현대적 도시기능
을 잘 수행해가고 있다. 이는 삶의 흔적을 중요하게 생각하는 호주 사람들의 가
치관이 현대 도시개발에도 반영된 것이라고 볼 수 있다.

    도시를 계획하고 개발하는 데 새로운 기술과 디자인을 신속하게 도입하려는
한국과 달리 호주의 도시개발은 그 속도가 느린 반면 합리적이고 여러 측면에
서 심도 있는 논의를 거쳐 진행된다. 이러한 도시계획은 호주의 도시들이 세계
적으로 살기 좋은 도시로 손꼽히는 데에도 기여하고 있다.

제7장

홍콩 웨스턴마켓과
성완퐁 재생사업

지역재생사업의 구심점으로서의
역사건축물 활용

서보경 | 홍콩 대학교 도시계획학과 박사과정

© INABA Tomoaki(flickr.com)

홍콩하면 떠오르는 마천루와 탁 트인 하버 전경은 외국 관광객의 마음을 사로잡기에 충분히 매력적이다. 그러나 그 화려한 야경 뒤에 자리 잡은 평범한 도시민들의 일상은 멋진 도시경관에서 느껴지는 모던함이나 세련됨과는 사뭇 거리가 멀다. 발코니가 없어 창문 밖으로 설치된 빨랫줄에 아슬아슬 널려 있는 옷들, 다 쓰러져가는 6층 건물 꼭대기를 엘리베이터도 없이 오르내려야 하는 사람들, 마땅한 인동간격 법규조차 적용되지 않아 시끄러운 자동차 소리를 참아가며 수업해야 하는 학교……. 이것이 높은 인구밀도와 개발 가능지의 희소성이 만들어낸 고층고밀의 도시환경에서 살아가는 사람들의 모습이다. 성완(上環) 지역은 오래전부터 이러한 상반된 도시의 모습이 공존해왔던 곳이다. 낡고 오래된 구멍가게에서부터 반짝거리는 커튼월의 고층 건축물에 이르기까지, 곳곳마다 홍콩 무역항의 흥함과 쇠함이 고스란히 담겨 있다. 그런데 자칫 복잡하고 삭막하게만 보일 수 있는 이곳에 잠시 사람들의 발걸음을 멈추게 하고 '옛날에 우리는 어떠했으며, 미래에 우리는 어떠해야 할 것인가'를 생각하게 만드는 장소가 있다. 바로 웨스턴마켓이다. 100년도 넘는 역사의 흔적을 고이 간직한 이 건축물은 2000년대 초반 홍콩 도시재생국의 재생사업을 통해 새롭게 태어났다. 급속한 산업화와 현대화를 겪으면서 시장이라는 고유 기능을 점차 잃어가던 웨스턴마켓은 이제 성완 지역의 경제, 사회, 문화에 활력을 불어넣으며 이 지역의 역사와 문화의 새로운 아이콘이 되었다.

인구

홍콩의 인구는 2010년 현재 총 706만 7,800명이며, 그중 18.3%(약 130만 명)가 홍콩도(香港島, Hong Kong Island, 샹강다오)에, 29.6%(약 209만 명)가 가오룽(九龍, Kowloon, 주룽) 지역에, 나머지 52.1%(368만 명)가 산가이(新界, New Territories, 신제) 지역에 거주한다.

위치

홍콩은 중국 남부 지방에 위치한 해안도시로, 지리적으로 크게 홍콩도, 가오룽, 산가이로 나뉘며, 9개 뉴타운이 산가이 지역에 위치한다. 북쪽으로 중국 본토의 선전시(深圳市)와 접해 있으며, 2015년에는 중국 본토의 광둥 지방과 선전, 홍콩을 잇는 고속철도(광저우-선전-홍콩 익스프레스 레일 링크)가 완공될 예정이다.

⊙ 홍콩 지역도와 성완의 위치

면적 및 기후

홍콩의 면적은 1,104.39km^{2}이며, 홍콩도와 주변 섬의 면적이 80.60km^2, 가오룽 지역이 46.94km^2, 산가이 지역이 748.06km^2, 그 외 지역이 228.79km^{2}를 차지한다. 그중 1887년부터 간척사업을 통해 생겨난 땅이 68.24km^{2}에 이른다. 열대성 기후를 띠므로 겨울에도 대체로 온화한 날씨를 보이지만, 여름에는 남쪽 해상에서 북상하는 태풍의 영향으로 건물과 숲 등이 피해를 입기도 한다.

⊙ 빅토리아 하버의 야경

홍콩 역사 개요

1800년대 말, 청나라는 아편전쟁에 연이어 패하면서 영국이 홍콩 영토를 99년간 조차(租借)하는 것에 동의하는 조약을 체결하게 된다. 조차 기한이 다한 1997년에 홍콩 영토는 다시 중국에 반환되었지만, '1국가 2체제(one country, two systems)'를 유지하며, 행정, 경제, 교육 등 거의 모든 부문을 중국 본토의 간섭 없이 자율적으로 운영하고 있다. 중국 반환 이후로는 간접선거로 선출되는 행정장관(chief executive)이 홍콩의 국가원수직을 담당한다.

도시재생의 연혁

본래부터 개발 가능한 토지가 부족했던 홍콩은 1800년대 중반부터 인구 과밀, 열악한 공중보건 및 화재의 위험에 대한 우려로, 도시 내 각종 건축물과 토지정비에 관한 법을 제정하기 시작했다. 특히 1997년 홍콩이 중국에 반환되고 난 뒤 정부는 쇠퇴한 도시 환경을 개선하기 위한 공공의 역할을 강조하며, 장기적 관점에서 도시재생을 지속적으로 추진할 수 있는 법제 및 계획체계를 수립하고, 2001년 도시재생국(Urban Renewal Authority: URA)을 설립해 홍콩 전역의 도시재생 업무를 담당하게 했다. 현재까지 도시재생국에 의해 완료되거나 진행 중인 사업은 총 37개이며, 재개발, 보존, 재활성화, 수복재개발 등 다양한 방식으로 재생사업이 추진되고 있다.

⊙ 가우롱의 노후지역(왼쪽)과 재생사업으로 새롭게 단장된 센트럴마켓(오른쪽)

1. 들어가며: 성완 지역과 웨스턴마켓의 쇠퇴

홍콩도 중서구^{中西區}, Central and Western District 에 위치한 성완^{上環}, Sheung Wan 지역은 1800년대 중반 영국의 통치 아래 있던 홍콩이 처음으로 중국 상인과 교역을 시작한 물류 교통의 중심지였다. 중국과의 교역이 점차 활발해지자 많은 본토 중국인이 홍콩으로 이주했는데, 그중 상당수가 성완 지역에 거처를 두고 상업 활동을 했다. 당시 세워진 웨스턴마켓^{Western Market}은 현재 홍콩에서 가장 오래된 시장^{市場} 건축물로서, 원래는 남쪽과 북쪽 두 블록으로 이루어져 있었으나, 1858년에 지어진 남쪽 블록은 1980년에 철거되었고, 현재는 1906년에 지어진 북쪽 블록만이 남아 있는 상태다. 웨스턴마켓은 1980년대까지도 시장으로서의 명맥을 유지했지만, 1989년 시의회^{Urban Council}가 현대적인 모습을 갖춘

⊙ 홍콩 중서구의 위치

⊙ 1910년대 성완 지역 모습

시장 시스템을 도입하기로 결정하면서, 웨스턴마켓에 입점하고 있던 상점 대부분은 문을 닫았고, 웨스턴마켓은 철거 위기에 놓였다. 그러나 1990년에 홍콩 정부가 웨스턴마켓 건물을 법정기념물^{declared monument}로 지정하면서 그 역사적 가치가 재조명되었다. 이에 따라 현 도시재생국^{市區重建局, Urban Renewal Authority: URA}의 전신인 토지개발공사^{土地發展公司, Land Development Corporation: LDC}가 1991년 웨스턴마켓 건물을 대대적으로 수선하여 전통공예 및 예술품 판매상가로 바꾸었다. 2001년 설립된 도시재생국은 상대적으로

⊙ 1927년 웨스턴마켓 주변 모습(왼쪽)과 현재 웨스턴마켓 모습(오른쪽)

노후도가 심했던 성완 지역을 대상으로 한 재생사업을 계획했고, 웨스턴마켓을 이 지역 재생사업의 중심축^{anchor} 으로 두고 주변을 연계해 개발하고자 하는 '성완퐁 上環坊 사업^{Sheung Wan Fong Project}'을 추진하게 되었다.

2. 추진 절차

웨스턴마켓이 1990년 법정기념물로 지정되기 이전에 이미 토지개발공사의 주도로 합작 투자 방식의 '사회환경 개선사업^{Social Environment Improvement Project}' 이 웨스턴마켓을 대상으로 한 차례 시행된 바 있었다. 이 사업을 통해, 전통적인 시장의 모습을 띠고 있던 웨스턴마켓은 더욱 현대적인 시설을 갖추게 되었고, 중국 전통예술품 상점과 음식점이 들어선 전통문화상가로 바뀌어 1991년 다시 문을 열었다. 그 후 도시재생국은, 홍콩에서 역사적으로 중요한 의미가 있으나 노후도가 상대적으로 심한 성완 지역 일대를 재활성화하기 위해서 2002년부터 '성완재활성화사업^{Sheung Wan Revitalization Project}'을 추진했다. 성완 지역 전체를 대상으로 하는 성완재활성화사업에서 가장 핵심적인 부분은 바로 웨스턴마켓을 중심으로 진행된 '성완퐁 사업'이었다.

⊙ 성완퐁 사업 로고
자료: http://www.ura.org.hk

도시재생국은 2002년 7월 성완퐁 사업에 대한 시민 의견을 수렴하기 위해 워크숍을 개최했다. 여기에는 중서구 의회 대표, 중서구 자문위원회District Advisory Committee, 중앙정부 대표, 관련 전문가, 대중교통기관 관계자, 지역 상인회 대표, 학생 및 관심 있는 일반 시민 등 60여 명의 관계자들이 참석해 도시재생국 직원들과 함께 대상지를 둘러보고 사업에 대한 의견을 나누었다.

도시재생국은 이 워크숍을 통해 수렴된 의견을 바탕으로 더 많은 시민의 참여를 독려하고자 2003년 1월 '지역 발전 아이디어 공모전Neighbourhood Idea Competition'을 개최했다. 이 공모전에는 중·고등학생부터 대학생, 일반 시민, 도시개발 전문가에 이르기까지 다양한 시민으로 구성된 37개 팀이 참가해, 웨스턴마켓 수선과 대상지 내 도로 정비 등 이 지역에 필요하다고 생각되는 개선 방향을 구체적으로 제시했다. 워크숍과 아이디어 공모전을 통해 수렴된 시민들의 의견은 크게 '웨스턴마켓 보존'과 웨스턴마켓이 위치한 '모리슨 스트리트Morrison Street의 정비' 두 가지로 요약할 수 있으며, 이러한 의견은 실제로 최종 사업계획에 대부분 반영되었다.

2003년 4월, 도시재생국은 좀 더 전문적인 역사건축물 보존을 위해 텔포드 레크리에이션 클럽Telford Recreation Club Ltd①과 계약을 체결하고 웨스턴마켓의 모든 수선 및 유지·관리 업무를 맡겼다. 텔포드 레크리에이션 클럽은 웨스턴마켓 건물의 외관을 원래 모습으로 복구하고 내부는 현재의 용도에 적합하게 리노베이션하여 역사적인 건축물을 '적응적으로 재사용'하고자 했다.

---

① 텔포트 레크리에이션 클럽은 1997년 설립된 홍콩에서 가장 큰 규모의 레크리에이션 기업으로서, 각종 운동시설과 연회시설 및 서비스를 제공한다.

기간	사업 추진 내용
1990년 6월	웨스턴마켓을 법정기념물로 지정
1991년 11월	사회환경 개선사업으로 웨스턴마켓 1차 수선 후 재개업
2002년 7월	성완재활성화사업을 위한 시민 워크숍 개최
2003년 1월	지역 발전 아이디어 공모전 개최
2003년 4월	입찰을 통해 웨스턴마켓 수선 및 관리 업체 선정: 텔포드 레크리에이션 클럽
2003년 6월	도시재생국 성완퐁 사업 착수 공식 발표
2003년 7월	텔포드 레크리에이션 클럽의 주도로 웨스턴마켓 수선 완료
2003년 12월	지하철역 통기관 미화작업을 포함한 1차 사업 완료
2005년	성완퐁 광장 조성 및 기타 2차 사업 완료

⊙ 표 7-1 성완퐁 사업 추진 절차

성완퐁 사업의 시작이 공식적으로 발표된 지 한 달 만인 2003년 7월, 웨스턴 마켓의 리노베이션 공사가 완료되었다. 그 후 인근 지하철역 통기관 미화작업 을 포함한 1차 사업은 2003년 12월에, 성완퐁 광장 조성 등 2차 사업은 2005년 에 각각 마무리되었다.

3. 재생계획의 특성

성완퐁 사업은 성완 지역의 중요한 역사·문화자원인 웨스턴마켓을 구심점 으로 정하고 그 주변 지역을 연계해 재생하는 방식으로 이루어졌다. 따라서 이 사 업은 웨스턴마켓의 보존과 웨스턴마켓이 위치한 모리슨 스트리트의 가로 환경 정비 등 크게 두 부분으로 구분된다.

3' 1. 적응적 재사용 방식으로 보존된 웨스턴마켓

웨스턴마켓은 역사적 가치를 지닌 건축물의 외관을 그대로 보존해 지역의

⊙ 타워로 올라가는 화강암 계단

랜드마크가 되게 하고, 내부 공간은 현대의 용도에 맞게 리노베이션하는 적응적 재사용 adaptive reuse 방식으로 보존되었다. 웨스턴마켓은 1900년대 초 영국에서 유행하던 에드워드 건축양식으로 지어졌는데, 평면의 축성axis 이 강하고 좌우대칭이며 합리적인 공간구성이 특징적이다. 웨스턴마켓의 외관은 고전적인 양식을 잘 간직하고 있으며, 화강암으로 이루어진 기초 위에 쌓인 붉은색 벽돌과 상층부 타워 모서리의 화강암 띠band의 조합은 건물의 외관을 더욱 다채롭게 한다. 특히 출입구 상부와 창문틀 상부의 아치는 건물에 고급스러움과 부드러움을 더해준다. 또한 주철로 만들어진 기둥과 철재 트러스 지붕, 타워로 올라가는 화강암 계단은 당시의 뛰어난 건축구조 기술을 보여준다.

한편, 내부 공간의 용도와 구성은 원래의 모습에서 상당 부분 변경되었다. 원래 두 개의 층(한 층 넓이는 대략 1,120m²)으로 구성되어 한 층의 층고가 비교적 높았으나, 높은 천장을 효율적으로 활용하고자 층과 층 사이에 한 개씩, 총 두 개의 층을 더 추가했고, 새로 추가된 층에도 기존의 층과 이질감이 없도록 똑같은 방식의 구조와 재질을 사용했으며, 층마다 테마가 다른 상점을 배치했다(표 7-2 참조). 특히, 웨스턴마켓의 수선 및 관리업체로 지정된 텔포드 레크리에이션 클럽은 웨스턴마켓 내부 공간의 효율성을 극대화하고 바깥에서도 내부가 잘 보이도록 기존의 육중한 출입문을 유리문으로 바꾸었으며, 지나가던 사람들의 발걸음을 건물 내로 끌어들이고자 가장 아래층에 빵집과 카페, 꽃가게 등이 입점하도록 했다. 이렇게 새로운 모습을 갖추게 된 웨스턴마켓은 일상생활용품을 판매하는 쇼핑몰과 예술문화 등과 관련된 여가활동을 하는 장소로서 인기를 얻었고, 이 지역의 랜드마크로 자리 잡았다.

층	테마	구성
1층	시장 거리 (Market Alley)	· 가게 주인의 개성에 맞춰 희귀한 중국 전통공예품 진열 · 전통적인 느낌을 살리기 위해 오래된 공중전화, 우체통, 새장 등을 배치
2층	직물 거리 (Cloth Alley)	· 화려한 색채의 직물 판매 · 예전 인근의 윙온(Wing On) 스트리트에 있다가 재개발사업으로 밀려난 직물 상점들이 이곳으로 이전해 옴.
3층	식당 거리 (Family Kitchen & Mythical China)	· 지역적 특색이 강한 중국 전통음식점 입점
4층	예술품 거리 (Art & Food)	· 그림, 도자기, 조각품, 사진 등의 전시회를 위한 공간

◉ **표 7-2** 웨스턴마켓 층별 테마 및 입점 상가
자료: Kwan(2004: 90).

◉ 2층 직물 거리(왼쪽)와 3층 식당 거리(오른쪽)의 모습
자료: http://www.ura.org.hk(오른쪽).

3' 2. 웨스턴마켓 주변 구역 정비

웨스턴마켓의 리노베이션과 더불어, 웨스턴마켓 주변도 새롭게 정비되었다. 이에 따라, 도시재생국은 웨스턴마켓 주변의 정비와 관련해 다음과 같은 다섯 가지 목표를 설정했다.

① 이 지역 재활성화의 구심점 역할을 하게 될 웨스턴마켓 정비
② 다목적 공공 공간인 성완퐁 광장 조성

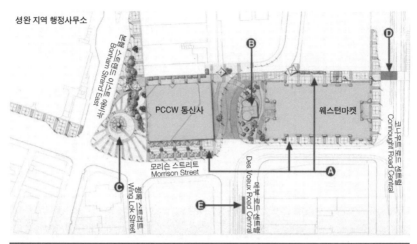

성완 지역 행정사무소

본햄 스트랜드 이스트 애비뉴
Bonham Strand East

PCCW 통신사

웨스턴마켓

코나우트 로드 센트럴
Connaught Road Central

모리슨 스트리트
Morrison Street

데부 로드 센트럴
Des Voeux Road Central

윙록 스트리트
Wing Lok Street

⊙ 그림 7-1 성완퐁 사업 배치도
자료: http://www.ura.org.hk

③ 웨스턴마켓과 광장 주변의 보행 환경 개선

④ 웨스턴마켓과 갈라 포인트(Gala Point), 순탁센터(Shun Tak Centre, 주변 건물)
　를 연결하는 공중가로 미화

⑤ 주변 가로 환경에 잘 어울리도록 인근 지하철역과 전차(tram)역 새롭게 디자인

　웨스턴마켓을 둘러싼 보도는 보행자의 편의를 위해 폭이 한층 확장되고, 웨
스턴마켓 건축물과 잘 어울리는 색채와 패턴의 블록으로 다시 포장되었으며,
가로등과 볼라드bollard도 웨스턴마켓의 외관과 연계된 디자인으로 교체되었다
(그림 7-1의 A). 또한 지하철역과 전차역도 웨스턴마켓의 외관과 어울리는 디자
인으로 바뀌었고(그림 7-1의 B와 E), 접근성을 향상시키기 위해 웨스턴마켓과 주
변 건물을 연결하는 공중가로도 재정비되었다(그림 7-1의 D).

　성완퐁 광장은 원래 웨스턴마켓과 남쪽의 모리슨 스트리트 사이에 위치하는
평범한 공지open space였으나 성완퐁 사업을 통해 지역 축제의 장소로 바뀌었다
(그림 7-1의 C). 이 광장은 '나침반'을 모티브로 하여 디자인되었는데, 블록에 주

변 지역의 이름과 방향을 표시해 누구나 쉽게 길을 찾을 수 있게 했으며, 다목적 용도로 설계하여 평상시에는 보행자가 휴식할 수 있는 공간으로 사용되다가 지역 축제가 열릴 때에는 행위예술가들의 거리공연이나 콘서트, 벼룩시장 등의 이벤트 장소로 활용된다.

⊙ 새롭게 디자인된 지하철역 통기관
자료: http://www.ura.org.hk

⊙ 사업 전(왼쪽)과 사업 후(오른쪽) 성완퐁 광장 모습
자료: http://www.ura.org.hk

⊙ 방향 표시 역할을 하는 성완퐁 광장 디자인(왼쪽), 광장에 세워진 변압기와 구(區)의 마스코트

4. 관련 법 및 제도

성완퐁 사업이 계획될 당시에는 역사건축물 보존과 도시재생사업에 대한 법제가 체계적으로 마련되어 있지 않았으며, 「고대 유물 및 기념물에 관한 법령 Antiquities and Monuments Ordinance: AMO」과 「도시재생국에 관한 법령 Urban Renewal Authority Ordinance: URAO」이 성완퐁 사업과 관련된 행정절차의 틀을 제시하는 역할을 했다.

「고대 유물 및 기념물에 관한 법령」은 고고학적 또는 역사적으로 가치가 있는 유물이나 건축(구조)물 유산을 법적으로 보호하려는 목적으로 1976년 제정되었다. 이 법령은 고대유물판별국 Antiquities Authority 이 유물관련자문위원회 Antiquities Advisory Board: AAB 와 협의를 거쳐 특정 유물이나 건축물, 구조물을 법정기념물로 제정할 수 있는 권한을 규정했다. 또한 이 법령에서는 법정기념물 지정 절차와 기간, 보상 조건 등을 상세히 제시하며, 고대유물판별국의 허가 없이는 대상지 내에서 발생하는 어떠한 개발, 건축, 철거 행위도 엄격히 제한한다는 내용도 담았다. 이 법령에 의하면 지정된 건축물에 대한 수선 또는 관리 권한을 제3자에게 양도할 수 있고, 필요에 따라 소요 비용 일부를 지원할 수 있다.

「도시재생국에 관한 법령」은 도시재생국의 설립과 함께 2001년 제정되었다. 이 법령은 홍콩의 도시재생사업에 관한 도시재생국의 권한과 사업 절차, 장기 비전 등을 담고 있다.

이 외에도, 법적인 강제성은 없지만 도시재생국이 자체적으로 수립하고 계획토지부 장관이 승인한 '도시재생전략 Urban Renewal Strategy: URS'은 홍콩에서 시행되는 모든 재생사업의 지침서 역할을 하며, 재생사업 추진이 가장 시급한 목표구역 설정과 계획 특성 및 재정 마련 방안 등을 정해놓고 있다. 또한 모든 도시재생사업은 홍콩의 법정도시계획인 '개략적 조닝계획 Outline Zoning Plan', '개발허가구역 Development Permission Area', '도시계획조례 Town Planning Ordinance'의 규정을 따라야 할 의무를 지닌다.

도시재생	가이드라인 및 전략	조례 및 법정계획
계획 수립	도시재생전략(URS)	개략적 조닝계획(Outline Zoning Plan_ 개발 허가구역(Development Permission Area) 도시계획조례(Town Planning Ordinance)
도시재생국(URA) 운영		도시재생국에 관한 법령(URAO)

⊙ 표 7-3 홍콩의 도시재생 관련 가이드라인 및 법정계획

5. 추진 주체

성완퐁 사업은 사업 기간 동안 다양한 분야에서 많은 관련 주체가 참여했는데, 사업을 전반적으로 총괄 감독하는 업무는 도시재생국이 담당했다. 도시재생국은 도시재생사업을 위한 '4R Redevelopment, Rehabilitation, pReservation, Revitalisation' 전략을 세워서 도시재생이 필요한 지역의 특성에 알맞게 각각의 전략을 적용한다. 설립 직후 도시재생국은 전신이었던 토지개발공사가 추진했던 사업을 대부분 이어받아서 진행하고 있었는데, 성완퐁 사업은 도시재생국이 설립된 후 자체적으로 수립한 보존전략이 적용된 첫 번째 재생사업으로서 큰 관심을 모았다. 도시재생국은 사업구역 지정, 성완퐁 외부 공공 공간과 웨스턴마켓 수선 및 지하철역 통기관의 전반적인 디자인 작업, 웨스턴마켓 수선·관리 업체 입찰, 사업시행과 관련한 최종 결정권 행사, 예산집행 등의 업무를 담당했다. 특히, 중서구 지역 재생사업에 자문을 제공하기 위해 도시재생국내에 조직된 중서구자문위원회 District Advisory Committee 는 시민 워크숍과 아이디어 공모전 개최를 계획하고 진행했다.

이와 함께 다양한 정부 기관의 협력 또한 필수적이었다. 고대유물및기념물판별부서와 유물관련자문위원회는 웨스턴마켓의 보존에 관한 대부분의 업무를 맡았다. 고대유물및기념물판별부서는 홍콩의 고대 유물 및 역사적 건축(구조)물의 보존 업무를 담당하는 고대유물판별국의 실무부서로서 법정기념물 지정과 관련된 전반적인 행정 업무를 담당했다. 유물관련자문위원회는 건축, 고고학,

역사학 분야의 외부 전문가로 구성된 자문위원회이며, 고대유물및기념물판별 부서가 소속된 내무국Home Affairs Bureau 에 기념물 지정에 관한 자문을 제공한다.

중서구 의회는 워크숍과 주민 협의를 통해 모은 지역 주민의 의견을 도시재생국에 전달하는 역할을 했고, 성완퐁 사업 계획안에 대한 최종 결정 과정에 참여했다. 또한 의회는 성완퐁 사업이 완료되자 성완퐁 광장을 비롯한 옥외 공공공간에 휴일마다 오픈 마켓을 열 수 있도록 행정 지원을 아끼지 않았다.

한편, 소방부Fire Service Department 에서는 대상지 내 응급 차량 진입로 확보에 대해, 구청은 주민과의 협의 방법에 대해, 구청 토지담당부서District Lands Office 는 대상지 내 토지 소유권과 토지 관련 법령에 대해 도시재생국에 자문을 제공했다. 또한 도로교통부Highways Department 는 보도블록을 교체하고 성완퐁 광장의 조경을 조성하는 일을 맡았다.

성완퐁 사업에는 정부 기관뿐만 아니라 민간 부문에서의 파트너십도 중요한 역할을 했다. 지하철공사MTR Corporation 와 전차공사HK Tramways Ltd 는 각각 지하철역 통기관 미화 작업과 트램역 정비 작업을 도왔고, 텔포드 레크리에이션 클럽은 도시재생국과 입찰을 통해 계약을 맺고 웨스턴마켓의 수선·관리 업무를 맡았다.

웨스턴마켓 상인회와 성완 지역 상인회도 워크숍과 회의에 참석해 상가 입점 조건 및 상점 테마 등을 협의했고, 성완 지역 시민과 이 사업에 관심 있는 전문가도 워크숍이나 공모전 등을 통해 재활성화사업과 관련한 아이디어를 제시했다.

6. 소요 예산

도시재생국에 의해 이루어지는 홍콩의 도시재생사업에 소요되는 예산은 정부의 간접적인 재정 지원(토지할증금 지불 면제, 무이자 대출, 세금 면제, 단계별 주식 투자 등)과 도시재생국의 자체적인 사업 운영에서 나오는 이윤 및 투자 이익, 채권 발행 등으로 이루어지며, 수복재개발사업을 제외한 상당수 재생사업은 별도의 정부 지원 없이 도시재생국 자체적으로 사업비를 충당한다. 사업 과정에서 자칫 개발이익이 큰 사업만 선택적으로 시행하는 일이 없도록 민간 개발회사들과의 파트너십을 적극적으로 유도하고 있다.

성완퐁 사업에 소요된 사업비는 총 약 3,000만 홍콩달러(당시 원화로 39억 원 상당)이며, 도시재생국과 도로교통부, 내무부, 중서구 의회가 공동으로 분담했다. 특히 도로교통부는 자체 예산으로 보도블록을 교체하고 광장을 조성했으며, 공중가로와 지하철역 통기관 미화 작업도 도시재생국 자체 예산으로 완성되었다. 성완퐁 사업 과정에서 각 정부 기관이 자체적으로 추진한 부분에 대해서는 현재 정확한 기록이 없는 상태다.

한편, 홍콩은 2011년부터 정부가 소유한 역사건축물을 적응적으로 재사용하기 위해 '역사건축물 재활성화를 위한 파트너십 제도 Revitalising Historic Buildings Through Partnership Scheme'를 시행하고 있으며, 이 제도를 통해서 비영리단체 Non-profit-making organizations 를 선정해 수선과 관리를 위임하고 필요한 수선 비용과 초기 관리 비용을 지급하고 있다.

7. 사업 성과 및 평가

성완퐁 사업은 물리적·사회적·경제적으로 매우 중요한 의의가 있다. 첫째, 성완퐁 사업은 성완 지역 일대에서 추진된 재생사업의 촉매 역할을 했다. 이보다 앞서 진행된 인근의 소규모 재개발사업들은 성완퐁 사업의 완료와 함께 성완 지역 재생사업에 대한 좀 더 완성된 그림을 제시했고, 성완퐁 사업이 끝난 뒤에도 중서구 의회는 성완 지역 재정비에 대해 지속적인 관심을 기울이며 지역재활성화사업 Neighbourhood Revitalisation Scheme 을 자체적으로 추진해나갔다.

둘째, 성완퐁 사업은 재개발과 달리 이 지역의 사회적·문화적 가치를 보존하는 데 비교적 성공한 것으로 평가된다. 사업 대상지 범위가 상당히 넓었는데도 웨스턴마켓 주변에 위치하던 특색 있는 전통 시장 골목(건어물상가 골목, 연와燕窩, bird's nest② 상가 골목)을 최대한 보존했고, 노후도가 너무 심해서 위생 관련 문제가 발생할 수 있는 일부 구역에 한해서만 주민을 이주·재정착시킴으로써, 기존의 사회적 네트워크와 역사적 전통성을 되도록 훼손하지 않으려 했다.

셋째, 성완퐁 사업은 점차 약화되어가던 상업중심지로서의 성완 지역의 정체성을 회복하는 데 기여했다. 이 사업을 통해서 웨스턴마켓 주변에 위치한 전통음식점과 상가는 활력을 되찾았고, 웨스턴마켓을 비롯해 성완재활성화사업의 주요 대상지였던 만모 사원文武廟, 쑨원 사적지中山史蹟徑 등과 같은 장소가 관광객들에게 알려지면서 지역경제도 더불어 활성화되었다. 또한 공휴일마다 웨스턴마켓 앞에 위치한 성완 프롬나드Sheng Wan Promenade에서 열리는 오픈 마켓은 전통적인 관광지와 더불어 성완 지역의 새로운 관광명소로 자리 잡았다.

넷째, 1991년 토지개발공사에 의해 추진된 웨스턴마켓 리노베이션 때와는 달리, 성완퐁 사업에서는 주민 참여의 기회가 한층 확대되었다. 이 사업에서는 대상지 조사와 계획안 수립 과정에서 주민이나 관계자의 의견이 다양한 방법(워크숍, 회의, 공모전 등)을 통해 제시·교류되었고, 도시재생국과 중서구 의회는 최종 의사 결정 단계에서 이러한 주민 의견을 최대한 반영하기 위해 노력했다. 성완퐁 사업이 시작된 2000년대 초반은 재생사업의 계획 과정에서 주민 참여가 보편화되어 있지 않은 시기였기 때문에, 성완퐁 사업에 적용된 이러한 주민 참여 과정은 이후 이어진 다른 재생사업에 좋은 본보기가 되었다.

---

② 연와란 제비와 비슷한 새인 금사연(金絲燕)이 자신의 침 분비물을 사용해 동굴 등에 만든 둥지로서, 고급 중화요리에 널리 쓰인다.

8. 시사점

한국의 실정에 비추어 볼 때, 홍콩 웨스턴마켓과 성완퐁 재생사업에서 얻을 수 있는 시사점은 다음 두 가지로 요약해볼 수 있다.

첫째, 높은 역사적 가치를 지닌 단일 건축물을 보존해야 할 경우, 건축물 보존 자체에만 초점을 둘 것이 아니라, 주변 지역을 함께 연계해 재생 또는 재활성화함으로써 보존된 역사·문화 건축물의 가치를 주변 지역으로 확대해야 한다. 성완퐁 사업은 웨스턴마켓을 성완 지역 재활성화의 구심점anchor으로 정하고, 주변 지역 재활성화의 모티브를 새롭게 수선된 웨스턴마켓에서 차용해 다양한 부분에 적용했다. 이와 동시에 각각의 장소들이 원래 가지고 있던 전통적 특징을 최대한 변형하지 않고 웨스턴마켓과 함께 이 지역의 역사적 가치를 더욱 풍부하게 하는 요소로 적극 활용했다.

둘째, 재생사업을 계획하는 과정에서 주민 참여의 기회를 확대하고, 이용자의 입장에서 제시되는 의견을 적극적으로 최종 계획안에 반영해야 한다. 요즘 한국에서도 도시계획 과정에서의 주민 참여의 중요성이 점차 강조되고 있지만, 주민 참여 과정에서 행정 인력이나 예산이 지나치게 많이 소요되거나 사업이 지연되는 등 문제가 있어 모든 사업에 워크숍이나 공모전과 같은 전문적인 주민 참여 과정을 포함하는 것은 사실상 불가능하다. 그러나 최소한 역사건축물 보존 또는 역사건축물과 연계된 재생사업에서는 시민과 관계자의 폭넓은 참여를 통해 도출된 공통의 문제 인식에서 아이디어를 찾아 활용하는 것이 효과적이다. 역사건축물은 그 주변에 사는 주민뿐만 아니라 그 도시에 사는 모든 시민의 공공 자원으로 인식되기 때문에 시민들의 더욱 활발한 참여를 유도할 수 있고, 이러한 과정이 역사건축물에 대한 시민의 참여 의식과 보존 의식을 효과적으로 이끌어낼 수 있을 것이다.

제 3 부

커뮤니티를 활용한 도시재생

제8장

독일 베를린의
마을 만들기

사회통합적 도시재생 프로그램을
활용한 문화재생

김인희 | 서울시정개발연구원 연구위원

© abbilder(flickr.com)

베를린 시 주택의 40% 이상이 지은 지 60년이 넘은 노후한 주택이지만, 시민들은 새집보다는 잘 수리된 오래된 집을 선호한다. 산업도시인 베를린의 노후한 공장 및 창고시설은 새로운 문화·업무 공간이나 주거 공간으로 재활용되고 있다. 오래되고 낡았다는 이유만으로 버리지 않고 현대적 여건에 맞추어 재활용하는 문화는 단지 경제성이나 환경의 중요성 때문만은 아니다. 한순간의 복고풍 유행은 더더욱 아니다. 이는 새것만큼이나 오래된 것의 가치를 찾는 훈련과 시행착오의 결과다. 베를린은 지난 20세기 후반까지 다양한 문화와 가치가 공존하는 것이 지속가능한 도시의 전제조건이라는 것을 스스로 습득하고 실현해왔다.

21세기에 접어들면서 베를린은 주민과 함께 도시를 만들어가는 재생정책을 시도하고 있다. 도시 전체보다는 동네 그리고 건축물보다는 공동체에 초점을 맞추고, 공공이 주도하기보다는 주민과 함께 하며, 대형 프로젝트보다는 재생이 꼭 필요한 곳에 맞춤형 지원을 제공하고, 가시적 성과를 목표로 하기보다 지역의 구조적 문제를 해결하는 데 집중하는 문화가 형성되고 있다. 도시의 글로벌 경쟁력 강화, 이벤트 중심의 도시 이미지 제고, 입체·복합 개발 등이 주를 이루는 도시개발 환경에서 주목할 만한 새로운 계획문화다.

베를린은 오래된 가치를 인정하고 새것과 조화롭게 공존하는 방법뿐 아니라 도시의 주인이 누구이고 누가 어떻게 도시를 만들어가야 하는지를 이미 알고 실행에 옮기는 듯하다. 특히 우리가 주목할 점은 도시 전체의 공감을 바탕으로 체계적으로 함께 도시를 만들어가고 있다는 것이며, 보여주기 위한 도시보다 스스로가 만족하는 도시를 추구한다는 점이다.

© roger4336(flickr.com)

개요

베를린은 독일의 동북부에 위치한 통일 독일의 수도다. 인구는 동·서베를린을 합해 345만 명이며, 행정구역 면적은 892km² 규모로서 유럽의 대표적인 대도시 중 하나다. 베를린은 13세기 초 형성되기 시작해 19세기 중반 이후 도시화와 산업화 과정을 거치며 점차 오늘날의 모습으로 변화했다. 베를린은 20세기 초반까지 독일의 수도로서 급속히 성장했다. 그러나 세계대전 이후 1989년까지 베를린은 동서로 분단되어, 동베를린은 동독의 수도, 서베를린은 장벽으로 가로막힌 도시로서 제한적인 발전을 이루었다. 통일 이후 독일의 수도가 되고 나서는 그동안의 개발 및 정비 수요가 한꺼번에 도시 전체에 나타나면서 각종 도시개발·재생사업이

⊙ 베를린의 위치
자료: NordNordWest, 2008(Wikipedia)에서 재구성.

추진되었다. 이를 통해 도시계획, 건축, 문화·예술, 교통, 환경·생태 등 각 분야에서 다양하고 새로운 시도가 이루어지면서 베를린은 21세기 유럽에서 주목받는 대도시로 다시 한 번 발돋움하고 있다.

도시재생 연혁

베를린의 도시재생은 19세기 후반으로 거슬러 올라간다. 당시 재생의 초점은 노후·불량한 기성시가지의 전면 정비 및 공공임대주택의 공급 등에 맞춰져 있었다. 그러나 실제로 도시정책은 대부분 기성 도시 외곽의 신도시 개발 위주로 추진되었다.

전후 도시재생은 경제성장의 가속화와 맞물리면서 전면 철거형 정비 방식으로 추진되었다. 도심에는 업무용 고층 빌딩이 건설되었고, 노후한 주거지에는 단지형 아파트로 들어섰다. 이러한 방식은 1970년대 이후 '성장의 한계', '환경운동', '지역성과 정체성의 부각' 등 사회적·경제적 여건이 변화하면서 더는 지속되기 어려워졌고, 이로써 새로운 계획문화가 나타나기 시작했다.

1980년대 이후 정체성과 지역성, 주민 참여 등 새로운 사회문화적 변화를 도시재생과 구체적으로 접목한 신중하고 조심스러운 재생이 시도되었다. 이러한 계획문화는 21세기에 접어들면서 사회문화적 통합, 공동체 복원, 지역 주민의 마을 만들기 등으로 지속적인 진화 과정을 거치면서 발전되고 있다.

1. 독일의 새로운 도시재생정책: 사회통합도시

1' 1. 도입 배경

독일에서는 1980년대 이후 사회공간적 분화에 따른 양극화 현상이 본격적으로 나타나기 시작했다. 이는 탈산업화, 정보산업의 발달, 경쟁 심화에 따른 규제 완화 등으로 발생한 사회·경제구조의 재편성에 기인한다. 사회공간의 분화현상은 주거지역에서 심각하게 나타난다. 소득이 있고 가족이 있는 중산층 이상은 낙후된 시가지에서 빠져나가고 저소득층이나 외국인이 문제지역으로 유입되면서 기성 시가지를 중심으로 점적인 슬럼화 현상이 나타나기 시작했다. 슬럼지역은 건축물의 노후화나 공가의 증가, 공원 등 근린생활시설의 부족, 범죄 및 실업률의 증가 등 사회적·경제적 문제와 물리적 문제가 복합적으로 나타나고 있다. 무엇보다도 심각한 것은 이웃 간 또는 인종 간 갈등, 소속감 상실, 마약과 범죄의 증가 등 지역공동체의 해체다.

1990년대 통일 이후 독일에서 나타나는 도시문제는 도시 내의 문제에 그치지 않고 국가 전체의 구조적인 문제로 나타나기 시작했다. 경제성장률이 높고 인구가 증가하는 이른바 '잘나가는' 남부 독일과 제조업의 쇠퇴, 외국인의 증가, 실업률의 증가 등 구조적인 문제를 안고 있는 구동독 및 북부 독일의 지역 간 격차 문제도 도시재생의 대상이 되기 시작한 것이다.[①] 이와 더불어 도시와 농촌, 대도시와 중소도시 간 격차도 중요한 문제로 제기되었다.

도시재생에서 근본적으로 제기되는 문제는 인구 감소다. 특정 도시 및 지역을 제외하고는 대부분 지역에서 인구 감소 현상이 지속적으로 나타났다. 독일의 출산율은 이미 1970년대부터 사회 유지에 필요한 출산율의 3분의 1 이하로

---

① 구서독의 지역 간 격차는 이미 1980년대부터 남북 격차(Nord-Süd-Gefälle)로 나타나기 시작했다.

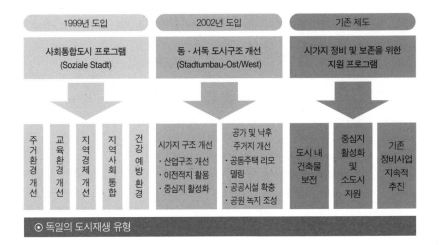

1999년 도입	2002년 도입	기존 제도
사회통합도시 프로그램 (Soziale Stadt)	동·서독 도시구조 개선 (Stadtumbau-Ost/West)	시가지 정비 및 보존을 위한 지원 프로그램

| 주거환경개선 | 교육환경개선 | 지역경제개선 | 지역사회통합 | 건강예방환경 | 시가지 구조 개선
·산업구조 개선
·이전적지 활용
·중심지 활성화 | 공가 및 낙후 주거지 개선
·공동주택 리모델링
·공공시설 확충
·공원 녹지 조성 | 도시 내 건축물 보전 | 중심지 활성화 및 소도시 지원 | 기존 정비사업 지속적 추진 |

⊙ 독일의 도시재생 유형

떨어지고 있다(BMVBS, 2005: 7). 향후 2020년까지 인구 변화를 예측한 자료에 따르면, 구동독지역과 서독의 루르Ruhr 공업지역을 중심으로 인구 감소 현상이 뚜렷하게 나타난다. 이러한 인구 감소 문제는 대도시권보다 중소도시나 농촌지역에서 심각하게 발생하고 있으며, 이는 앞으로도 지속될 것으로 예상된다.

기존의 양극화, 지역공동체 해체, 슬럼지역 증가 등 도시 내 문제뿐 아니라 인구 감소, 지역 간 격차 심화 등 구조적인 문제까지 대두하면서 독일은 재생정책에 대한 새로운 방향을 설정해야 했다. 도시재생이 도시 내 주거지나 중심지의 물리적 문제를 해결하는 데 머물러서는 안 되며 독일 전역에 걸친 구조적 문제를 해결하는 데 초점을 맞춰야 한다는 점을 인식하기 시작한 것이다. 도시재생의 방향은 도시 내의 문제에서 도시 간, 지역 간, 국토 차원의 문제, 물리적 환경 개선에서 사회·경제 및 문화·복지 분야로, 공공 주도에서 주민과 공동체로 전환되기 시작했다. 이러한 배경하에 1996년 독일 16개 주 정부Landesregierung의 건설·교통·주택 분야의 장관이 새로운 도시재생의 돌파구를 찾기 위해 사회통합도시Soziale Stadt 프로그램의 도입을 공동으로 제안했다. 이를 바탕으로 낙후지역의 쇠퇴 현상을 막고 생활 여건을 개선하는 내용을 담은 사회통합도시 프로그램이 1999년부터 추진되기 시작했다.

구분		내용
도시재생	정비사업	정비구역의 물리적 구조는 유지하면서 기능과 토지 이용을 개선하는 방식
	도시재건축	특정한 토지 이용을 위해 물리적 구조 및 용도지역 변경 등 대상 지역의 구조를 전환하는 방식

◉ 표 8-1 독일의 도시재생 방식

1' 2. 기존 도시재생과 사회통합도시와의 관계

독일에서 도시재생 Stadterneuerung 은 대상지 및 방식에 따라 정비사업 Sanierung 과 도시재건축 Stadtumbau 으로 구분된다. 정비사업과 도시재건축은 가장 보편적이고 오랫동안 사용된 도시재생이다.

그중 정비사업은 노후하고 낙후된 시가지를 대상으로 기존의 토지 이용 및 기능을 유지하면서 물리적 환경을 개선하는 방식이다. 이때 물리적 환경 개선에서는 1980년대까지 전면 정비방식이 적용되었으나, 1990년대에 접어들면서 기존 인구사회 및 물리적 구조의 가치를 인정하게 되면서 '신중하고 조심스러운 도시재생 Behutsame Stadterneuerung' 방식이 주로 활용된다. 정비사업은 주거지 및 중심지 등을 대상으로 물리적 개선을 할 뿐 아니라, 시가지 내 역사적·문화적 가치가 있는 건축물이나 지역을 대상으로 하기도 한다. 이때에는 건축물 및 특정한 문화를 간직한 지역을 유지하고 보존하는 프로그램의 개발이 주요 과제가 된다. 정비사업 전체 예산의 약 30% 정도가 역사적·문화적 대상지에 대한 유지·관리 및 보존에 지원된다.

도시재건축은 도시구조의 변화, 새로운 토지 이용의 요구 등 급격한 여건 변화에 대응하기 위해 토지 이용 및 기능을 전면적으로 조정하는 방식이다. 이 경우 필지구조 및 용도지역뿐 아니라 토지 소유자나 거주민의 구조까지 바뀌는 경우도 발생한다.

1' 3. 제도적 근거

사회통합도시 프로그램은 '도시발전을 위한 공공투자 프로그램Investitionsprogramm der Städtebauförderung'으로서 공공투자의 법적 근거는 독일 헌법Grundgesetz 104b항에 규정되어 있다. 여기에는 연방정부Bund가 자치단체와 주 정부에 재정을 지원할 수 있는 근거와 이러한 재정 지원이 한시적이고 시간이 경과할수록 지원금이 줄어드는 성격임이 명시되어 있다.

사회통합도시 프로그램이 지역 및 도시 차원에서 작동되기 위해서는 공간정책으로서의 제도적 근거가 마련되어야 한다. 이를 위해 2004년 독일 건설법전BauGB 171e항에 사회통합도시 프로그램을 활성화할 수 있는 조건을 추가로 삽입했다. 건설법전 107a~107d항에서는 물리적인 낙후지역에 대한 정비사업의 조건을 명시하고 있으며, 2004년 사회통합도시에 대한 조항이 삽입되면서 사회경제적인 문제도 도시재생의 중요한 요소로 포함할 수 있게 되었다. 171e항에는 "사회통합도시는 낙후지역이 지속적으로 개선되어 정상적인 상태로 될 수 있도록 지원해주어야 한다"라고 명시되어 있으며, 지정 조건은 "사회경제적으로 낙후하고 쇠퇴한 지역"으로 규정되어 있다.

사회통합도시 프로그램이 추진되려면 연방정부와 주 정부 및 16개 주 정부 간의 원활한 협의·조정이 필요하다. 이러한 행정절차 및 합의절차와 관련해 「도시재생 촉진을 위한 행정계약Verwaltungsvereinbarung-Städtebauförderung」에서는 재정 지원 규모 등에 관한 사항을 규정하고 있다.

한편, 사회통합도시 프로그램의 구체적인 추진을 위해 건설 관련 장관회의에서는 관련 기준(지역사회 공동체 형성을 위한 가이드라인Leitfaden zur Ausgestaltung der Gemeinschaftsinitiative Soziale Stadt)을 마련했다. 이 가이드라인에서는 주민 참여 방식, 주민 통합, 지역경제 활성화, 교육, 건강, 주거 등과 관련한 분야에 대한 목표, 추진 내용, 전략, 지원 범위 등을 제시한다.

1. 헌법(Grund Gesetz) : 정부의 재정 지원 근거 제시	· 사회통합도시 프로그램은 '공공투자 프로그램'으로서 공공투자의 법적 근거는 헌법 104b항에 명시 · 삶의 질 보장과 지역균형발전 유지라는 목적 · 연방정부가 주 정부와 지자체에 지원할 수 있는 근거 제시 · 재정 지원이 한시적이고 시간이 경과할수록 줄어드는 성격
2. 건설법전(BauGB) : 공간정책 추진 근거 마련(171e항 신설)	· '사회경제적으로 낙후된 지역'이라는 내용 추가(2004년) · 기존 107a~107d항에는 물리적 낙후지역에 대한 조건 명시
3. 행정계약 : 합의 및 조정에 관한 행정절차의 근거 제시	· 사회통합도시 프로그램은 연방정부와 16개 주 정부 간 협의·조정을 전제로 함 · 「도시재생 촉진을 위한 행정계약」에서 합의절차, 조건, 재정 지원 규모 등을 규정하고 운영
4. 사업 추진을 위한 가이드라인 : 목표, 지원 내용, 추진 전략의 지원 근거	· 사회통합도시 프로그램의 원활한 운영을 위해 주 정부의 건설 관련 장관이 참석한 회의에서 공동으로 기준을 마련하고 운영 · 주요 내용은 주민 참여 방식, 주민 통합, 지역경제 활성화, 교육, 건강, 주거에 관한 목표, 추진 내용, 전략, 지원 범위 등

⊙ 사회통합도시 프로그램의 제도적 근거

1' 4. 재정 지원

독일의 대표적인 재생방식인 정비사업과 도시재건축사업은 독일에서 가장 중요하고 대표적인 재생수단이다. 연방정부가 재생사업에 지원하는 예산의 49%가 정비사업 및 도시재건축사업 등에 지원되고, 33%는 동·서독의 중소도시 재건프로그램Stadtumbau Ost/West②에 지원된다. 비물리적 분야인 사회문화적 구조 개선을 위해 1999년에 도입된 사회통합도시 프로그램에는 전체 예산의 약 17%가 투입되어 운영된다.

---

② 독일 통일 이후 급격한 실업률 증가와 인구 감소 현상으로 시가지 쇠퇴가 심화되기 시작했다. 이러한 현상은 특히 구동독의 도시에서 심하게 나타났으며, 이를 해결하기 위한 특별한 정책 추진이 필요했다. 이에 연방정부는 2002년 '구동독의 도시구조 개선(Stadtumbau)' 프로그램을 도입해 자치단체 스스로 해결할 수 있도록 지원하기 시작했다. 2004년 이후부터는 이를 서독의 쇠퇴하는 도시에도 적용하여 '서독 도시구조 개선(Stadtumbau-West)'으로 추진하고 있다.

구분	2004년	2005년	2006년	2007년	2008년	2009년	2010년
사회통합도시	7,300만	7,100만	1억 1,000만	1억 500만	9,000만	1억 500만	9,500만
동·서독 도시재건	1억 3,900만	1억 7,700만	1억 6,600만	1억 8,500만	1억 6,300만	2억 1,700만	1억 8,100만
기존 도시재생사업	2억 7,800만	2억 7,400만	2억 7,000만	2억 5,000만	2억 5,200만	2억 4,800만	2억 5,900만
계	4억 9,000만	5억 2,200만	5억 4,600만	5억 4,000만	5억 500만	5억 7,000만	5억 3,500만

⊙ **표 8-2** 연방정부가 주 정부에 지원하는 도시재생 관련 연도별 예산 분포(단위: 유로)
주: 기존 도시재생사업에는 정비사업, 재건축사업, 역사문화지구 및 건축물 보존 등이 포함됨.
자료: BMVBS(2004~2010)에서 재구성.

사회통합도시 프로그램에는 연방정부뿐 아니라 주 정부와 지방정부가 공동
으로 예산을 지원하고 있다. 1999년부터 2007년까지 사회통합도시 프로그램은
독일 전체 500여 곳에 지원되었으며, 지원액은 20억 유로[3]을 상회한다. 주체별
재정 지원 비율을 살펴보면, 연방정부가 전체의 3분의 1을 지원했고, 주 정부와
자치단체에서 각각 3분의 1씩 지원했다.

2006년에는 청소년 및 교육정책, 지역경제 활성화, 건강, 외국인 통합 등 비
물리적 분야에 대한 지원 프로그램인 '사회지원 모델사업Modellvorhaben'을 추가
로 도입해 운영하고 있다. 이에 따라 2007년부터는 매년 4,000만 유로의 예산
을 증액해 지원하고 있다. 한편, 2007년부터 유럽연합에서 새롭게 도입된 유럽
연합 지원 프로그램에 따라 2013년까지 1억 6,400만 유로의 예산이 추가로 지
원된다(BMVBS, 2008: 12).

사회통합도시 프로그램을 더욱 조직적이고 체계적으로 운영하고 지속적인
모니터링을 통해 효과적으로 관리하기 위해 독일도시연구소Deutsche Institute für
Urbanistik: Difu를 전담 기구로 설정했다. 독일도시연구소는 2003년 2월 이후 사
회통합도시 프로그램을 전담하는 기구로서, 사회통합도시 프로그램이 적용된
각 대상 지역에 대한 프로그램 추진 경과, 결과, 정보 등을 취합하고 모범 사례

---

[3] 1유로를 1,550원으로 하여 환산하면 약 3조 1,000억 원에 해당한다.

를 전달하는 역할을 맡고 있다. 또한 워크숍, 세미나, 관련 학술연구 등을 정기적으로 추진해 프로그램의 질을 지속적으로 향상하는 데 기여하고 있다.

1' 5. 시범사례

1999년 사회통합도시 프로그램이 처음 시작되었을 때는 124개 자치단체에서 161개 사례지역이 선정되었다. 시범사례지역은 대도시, 중도시, 소도시 등 도시 규모뿐 아니라 도시지역과 농촌지역 등 지역의 성격에 따라서도 구분해 선정했다. 2009년에는 355개

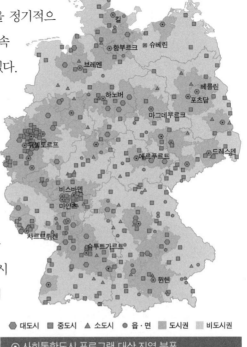

● 대도시　■ 중도시　▲ 소도시　● 읍·면　▨ 도시권　▨ 비도시권

⊙ 사회통합도시 프로그램 대상 지역 분포
자료: BBSR(2010)에서 재구성.

자치단체에서 571개 사례지역이 선정되어 초기에 비해 3배 이상 확대되었다.

2. 베를린의 마을 만들기 사례

2' 1. 개요

베를린은 1990년 독일 통일 이후 제조업 기반 산업구조 쇠퇴, 실업률 급증, 기초생활수급자 및 외국인 증가, 노후주택 수와 공가율 증가 등 도시문제가 다른 도시보다 훨씬 심각한 수준이었다. 일부 지역은 도로, 공원 녹지, 광장 등 기

반시설이 부족하거나 관리가 되지 않아 각종 범죄 등 슬럼화 현상이 가속화되는 상황이었다. 베를린 시는 이러한 낙후지역의 환경을 개선하고자 각종 정비 및 개발사업을 추진했으나, 공간의 분화 및 양극화 현상은 더욱 심화되었다.

이러한 배경하에 베를린 시는 1999년 '마을 만들기Quartiersmanagement'④라는 근린생활권 단위의 사회통합적 재생 프로그램을 도입했다. 베를린 시는 마을 만들기 프로그램을 당시 연방정부와 주 정부가 공동으로 추진하고 있던 사회통합도시 프로그램의 틀에서 운영하고 있다. 마을 만들기의 도입으로 기존의 물리적 시설 위주의 개선 방식에서 지역공동체를 강화하고 공원 및 녹지 등 환경을 개선하는 소프트웨어 위주의 개선 프로그램으로 도시재생 패러다임을 전환하게 된 것이다.

마을 만들기의 목표는 공동체 활성화 및 마을환경 개선이며, 중요한 것은 이러한 사업을 주민 스스로가 기획하고 예산을 결정하며 자치위원회가 심의해 진행한다는 것이다. 마을 만들기는 지역 공동의 목표를 주민 스스로 설정하고 지속적 참여해 공동체를 강화해가면서 사업을 추진하는 프로그램이다. 마을 만들기는 결과보다 과정이 중요하다. 마을 만들기가 제대로 작동하기 위해서는 다음과 같은 여러 가지 다양한 요소가 필요하다.

- 마을 만들기의 핵심적인 요소로서 마을 만들기 팀 구성
- 분야별 전문가 및 단체를 통합적으로 연계해주는 행정조직
- 마을 단위를 포괄하는 생활권 발전계획 및 실현전략 수립
- 사업 및 예산 확정 등 주요 내용을 결정하는 마을협의회(Quatiersräte) 구성

---

④ Quartier는 도시 내에서 역사적·사회적·행정적·도시계획적 등 동일한 성격을 지닌 지역을 의미한다. Quartiersmanagement는 지역공동체를 강조하는 공간적인 개념으로 지역 만들기, 동네 만들기, 마을 만들기 등으로 의역할 수 있다. Quartiersmanagement의 내용과 구성 등이 서울에서 최근 추진하고 있는 마을 만들기의 사례와 유사하므로 여기서는 '마을 만들기'라는 용어를 사용한다.

· 주민의 지속적인 참여 여건 마련 및 자원봉사 의지

· 다양한 교육 및 취업 프로그램

2' 2. 사례지역의 지정 현황

베를린 시는 1999년 사회경제적으로 심각한 문제가 있는 지역 15곳을 마을 만들기 시범운영지역으로 처음 선정했으며, 2001년에 2곳을 추가로 지정했다. 시범 프로그램은 당시 한시적으로 3년간 운영하기로 했으나, 이후 2004년까지 2년 연장했다. 마을 만들기의 시범사례가 성공적인 성과를 보이면서 기간을 2006년까지 또다시 연장하게 되었다.

2010년 현재 베를린의 마을 만들기 대상지는 총 34곳이다. 대상지의 전체 주민 수는 39만 4,000여 명으로 늘어났고, 단위 개소별로 평균 주민 수는 2,900명에서 최대 2만 4,000여 명에 이른다. 사례지역은 전체 2.2ha이며, 이는 베를린 시 전체 면적의 2.5%에 해당한다. 대상지의 외국인 비율은 28.7%(11만 2,665명)로, 이는 베를린 전체 평균 14.0%의 두 배 이상이다. 기초생활수급자 Bezieher von Transfereinkommen 비율과 실업률은 각각 36.3%와 10.0%로, 베를린 평균인 19.8%와 6.5%를 훨씬 상회한다.

마을 만들기는 지역 및 생활권의 환경 개선뿐 아니라 다양한 교육 기회 제공, 사회문화적 통합, 공

⊙ 베를린 34개 마을 만들기 사례지
자료: www.stadtentwicklung.berlin.de

동체 활성화 등의 긍정적 효과가 나타나면서 사회 전반적으로 큰 호응을 얻었다. 이러한 성과에 힘입어 마을 만들기 목표를 기존의 '공동체 활성화와 마을환경 개선'에서 한 단계 업그레이드해 '교육과 일자리 창출을 통한 삶의 질 개선'으로 조정했다.

2' 3. 운영체계

베를린 시에서 운영하는 마을 만들기 프로그램은 연방정부와 주 정부가 공동으로 추진하고 있는 사회통합도시 프로그램을 근거로 한다. 사회통합도시 프로그램은 도시 내 낙후지역 중에서 특별히 개선이 필요한 지역을 선정해 연방정부와 주 정부가 예산을 지원하는 것이다. 이때, 공동체가 해체된 지역이나 경제적 여건이 개선될 가능성이 없는 지역 등 구조적으로 회복이 불가능한 지역을 대상으로 예산이 지원된다.

연방정부의 사회통합도시 프로그램을 베를린에서는 대도시의 특성을 반영해 마을 만들기라는 프로그램으로 운영하고 있다. 베를린에서 운영하는 마을 만들기 프로그램의 대상지 선정에서는 다음과 같은 지표가 기준이 된다.

- 주거지 및 주거환경 관련 기반시설 부족 심화
- 경제구조의 정체 및 침체 심화
- 공가율 및 공실률 증가
- 실업률, 실업자 비율, 기초생활수급자 수 증가
- 외국인 이민자 비율 증가
- 중산계층의 유출 비율 증가

마을 만들기는 주민이 스스로 참여하고 결정하는 것이 원칙이다. 공공은 예산 지원 및 모니터링 등 프로그램을 지원하고 관리하는 역할을 맡는다. 마을 만

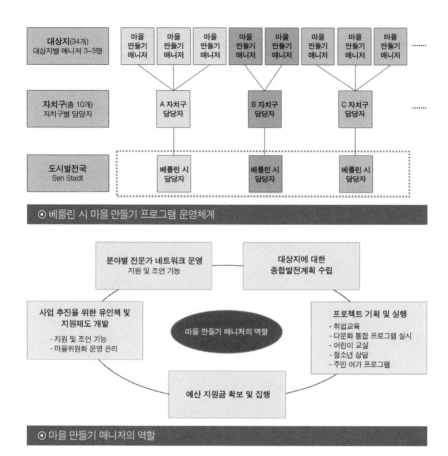

⊙ 베를린 시 마을 만들기 프로그램 운영체계

⊙ 마을 만들기 매니저의 역할

들기가 원활하게 운영되려면 추진 주체인 주민과 관리 주체인 공공을 연결해주고 프로그램을 기획하며 갈등을 조정할 수 있는 여건을 조성하는 제3의 주체가 필요하다. 이를 위해 베를린 시는 사례지역마다 현장사무소를 설치하고 3~5명 정도의 마을 만들기 매니저Quartiersmanager를 상주시키면서 프로그램을 총괄하게 한다.

  마을 만들기 매니저는 사례지역에 대한 종합발전계획을 수립하고, 분야별 전문가 네트워크를 구축·운영하며, 예산 지원금 확보·집행을 지원하고, 사업 추진을 위한 활성화 방안을 마련하는 등의 역할을 한다. 이와 더불어 매니저의 주요한 역할 중 하나는 동네에 필요한 프로젝트를 주민과 함께 기획하고 조정하면서 추진해나가는 것이다. 매니저는 담당 자치구 및 베를린 시와 소통하면서 프로그램을 모니터링하고 문제점 발견 시 개선 방안을 찾는다. 최근 마을 만들기 매니저의 역할이 더욱 중요해지면서 매니저의 질적 향상을 위해 정기적으로 매니저를 대상으로 한 재교육 프로그램을 시행하고 있다.

2' 4. 마을협의회

마을협의회 Quartiersräte 란 베를린에서 주민이 마을 만들기에 관한 중요한 사항을 직접 협의하고 결정하는 기구다. 마을협의회는 베를린 시에서 2000년도에 시범적으로 추진한 '백만 마르크로 마을 만들기' 프로젝트를 실행하는 과정에서 만들어졌다. 주민이 시범 프로젝트를 직접 기획하며 예산 규모와 지원 대상을 협의하고 심의하기 위해 '마을협의회'라는 위원회를 설치한 것에서 유래한다.

마을 만들기 프로그램의 원활한 진행과 성공적인 추진을 위해 마을협의회 운영지침 Rahmen-Geschäftsordnung für Quartiersräte in Gebieten der Sozialen Stadt Berlin 을 시 정부에서 마련해 프로그램 운영에 적용하고 있다. 이에 따르면 협의회는 최소 2달에 1회 이상 공식적인 모임을 열어야 하며 이는 비공개로 진행한다. 논의 주제와 범위에 따라 모임 횟수는 조정할 수 있고, 평균 1년에 9~12회 정도 회의를 연다. 회의 결과가 효력을 발하려면 전체 위원의 최소 75% 이상이 회의에 참가해야 한다. 회의 시간은 2~3시간 정도 소요되며, 대부분 마을 만들기 매니저가 주관하고, 회의 내용은 기록해 인터넷 등으로 공개한다.

마을협의회는 대상지에 거주하는 일반 주민과 전문가 그룹으로 구성된다. 일반 주민은 대상지에 주민등록이 되어 있는 사람에 한하며, 지역의 권익을 대표하는 전문가 그룹은 청소년, 교육, 가족, 노인, 상업, 주택사업자, 임대자 등을 대변하는 각종 단체로 구성되어야 한다. 마을협의회에서 일반 주민은 전체 구성원의 최소 51% 이상을 차지해야 하고, 각종 단체 등 전문가 그룹은 최대 49%

성별		국적별		주체별		
남	여	독일	이민자	주민	기관 대표	상공인
49	51	68	32	61	36	3

⊙ 표 8-3 마을협의회 인구 유형별 구성 분포 (단위:%)

까지 가능하다. 실제로 마을협의회의 단체를 유형별로 보면 청소년을 대표하는 그룹이 전체 단체 중 38%로 가장 큰 비율을 차지하고, 이웃 공동체를 대표하는 집단이 35%, 주택사업자 그룹이 9%, 교육 관련 분야 및 고용·경제 분야가 각 7%를 차지한다.

마을협의회는 지역의 규모와 주민 수에 따라 15~30명으로 이루어지며, 인구 1,000명당 1인 선정을 원칙으로 한다. 마을협의회 구성 시 남녀 비율은 비슷해야 한다. 마을협의회 유형별 구성 비율을 보면, 여성 비율은 51% 정도로 남성보다 약간 높게 나타난다. 또한 여성이 남성보다 장기간에 걸쳐 지속적으로 참여하는 특징을 보인다. 참여 주체별 비율을 보면 일반 주민이 약 61%를 차지하고, 각 기관을 대표하는 단체가 36%, 상공인 협회가 3% 정도를 이룬다. 마을 만들기 대상지에서는 일반적으로 이민자 등 외국인 비율이 상대적으로 크며, 이에 따라 외국인이 협의회에 참여하는 비율도 전체의 30% 이상으로 나타난다.

2' 5. 예산

베를린의 마을 만들기 프로그램은 지난 12년간(1999~2010년) 총 2억 1,000만 유로의 예산이 투입되었다.[5] 이 중 연방정부의 사회통합도시 예산이 전체의 18%인 3,830만 유로, 유럽연합에서 지원하는 지역개발기금EFRE이 전체의 35%인 7,550만 유로, 베를린 시 정부에서 지원하는 기금이 전체의 47%에 해당하는

---

⑤ 1유로를 1,550원으로 환산하면 약 3,255억 원에 해당한다.

주체	기간	지원금(유로)	비율(%)
연방정부	1999~2010년	3,830만 유로	18%
유럽연합 지역개발기금	2000~2010년	7,550만 유로	35%
베를린 시	1999~2010년	9,670만 유로	47%
전체	1999~2010년	2억 1,050만 유로	100%

⊙ 표 8-4 마을 만들기 주체별 지원 현황(1999~2010년)
자료: http://www.quartiersmanagement-berlin.de/Programmfinanzierung.2718.0.html

9,670만 유로다.

베를린 시는 예산을 효율적이고 체계적으로 운영하기 위해 프로젝트의 규모와 성격에 따라 5개의 유형을 구분해 차등적으로 관리한다. 예산 지원은 동네 주민과 전문 단체로 구성된 심의위원회와 마을협의회가 결정한다. 단, 5만 유로 이상의 예산이 투입되는 대규모 사업은 심의위원회와 시가 공동으로 결정한다.

마을 만들기 기금Quartiersfonds: QF 중 QF1은 가시적 성과가 신속하게 나타날 수 있는 사업으로서 1,000유로 미만의 소규모 프로젝트에 지원된다. 예를 들어, 이웃 간의 공동체 활성화 및 지역문화 육성 등 규모가 작고 주민이 별다른 준비와 기반시설 없이 추진할 수 있는 사업이다. QF1은 소규모로서 주민이 직접 결정할 수 있는 예산이다. 예산 지원의 결정은 주민과 지역 전문가로 구성된 심의위원회Vergabebeirat에서 담당한다.

QF2는 지역의 현안 과제 및 구조적인 문제를 해결하기 위한 프로젝트에 지원되며, 1,000~1만 유로 범위 내에서 운영된다. QF3는 QF2와 유형은 같지만 예산 규모가 1만~5만 유로로 늘어나며 최대 3년까지 지원이 가능하다는 점에서 차이가 있다. QF2와 QF3에 해당하는 프로젝트는 마을협의회에서 심의해 결정한다.

QF4와 QF5는 마을공동체 활성화와 관련된 물리적인 토목건축사업이나 도시 전체에 영향을 주는 시범사업에 지원되며, 최소 5만 유로 이상을 최대 2년간 지원할 수 있다. QF4의 지원은 마을협의회의 참관하에 자치구가 심의하고 결

유형	지원조건	지원액(유로)	결정주체
QF1	단기적 사업	~1,000	심의위원회
QF2	마을 및 지역 단위의 공동체 및 지역	1,000~1만	마을협의회
QF3	문화 활성화 관련 사업	1만~5만	마을협의회
QF4	대규모 물리적 사업 또는 시범사업	5만 이상	마을협의회 참관하에 자치구가 결정
QF5	으로서 마을 단위를 넘어서는 규모	5만 이상	베를린 시

정한다. QF5는 특별한 경우로서 특별 자문단과 시 차원의 심의 과정을 거쳐 결정되며 지원 규모는 프로젝트 성격에 따라 결정된다.

2' 6. 모니터링

1999년 이후 추진된 마을 만들기 프로그램으로, 훼손된 공동체가 복원되고 낙후지역이 활성화되는 등 기대 이상의 성과가 나타났다. 이에 베를린 시는 2007년 프로그램을 좀 더 체계적이고 지속적으로 관리하고자 대상지를 유형별로 평가하고 관리하는 마을 평가 과정Quatiersverfahren을 전면 개선했다. 개선된 평가 과정에 따르면, 대상지는 문제의 정도에 따라 '집중 조정, 일반 조정, 예방 지역, 안정화 단계' 등 4단계로 유형을 구분하고, 유형에 따라 예산과 인력 등의 지원을 차등화하여 맞춤형으로 지원한다. 한편, 대상지에 대한 객관적이고 지속적인 관리를 위해 마을 관리 모니터링 지표를 활용하는데, 이때 사회통합, 사회경제, 인구 등 3개 부문의 대표적인 지표가 활용된다.

① 사회통합 분야: 외국인 비율

② 사회경제 분야: 실업률, 1인당 구매력, 채무 비율, 기초생활수급자 비율

② 인구 분야: 인구 증감률(전년도 대비)

구분	기준	지원 및 관리유형	대상지 수
Kat I	문제심화지역으로, 4개 이상의 지표가 평균 이하	집중 지원	16
Kat II	문제지역으로, 2개 이상의 지표가 평균 이하	일반 지원	9
Kat III	관리지역으로, 1개 지표가 평균 이하	미미한 지원	4
Kat IV	안정화지역으로, 4개 지표 이상이 평균 이상으로 개선	유지·관리 신규 사업 지원은 없음	4

⊙ **표 8-6** 마을 만들기 유형

마을 만들기 지표는 전체 대상지에 대한 평균치를 산정하고 평균보다 지표
가 심하게 낮은 지역(Kat I)부터 평균 이상으로 변화하는 지역(Kat IV)까지 4개
유형으로 구분해 관리한다. 대상지의 사회경제적 문제의 정도는 이 지표에 따
라 결정되며, 이러한 모니터링 시스템은 예산 지원 및 신규 프로그램 개발 등을
결정할 때 활용된다.

2008년 기준으로 보면, 전체 대상지 33개 중에서 집중 지원 대상지(Kat I)
가 16개, 일반 지원 대상지(Kat II)가 9개, 미미한 지원 대상지(Kat III)가 4개, 안
정화 단계에 접어들어 향후 마을 만들기 해제 대상지(Kat IV)가 4개로 지정·운
영되고 있다.

2' 7. 개별 프로젝트 선정 과정

마을 만들기 시범지역 내 프로젝트는 다섯 단계를 거쳐 결정된다. 1단계는
아이디어 구상 및 개발 단계로, 다양한 아이디어를 제안하고 이를 구체화하며
의견 수렴 과정과 전문가 컨설팅 등을 거쳐 확정한다. 2단계는 예비심사 단계
로, 확정된 프로젝트를 사전 설명회나 공개 발표 등을 통해 마을 만들기 팀과
주민위원회가 제안·결정한다. 이를 통과하면 프로젝트 심의위원회 Vergabeaus-
schuss가 선택 또는 수정·보완, 기각 등을 결정한다. 4단계에서는 심의·확정된
프로젝트에 대한 제안서를 베를린 시 담당 부서를 통해 최종적으로 베를린투자

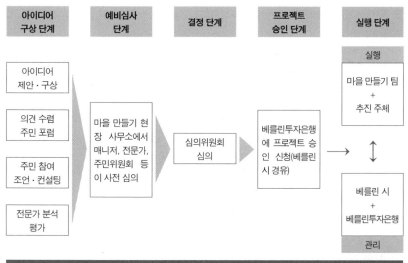

| 아이디어 구상 단계 | 예비심사 단계 | 결정 단계 | 프로젝트 승인 단계 | 실행 단계 |

아이디어 제안·구상				실행
의견 수렴 주민 포럼	마을 만들기 현장 사무소에서 매니저, 전문가, 주민위원회 등이 사전 심의	심의위원회 심의	베를린투자은행에 프로젝트 승인 신청(베를린 시 경유)	마을 만들기 팀 + 추진 주체
주민 참여 조언·컨설팅				
전문가 분석 평가				베를린 시 + 베를린투자은행
				관리

⊙ 마을 만들기의 개별 프로젝트 선정 과정

은행 Investitionsbank Berlin: IBB 에 제출한다. 마지막 5단계는 실행 단계로, 마을 만들기 팀과 실제 사업을 추진할 주체가 공동으로 사업을 시행하고, 베를린 시와 베를린투자은행은 프로젝트를 평가·관리한다.

3. 요약 및 시사점

3' 1. 장기적이고 일관적인 정책의 수립과 추진

독일의 도시재생 문제는 길게는 100년 이상 제기되었고, 제도적으로 정착된 것은 1960년대 이후 재생법 관련 제도가 만들어진 이후부터다. 노후 시가지의 물리적 개선을 위한 전면 정비에서 시작해, 기존 물리적 구조 및 사회경제적 구조를 유지·보존하는 신중하고 조심스러운 정비방식으로 전환하면서 예산의 안정적인 지원, 주민 참여 방식 도입, 갈등 조정을 위한 다양한 수단 개발 등 제도 및 계획문화의 지속적 개선이 이루어졌다. 최근 들어서는 인구구조 변화 및 사회경제적인 구조적 문제 등 여건 변화에 대응하기 위해 국가와 지방정부가 통합적인 정책을 개발하면서 새로운 위기를 극복해나가고 있다.

베를린의 마을 만들기 프로그램이 작동하는 것은 단순히 주민이 마을을 만들고 예산을 지원하는 제도적 기반을 마련한 것 때문만이 아니다. 수십 년간 도시문제를 모니터링하고 개선할 수 있는 정책적 대안과 물리적 개선 방안을 시대별 여건에 맞추어 지속적으로 일관성을 가지고 추진해온 계획문화가 마을 만들기의 성공을 가능하게 한 것이다.

3' 2. 시스템으로 작동하고 가이드라인으로 투명하게 관리

자치구의 근린생활권 단위에서 추진되는 아주 작은 규모의 이웃 간 공동체 복원사업은 '연방정부 – 주 정부 – 자치구 – 마을 만들기 팀' 등 다양한 주체가 통합적으로 연계되고 일관성을 갖춘 시스템하에서 운영된다. 복잡하고 다양한 주체가 서로 연계되어 스스로 결정하고 시 정부가 체계적으로 지원할 수 있도록 가이드라인을 만들어 운영하며, 이는 여건 변화에 따라 지속적으로 개선되고 있다.

한편, 예산 지원을 맞춤형으로 할 수 있도록 대상지를 입지 특성과 문제의 정도에 따라 구분하면서 차등적으로 지원하고 관리할 수 있게 하는 공공 차원의 운영지침, 마을 만들기가 투명하고 객관적으로 운영될 수 있게 하는 마을 만들기 협의회 가이드라인 등이 작동하고 있다.

3' 3. 권한과 책임은 주민에게 이양

과거 도시재생사업의 목적은 낙후한 물리적 환경 개선과 지역의 생활 기반을 안정되게 조성해 지속가능한 공간을 제공하는 것이었다. 이를 위해 많은 주민 의견을 수렴하고 협의·조정하는 과정을 거치기도 했다.

베를린의 마을 만들기는 주민이 직접 사업을 제안하고 예산을 결정하며 사업과 관련한 전반적인 사항을 협의·조정하면서 마을을 만들어나가는 프로그램이다. 주민에게 책임과 권한을 부여해 실질적인 공동체를 형성하고 '우리 동네'를 만들어갈 수 있는 여건과 환경을 조성해준 것이다. 베를린 시는 어린이와 청소년을 위한 교육환경 개선, 지역 주민의 고용 창출을 위한 재교육, 건강 예방을 위한 각종 프로그램 개발, 다문화사회에서의 안정을 위한 통합 프로그램, 커뮤니티 활성화를 위한 네트워크 등 사회문화적인 재생사업의 실질적인 권한과 책임의 많은 부분을 주민에게 부여하고 있다. 권한 이양으로 도시재생사업의 부담이 줄어든 베를린 시는 사례지역에 대한 관리와 지원에 역점을 두면서, 도시관리의 원칙과 기준 수립 등을 지속적으로 개선하고 있다.

3' 4. 마을 만들기 매니저가 성공의 열쇠

마을 만들기에서는 대상지별로 수백 개의 크고 작은 사업을 시행하게 되며, 이 과정에서 수많은 이해당사자가 참여하고 갈등이 발생하게 된다. 또한 마을 만들기는 정부, 베를린 시, 자치구, 베를린투자은행 등 관련 기관과의 지속적인 연계가 필요한 사업이다.

마을 만들기 매니저는 마을 만들기 사업에서 없어서는 안 될 중요한 주체로, 다양한 주체나 이해당사자 간의 갈등 조정, 제안된 프로젝트의 선정, 관련 기관과의 소통 등 복잡하고 상충되는 부분을 유기적으로 연계하고 합의를 이끌어내는 역할을 맡는다. 동네를 가장 잘 알고, 주민과의 소통 능력이 뛰어나며, 필요한 네트워크를 갖춘 전문가여야 한다. 베를린 시에서는 대상지별로 3~5인의 매니저를 두고 있으며, 직업의 안정성 확보와 지속적인 재교육 등을 통해 매니저의 역량을 개선하는 데 힘쓰고 있다.

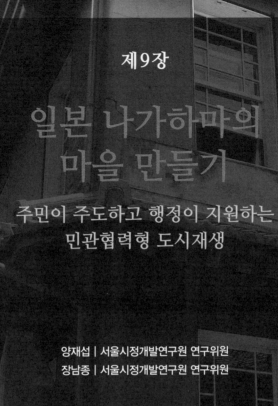

제9장

일본 나가하마의
마을 만들기

주민이 주도하고 행정이 지원하는
민관협력형 도시재생

양재섭 | 서울시정개발연구원 연구위원
장남종 | 서울시정개발연구원 연구위원

인구 12만 명의 나가하마 시는 일본 내에서도 성공적인 도시재생 마치즈쿠리를 추진하는 마을로 알려져 있다. 지방에 위치한 중소도시이지만, 한 해 약 200만 명의 관광객이 다녀가고, 400여 단체가 시찰을 오며, 일본 각지에서 2,800여 명이 나가하마의 마치즈쿠리를 직접 보고 배우기 위해 방문한다. 이러한 나가하마의 마치즈쿠리는 다양한 주민조직과 단체가 민관협력을 통해 추진하고 있으며, 지역자산과 커뮤니티 자원을 최대한 동원해 새로운 형태의 비즈니스 모델을 만들어가는 성공적인 사례로 평가받고 있다.

나가하마의 도시재생은 쇠퇴하는 중심시가지와 사라져가는 역사적·문화적 전통을 되살리려는 지역주민의 자발적인 참여로 시작되었다. 나가하마의 재생사업은 (주)구로카베, 마치즈쿠리 사무소, 나가하마 마치즈쿠리(주), 중심시가지 활성화협의회 등 시기별로 다른 형태의 주민조직체가 주도적인 역할을 해왔다. 특히 지역의 역사적·문화적 자원과 전통을 최대한 활용해 연중 이벤트와 축제를 개최하고 있으며, 유리공예라는 독특한 비즈니스 모델을 창출하여 경제적 활력과 역사적·문화적 매력을 갖춘 상업·문화·관광의 중심지로 자리매김하고 있다. 이러한 시민들의 요구에 부응하여 나가하마 시는 중심시가지 활성화계획을 수립해 도시재생의 정책 방향을 제시하고, 기반시설 및 상점가 환경 정비 등을 지원하고 있다. 중앙정부 또한 물리적 환경 정비(하드웨어)와 상점가 활성화(소프트웨어)를 통합적으로 추진할 수 있도록 지원하고 있다. 무엇보다 나가하마의 도시재생은 지역 주민을 중심으로 하는 자발적인 주민조직체가 추진했다는 데 큰 의미가 있으며, 중앙 및 지방정부의 협력과 지원이 가미된 민관협력형 도시재생 사례라고 할 수 있다.

위치 및 교통

나가하마(長浜) 시는 일본 시가(滋賀) 현 동북부에 위치한 소도시다. 나가하마 시는 동쪽으로 이부키 산(伊吹山)이, 서쪽으로 비와 호(琵琶湖)가 펼쳐져 있어 뛰어난 풍광과 풍부한 자연환경을 자랑한다.

나가하마 시 주변에는 전국시대의 나가하마 성(長浜城), 고타니 성터(小谷城跡)를 비롯해 호곤지(宝厳寺) 등 많은 역사·문화유산이 산재해 있다.

이곳은 일본 열도의 중앙부에 위치하고 있어 예로부터 홋코쿠카이도(北国街道)와 나카센도(中山道)를 최단 경로로 잇는 교통의 요충지였다. 게이한신(京阪神), 주쿄(中京), 호쿠리쿠(北陸)의 경제권역 중심에 위치해 있으며, 교토와 나고야로부터 약 60km 권내에 있다(나가하마 시 웹사이트).

인구 및 가구

2010년 1월 1일 나가하마 시는 인근의 1개 시와 6개 마을이 합병되었다. 이로써 종전에 약 8만 5,000명이던 나가하마 시의 인구는 12만 4,000명이 되었고, 가구 수는 약 4만 가구에 이른다(나가하마 시 웹사이트).

⊙ 나가하마의 위치(위)와 중심시가지 전경(아래)
자료: 아래는 長浜市(2011: 3).

면적 및 기후

나가하마 시의 면적은 540km²로, 동서로 약 25km, 남북으로 약 40km 정도다. 비교적 평탄한 지형으로, 사람이 거주할 수 있는 면적이 전체의 31%인 164km²에 이른다. 봄부터 가을까지는 온화한 편이지만, 겨울에는 계절풍이 불고 눈이 많이 내리는 등 사계절의 변화가 뚜렷한 특징을 보인다(나가하마 시 웹사이트).

도시재생의 연혁

1970년대 자동차 시대와 함께 나타난 교외화 현상으로 나가하마의 중심시가지는 급격하게 쇠퇴하기 시작했다. 당시 나가하마의 중심시가지는 일요일 1시간 동안 '사람 4명과 개 1마리'가 다닌다는 말이 나올 정도로 상황이 심각했다.

그러나 시민이 하나 되는 마을 만들기 활동이 기폭제가 되어 중심시가지 재생의 첫걸음을 내딛게 되었다. (주)구로카베(黒壁)로 대표되는 지역의 주민조직 주도로 다양한 커뮤니티 사업을 전개함으로써, 활력 있는 상업·문화·관광도시로 거듭나게 되었다.

나가하마에서 도시재생이 본격적으로 시작된 것은 1983년부터다. 당시 시정 40주년(구 나가하마시)을 맞아 나가하마 성(城)을 시민들의 자발적인 기부를 통해 역사박물관으로 재건하게 된 것이 계기가 되었다.

이후 시는 1984년 '나가하마 시 박물관 도시구상(博物館 都市構想)'을 수립해 지역 고유의 자원과 생활 속에서 길러온 문화를 현대적으로 되살리는 사업들을 추진했고, 1994년에는 '신(新) 박물관 도시구상'을 수립해 그 이념과 사업을 이어갔다. 1998년 「중심시가지활성화법」이 제정된 이후에는 '중심시가지 활성화 기본계획'을 수립해 중앙정부의 적극적인 지원을 바탕으로 활성화사업을 추진하고 있다.

과거 나가하마는 찾는 관광객이 거의 없었지만, 최근에는 연간 200만 명이 찾는 상업·문화·관광도시로 발전했다. 나가하마는 주민이 주도하고 행정이 지원하는 민관협력형 마치즈쿠리(まちづくり)를 통해 마을의 역사적·문화적 매력과 경제적 활력을 향상시키는 데 큰 성과를 올리고 있다.

⊙ 나가하마 성(역사박물관)(왼쪽)과 구로카베 오테몬(大手門)도리(오른쪽)
  자료: 長浜市(2011: 3~5).

1. 추진 배경

나가하마 시長浜市는 일본의 주부
中部, 호쿠리쿠北陸, 긴키近畿 등 세 지
역으로부터 거의 같은 거리에 위치해
있다. 이 때문에 400여 년 전 전국시
대(1467~1573년)에는 당시 수도인 교
토京都로 공격하러 가기 위한 통행로
였고, 각종 물산의 집적지이기도 했
다. 나가하마는 1570년 이모카와姉川

⊙ 에도시대 초기 나가하마 마을의 지도
자료: 長浜市(2011a: 9).

전쟁에서 오다 노부나가織田信長가 승리하면서 그 부하인 도요토미 히데요시豊臣
秀吉가 1573년 나가하마 성城을 건립해 형성된 마을이다. 당시 나가하마 지역
상인들은 무기와 군량미 등을 적극 지원했고, 도요토미 히데요시는 이에 대한
보답으로 나가하마를 '라쿠이치 라쿠자樂市樂座'①로 지정했다. 이에 따라 나가하
마는 전국의 도매상이 몰려드는 물산의 집산지로 성장했다. 이러한 전통은
1960년대 중반까지 이어져, 나가하마 중심의 상점가에는 700여 개의 점포가 집
중해 있는 등 400여 년간 시가滋賀 현에서 가장 활기 넘치는 상점가 중 하나였다
(西村幸夫·堺 正浩, 2011: 110~111).

나가하마는 예로부터 자연, 토양, 물 등이 풍부해 산업이 발달했고, 거기서
생긴 부를 바탕으로 지역 고유의 상공인 커뮤니티와 문화, 전통산업을 육성해
왔다.

그러나 1975년부터 나가하마 교외에 대형 쇼핑센터가 생기기 시작하면서

---

① 라쿠이치 라쿠자는 일본 근세기(16~18세기) 오다 노부나가와 도요토미 히데요시가 시
행했던 시장 경제정책이다. 조합 상인들만 장사할 수 있는 기존의 시장과 달리 자릿세만
내면 누구나 무엇이든 팔 수 있는 제도로, 이를 통해 세도가들의 전매와 독점을 금지함으
로써 일반 상인들의 환영을 받았다.

중심시가지가 급격하게 쇠퇴하기 시작했다. 교외지역에 슈퍼마켓 체인업체인 헤이와도平和堂가 들어서고, 1988년에는 세이유西友 대형 마트가 '나가하마 구이치長浜樂市'라는 쇼핑센터를 건립하면서 중심시가지 상점가에는 손님이 줄어들기 시작했다. 당시 중심상점가에 있던 700여 개 점포 중 약 100~150개만 남고 모두 문을 닫았으며, 남은 점포 중 45개는 '나가하마 구이치'에서 인수했다. 1975~1989년에 나가하마는 전국보다 약 15년 정도 빠르게 교외 상점 시대가 시작되면서 중심상점가가 무너지기 시작했다. 중심시가지의 쇠퇴는 인구 감소로도 이어져 1970년 1만 7,000여 명이던 중심시가지 인구는 1985년 1만 2,000여 명으로 줄어들어 15년간 약 27%가 감소했다. 당시 중심시가지는 일요일 낮 1시간 동안 '사람 네 명과 개 한 마리'만 지나다닌다고 할 정도로 한산했다고 한다(西村幸夫·埒 正浩, 2011: 111~114; 마쓰오 다다스 외, 2006: 115).

한편, 나가하마가 위치한 시가 현의 고호쿠湖北 지역은 여러 신神에 대한 제사와 풍습이 많이 남아 있어서 공동체적인 유대가 강한 지역 중 하나다(古池嘉和, 2011: 36~37). 특히 나가하마는 일본 중앙에 위치한 지리적 이점 때문에 사람과 물건의 정보가 모여들었고, 이 지역의 문화가 밖으로 퍼져 나가기도 했다.

이를 상징적으로 보여주는 것이 일본의 3대 수레山車 축제 중 하나로 알려진 나가하마 히키야마 축제長浜曳山まつり②다. 400여 년의 전통을 자랑하는 히키야마 축제는 봄(4월)에 수레를 타고 마을을 돌아다니면서 상거래의 번창을 기원하는 축제로, 나가하마에서는 사용하는 수레가 총 12기(60여 개 상점마다 1기씩)에 이를 정도로 중심상점가의 재력과 호화로움을 자랑했다(西村幸夫·埒 正浩, 2011: 112~113).

---

② 히키야마 축제는 나가하마 성주가 된 도요토미 히데요시가 사내아이를 얻은 기쁨으로 마을 사람들에게 사금을 나누어주자, 이를 기금으로 하치만쿠(八幡宮) 축제 때 마을신을 모시고 12기의 수레(히키야마)를 만들어 끌고 다닌 데서 유래했다. 마을 장정들이 수레를 끌고 초등학교 4, 5학년 남학생들이 수레에 올라가 가부키를 공연하면서 마을을 돌며 상거래의 번창을 기원하는 나가하마의 대표적인 축제다.

그러나 교외 대형 상점에 손님을 빼앗겨버린 중심상점가가 문을 닫게 되면서 활력이 넘치던 마을은 점차 쇠퇴하기 시작했고, 마을의 자랑거리였던 히키야마 축제도 존속되기 어려울 지경에 이르렀다.

⊙ 나가하마 히키야마 축제
자료: 長浜市(2011a: 9)

2. 전개 과정

1980년대 나가하마에서 도시재생을 위한 마치즈쿠리^{まちづくり}가 시작된 것은 교외 쇼핑센터로 인해 중심시가지가 쇠퇴하게 된 것이 직접적인 원인이라고 할 수 있다. 중심시가지의 인구가 감소하고 고령화가 가속화되자 경제적 활력을 제고하기 위한 중심시가지 재생의 필요성은 절박할 정도였다. 나가하마 도시재생의 전개 과정은 1970년대 중반 이후 시기별로 수립된 주요 계획과 추진 주체의 변화에 따라 ① 태동기(1979~1987년), ② 추진기(1988~1997년), ③ 성숙기(1998~현재)의 세 시기로 구분할 수 있다.

2' 1. 태동기(1979~1987년)

교외지역에 대형 쇼핑센터가 출점하면서 중심상점가의 쇠퇴가 가속화되던 1983년, 나가하마 시는 시정 40주년을 맞아 시민들의 기부로 나가하마 성을 재건했다. 이를 계기로 중심시가지 활성화를 위한 마치즈쿠리가 시작되었다. 이듬해인 1984년 나가하마 시는 '박물관 도시구상^{博物館 都市構想}'을 수립해 나가하마를 '개성이 넘치고 아름답고 살기 좋은 박물관' 같은 도시로 만들고자 했다.

초창기 마치즈쿠리는 1982년 조직된 '나가하마 21 시민회의'가 주도했다. 청년회의소[JC] OB와 지역인사 400~600여 명으로 구성된 '나가하마 21 시민회의'는 가장 먼저 시민헌장을 제정하고, JR 직류화, 돔구상 건설, 대학 유치 등의 활성화 방안을 제기하면서 선도적인 역할을 담당했다.

2' 2. 추진기(1988~1997년)

나가하마에서 중심시가지 마치즈쿠리가 본격적으로 추진된 것은 1988년 (주)구로카베[黑壁]가 설립되면서부터다. 나가하마 중심시가지의 상징적 건축물이었던 메이지시대의 제130은행 나가하마 지점(일명 구로카베 은행)이 철거될 위기에 처하자 이를 보전하기 위한 운동이 시작되었다. 교육청과 학부모회[PTA]를 중심으로 시작된 구로카베 은행 건물 보전운동은 당시 학부모회 회장(사사하라 모리아키[笹原司朗])의 헌신적인 노력에 힘입어 민간 기업(8개사 9,000만 엔)과 시(4,000만 엔)가 총 1억 3,000만 엔을 출자하여 제3섹터 형태의 '주식회사 구로카베'를 설립하고, 건물을 매입하기에 이르렀다.

(주)구로카베는 구로카베 은행과 주변의 빈 점포나 창고 등을 활용해 그 일대(구로카베 스퀘어)를 유리공예 관련 점포, 공방, 체험관, 박물관, 레스토랑 등으로 특화된 새로운 지역으로 탈바꿈시켰다. 특히, (주)구로카베는 나가하마의 역사성, 문화·예술성, 국제성을 포괄할 수 있는 비즈니스 품목으로 '유리산업'을 선정하고, 1989년 7월 구로카베 은행을 유리관(1호관)으로 개조한 것을 시작으로 지금까지 29개의 특성 있는 점포를 개설했다.

이 중 유리공예 판매점, 공방, 갤러리, 유리미술관, 레스토랑 등 10개관은 직접 운영하며, 구로카베 마치즈쿠리에 참여하는 여타 20여 개

◉ 구로카베 유리관(1호관)
자료: 長浜市(2009: 5).

개점 연도	점포명
1989년	구로카베 유리관(1호점), 스튜디오 구로카베(2호점), 비스트로 뮤르느와르(3호점, 후에 오스트리아 베리타로 점포명 변경)
1990년	후다노츠지(札の辻) 본점(5호점)
1991년	요카로(翼果楼)(8호점), 고미술 니시카와(西川)(7호점), 유리갤러리 · 마누(6호점)
1992년	스테인드 유리관(11호점, 2005년부터 스테인드 유리숍), 다이코(太閤) 표주박(12호점), 구로카베 유리감상관(10호점, 2004년부터 구로카베 미술관)
1993년	카페 레스토랑 서양관(14호점), 선라이즈KoKo(13호점), 카페 분부쿠(分福)(16호점)
1994년	크루브(15호점), 나베카마(なべかま) 본점(4호점)
1995년	카페 P.ACT(18호점), 라텐베르그관(17호점), 가노쇼주안(叶匠寿庵)(20호점, 2003년부터 카페 가노쇼주안), 고블랑 갤러리-Rococo(21호점)
1996년	오우미유시 모리시마(近江牛毛利志満)(19호점)
1997년	비와코 나가하마 오르골관(9호점, 2004년부터 나가하마 오르골관), 소바 하치(八)(22호점), 불고기 · 스테이크 기온(ぎおん)(23호점), 도예공방 홋코쿠가마(ほっこくがま)(24호점)
1998년	나야스(納安)(25호점), 발효공방 라페르(26호점, 2004년부터 앤티크 갤러리-런던), 아유노 미세 기무라(あゆの店きむら)(27호점), 고마키(小牧) 어묵(28호점), 마치즈쿠리 사무소(役場)
1999년	간쿄(感響) 프리마켓 가든
2005년	가이요도(海洋堂) 모형 박물관 구로카베

⊙ 표 9-1 구로카베의 점포 개설 추이
자료: 長浜市(2009: 10).

관과 함께 유리공예와 마치즈쿠리를 융합한 종합 문화서비스를 제공하고 있다.

2' 3. 성숙기(1998년~현재)

1998년 이후 나가하마 마치즈쿠리는 또 한 번의 전환기를 맞았다. 먼저, 마치즈쿠리를 지원하기 위한 3개의 법률(「중심시가지활성화법」, 「도시계획법」 개정, 「대규모소매점포입지법」)이 제·개정되면서 중심시가지 활성화를 위해 중앙정부의 지원을 받을 수 있는 체계가 마련되었다. 또한 1998년에는 나가하마 마치즈쿠리의 소프트웨어를 담당하는 NPO[Non-Profit Organization] 법인으로 '마치즈쿠리 사무소[役場]'가 설립되었고, 2009년에는 중심시가지를 총괄적으로 관리·운영하는 '나가하마 마치즈쿠리(주)'가 설립되었다.

이렇듯 초기에 '(주)구로카베'를 중심으로 진행되던 나가하마의 마치즈쿠리는 1990년대 말 이후 '마치즈쿠리 사무소', '나가하마 마치즈쿠리(주)' 등이 주도하면서 그 지평을 넓혀가고 있으며, 여전히 현재진행형으로 전개되고 있다.

연도		나가하마 시 · 구로카베	시민회의 · 시민운동
태동기	1979	대형점 교외 출점 신청	
	1983	나가하마 성 역사박물관 재건	나가하마 21 시민회의 설립(1982)
	1984	나가하마 시 박물관 구상 수립	
	1985		JR 직류화, 돔경기장 건립, 대학 유치 작업 시작
	1987	구로카베 은행 철거 결정	
추진기	1988	(주)구로카베 설립	
	1989	구로카베 유리관 영업 개시	
	1990		
	1991	상업근대화지역계획 수립	JR 직류화 실현(교토 및 오사카 직통 연결)
	1992		나가하마 돔경기장 건립
	1993	신(新) 박물관 도시구상 수립	
	1996	기타오미 히데요시 박람회(北近江秀吉博覽會) 개최	신(新) 나가하마계획 설립
	1997		플라티나 플라자 설립
성숙기	1998	마치즈쿠리 3법 제 · 개정 중심시가지 활성화 기본계획(구)	나가하마 마치즈쿠리 사무소
	1999	간쿄 프리마켓가든 오픈	
	2000	히키야마 박물관 개관	
	2002		나가하마 21 시민회의 → 미래 나가하마 시민회의
	2003	나가하마 바이오대학 개교	마치즈쿠리 사무소 NPO 법인화
	2004		제1회 마치즈쿠리 대학 개강
	2005		제2회 마치즈쿠리 대학 개강
	2006	기타오미 가즈토요 · 치요(北近江一豊 · 千代)박람회 개최 새로운 나가하마 시(합병) 탄생	
	2007	구로카베 오픈 20주년	
	2008	경관 마치즈쿠리 계획 수립	
	2009	신 중심시가지 활성화 기본계획	나가하마 마치즈쿠리(주) 설립

⊙ 표 9-2 나가하마 도시재생의 전개 과정
자료: 出島二郎(2003); 西村幸夫 · 伊 正浩(2011: 106)에서 재구성.

3. 추진 조직 및 역할

나가하마 도시재생의 가장 큰 특징 중의 하나는 제3섹터 혹은 지역주민이 출자한 주식회사 형태의 다양한 추진 주체들이 시기와 역할을 달리하면서 마치즈쿠리를 주도하고 있다는 점이다.

시기별로 대표적인 추진 주체를 살펴보면 다음과 같다. 초기에는 1982년 설립된 나가하마 21 시민회의가 주도적인 역할을 했다. 이후 1988년 나가하마 재생사업에 기폭제 역할을 했던 제3섹터 형식의 주식회사인 (주)구로카베가 설립되었고, 1998년에는 후에 NPO 법인이 된 나가하마 마치즈쿠리 사무소가 설립되었다. 또한 2009년에는 중심시가지를 총괄적으로 관리·운영하는 나가하마 마치즈쿠리(주)가 설립되었다.

이렇듯 다양한 추진 조직은 (주)구로카베를 중심으로 상호 출자와 보증, 운영·관리 및 활동 지원, 업무 위탁 및 파견 등의 긴밀한 관계를 맺으면서 마치즈쿠리 사업을 전개하고 있다.

3' 1. 나가하마 21 시민회의

1982년 설립된 나가하마 21 시민회의는 청년회의소 OB와 지역인사들로 구성된 시민단체다. 청년회의소가 사무국 역할을 담당하고 있으며, 40여 명의 운영위원과 400~600명의 회원을 두고 있다. 이들은 나가하마 시민헌장 제정을 시작으로 JR 직류화(호쿠리쿠센北陸線 교류구간을 직류화해서 오사카까지 직행열차 운행), 전천후 돔경기장 건립, 대학 유치를 주장하는 등 시민조직으로서 일본 마치즈쿠리운동의 선구자적인 역할을 담당했다. 나가하마 21 시민회의는 2002년 미래 나가하마 시민회의로 개편되어 나가하마 역전 재개발과 공공교통망계획 SATIS을 발표했다.

3' 2. (주)구로카베

(주)구로카베는 메이지시대에 건립된 구로카베 은행의 철거를 막고 이를 보존·활용하기 위해 1988년 8명의 기업가 유지들이 9,000만 엔, 시에서 4,000만 엔을 출자해 설립한 제3섹터 주식회사다. 구로카베 유리관(1호점)을 중심으로 사방 약 300m 지역을 일컫는 구로카베 스퀘어에는 유리숍, 공방, 갤러리, 레스토랑 등의 구로카베 직영점이 운영되며, 지역 콘셉트에 부합하는 사업자에게 '구로카베 그룹'이라는 브랜드를 부여해 공동으로 점포를 운영하고 있다.

(주)구로카베는 역사적 건조물과 가로경관을 활용한 점포 콘셉트, 지역 내 오테몬大手門로, 박물관로, 1번가 등 상점가 경관 만들기와 입면 정비, 아케이드 개선사업 등을 통해 역사·상업·관광을 융합한 마치즈쿠리 사업을 전개하고 있다. 특히 나가하마의 마치즈쿠리는 (주)구로카베를 핵으로 하여 여러 조직들이 긴밀하게 연계되어 추진되고 있다.

3' 3. (주)신 나가하마계획

'(주)구로카베'는 빈 점포를 매입해서 임대하거나 전통가옥의 외관은 남기되 내부는 오래된 느낌을 주도록 보수해서 전대轉貸하는 사업을 전개했다. 그런데 이러한 사업이 '(주)구로카베'의 정관定款에는 명시되어 있지 않았기 때문에 1996년 부동산업으로 특화된 '(주)신新 나가하마계획'을 설립했다.

'(주)신 나가하마계획'은 중심시가지 일대의 빈 점포에 대한 정보를 신속하게 수집하여 업종과 콘셉트가 다른 점포의 진입을 방지하고, 재활용하는 방안을 마련하는 등 점포 관리 업무를 담당하고 있다. 실제로 구로카베 스퀘어 내에 있는 빈 대형 점포를 (주)신 나가하마계획이 매입해서 직영하거나 임대해서 활용하고 있다.

3' 4. 플라티나 프라자

플라티나 프라자Platina Plaza는 고령자가 운영하는 점포로, 야채공방과 과자공방, 재활용공방, 찻집(이도바타 도장井戸端道場) 등이 있다. 점포는 참여자들이 출자해서 경영하는데, 이를 통해 고령자에게 일자리를 마련해주면서 마치즈쿠리를 추진하는 두 가지 효과를 보고 있다.

평균 연령 67세의 고령자들이 각 5만 엔씩 출자해서 경영하며, 4개의 점포는 각각 독립채산제로 운영된다. 매출에서 경비를 뺀 나머지 금액을 총 출근 시간으로 나누어 급여를 지급한다. 개점 이래 8년 동안 계속 운영되고 있어 "빈 상점과 의욕 있는 사람만 있으면 어디에서든 가능하다"고 할 수 있지만, 나가하마 외에 다른 마을에서는 실현되지 않고 있다(山崎弘子, 2006: 40~41).

3' 5. NPO 법인 마치즈쿠리 사무소(役場)

'야쿠바役場'란 원래 동사무소를 의미하지만, 나가하마에서 이것은 행정기관이 아닌 NPO의 성격을 띤다. 상점가 내에 있는 빈 점포를 활용해 마치즈쿠리의 거점 역할을 담당하기 위해 1998년 개설했다. 설립 후 6년째가 되는 2003년 법인으로 전환되었는데, 원래부터 보조금은 받지 않고 자주적으로 운영하는 것을 원칙으로 삼고 있다.

마치즈쿠리 사무소는 지역 TV국의 정보 제공 기지, 지역 라디오국의 위성 스튜디오 기지, 구로카베 그룹 협의회 사무국, 고령자가 운영하는 점포인 '플라티나 프라자' 사무국, 학습회 등 강좌 사무국, 시찰 접수, 프리마켓 운영, 마을 도보지도 작성 등 마치즈쿠리의 이른바 '소프트웨어' 부문을 담당하고 있다. 구로카베를 찾아오는 시찰단 방문이 연간 200건을 넘자 이를 담당하면서 자료비와 시찰료를 받고 있다(山崎弘子, 2006: 40; 마치즈쿠리 사무소 웹사이트).

3' 6. 나가하마 중심시가지 활성화협의회

나가하마는 「중심시가지활성화법」에 의거, 2008년 '중심시가지 활성화협의회'를 설치해 운영하고 있다. 중심시가지 활성화협의회는 (주)구로카베와 나가하마 상공회의소를 비롯해 총 33명의 지역사회 단체장으로 구성되며, 연간 예산은 약 300만 엔이고, 나가하마 상공회의소에 사무국을 두고 있다.

협의회는 중심지시가지 활성화 기본계획을 수립할 때 의견을 제시하고, 민간사업을 협의해 구체화하며, 민관이 공동으로 수행하는 사업을 조정하는 역할을 담당한다. 협의회는 회장 1인, 부회장 2인과 위원 등 12인으로 구성되며, 간사회와 전문 부회를 두고 있다(나가하마 상공회의소 웹사이트). 중심시가지 활성화 기본계획 수립을 계기로 조직된 이 협의회가 향후 중심시가지 재생 프로젝트를 선정하고, 디자인 코드를 결정하는 등 지역을 총괄 관리할 예정이다.

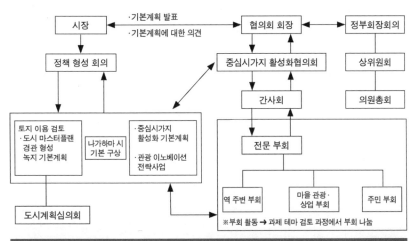

⊙ 나가하마 시 중심시가지 활성화협의회 조직도
자료: http://www.nagahama.or.jp/

3'7. 나가하마 마치즈쿠리 주식회사

2009년 설립된 나가하마 마치즈쿠리(주)는 나가하마 시(3,000만 엔), 상공회의소(1,000만 엔), 금융기관과 민간회사(3,200만 엔)가 출자해 총 자본금 7,200만 엔으로 출발한 제3섹터 형식의 주식회사다. 마치즈쿠리(주)는 중심시가지 지역을 전체적으로 총괄 관리하고, 중심시가지 활성화협의회와 연계하여 행정과 민간사업자를 조정하는 역할을 담당한다(나가하마 마치즈쿠리 주식회사 웹사이트).

마치즈쿠리(주)는 중심시가지를 총괄적으로 관리하면서 마치즈쿠리를 추진하고, 정보를 집적·일원화하는 업무를 수행한다. 세부적으로는 빈집, 빈 땅, 빈 점포에 대한 부동산 중개, 주차장 및 임대관리 등의 부동산 경영, 정보 제공 등의 정보전략사업을 수행하고 있다.

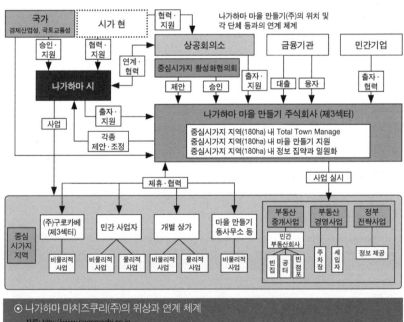

⊙ 나가하마 마치즈쿠리(주)의 위상과 연계 체계
자료: http://www.nagamachi.co.jp

추진 주체	설립 연도	자본금	주요 업무 및 사업
나가하마 21 시민회의	1982		· JR 직류화, 나가하마 돔경기장 건립, 대학 유치 등 추진
(주)구로카베	1988	4억 4,000만 엔(44인) · 시: 1억 4,000만 엔 · 민간: 3억 엔	· 유리산업 육성과 점포 관리(29호관 31점포) · 2009년 1개 사업 추진
(주)신 나가마계획	1996	8,000만 엔(16인) · 민간: 1,500만 엔	· 점포 관리, 주차장 운영(부동산 활용) · 2009년 7개 사업 추진, 2010년 4개 사업 추진
마치즈쿠리 사무소	1998		· 기타오미 히데요시 박람회의 후속 사업을 포함, 13개 사업을 독립 예산으로 운영
중심시가지 활성화협의회	2008	연간 예산 300만 엔	· 중심시가지 활성화 기본계획 수립 시 의견 제시 · 제안된 민간사업 협의 및 구체화 · 민관 공동사업에 대한 조정 및 협의 등
나가하마 마치즈쿠리(주)	2009	7,200만 엔(23인) · 시: 3,000만 엔 · 상공회의소: 1,000만 엔 · 민간: 3,200만 엔	· 중심시가지 지역 TM, 지역 전체 네트워크 형성 · 디벨로퍼, 코디네이터, 관리 · 운영

⊙ 나가하마 마치즈쿠리의 추진 주체
자료: http://www.nagamachi.co.jp를 참고해 재구성.

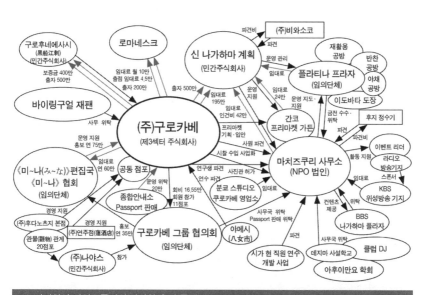

⊙ 나가하마 마치즈쿠리의 다양한 추진 주체
자료: 山崎弘子(2006: 39).

4. 중심시가지 재생계획

나가하마 시는 중심시가지
활성화를 위해 시기별로 재생
계획을 수립하고, 다양한 지원
사업을 전개하고 있다. 1984
년 '박물관 도시구상'을 수립
한 것을 비롯해 1994년에는
'신新 박물관 도시구상'을 수립
했다. 이후 1998년 마치즈쿠

⊙ 나가하마 시 중심시가지

리 3법이 제·개정되자, '박물관 도시구상'의 계획 이념을 계승하면서 중심시가
지 활성화를 체계적으로 추진하기 위해 '중심시가지 활성화 기본계획'을 수립했
다. 최근에는 중심시가지 상점가의 매출 및 관광객 수가 다시 정체하는 경향에
대응하기 위해 2009년 새로운 '중심시가지 활성화계획'을 수립했다.

4' 1. 박물관 도시구상 ③

나가하마 시는 1984년 '박물관 도시구상'이라고 하는 독특한 개념의 마을 만
들기 계획을 수립했다. 이 구상은 나가하마의 문화와 전통적인 마을 분위기를
살려서 거리 전체를 박물관과 같이 '개성이 넘치며, 아름답고 살기 좋은 거리'로
만들고자 하는 것이다. 이를 위해 역사·문화자원을 활용한 마치즈쿠리를 추진
했다.

박물관 도시구상은 ① 점点의 정비, ② 선線의 정비, ③ 면面의 정비 등 3단
계로 시행되었다. 1단계인 점의 정비에서는 나가하마 시 역사박물관, 구로카베

---

③ 이 부분은 국토교통성(國土交通省, 2011)을 참조해 작성함.

① ② ① 오모테산도(表参道)에서 본 다이쓰지 정문(大通寺山門), ② 홋코쿠카이도(北国街
③ ④ 道), ③ 외관 수선 지원으로 정비된 상점가 전경, ④ 구로카베 유리관

유리감상관(현재의 구로카베 미술관) 등으로 대표되는 역사적·문화적 거점과 빈 점포, 휴한지 등을 정비했다. 2단계인 선線의 정비에서는 상점가로의 포장을 아스팔트에서 석재로 교체하고, 상점 외관을 전통적인 상점가 분위기로 개선하거나 상부에 아케이드를 설치했다. 상가나 대로의 명칭을 바꾸거나 상징을 만들어 상점가별로 차별화가 이루어지도록 했다. 이후 3단계는 점과 선의 정비가 이루어진 후 중심시가지 전체를 정비하는 면의 정비로 확대해나가는 것이다.

또한 '기타오미 히데요시 박람회北近江秀吉博覧会' 등 각종 이벤트를 활용해 '마을 걷기まち歩き'와 같은 관광 프로그램을 마련하는 등 관광객이 찾는 박물관 도시를 만들어가고자 했다.

'박물관 도시구상'하에 진행된 마치즈쿠리는 여러 추진 주체 간의 역할 분담과 유기적인 협업을 통해 전개되었다. 나가하마 시청, 상공회의소 및 상점가 간의 협력을 통해 마을환경정비사업, 상업관광파일럿 추진사업을 추진했고, 특히 나가하마 21 시민회의, (주)구로카베가 마치즈쿠리의 견인차가 되었다.

나가하마의 마치즈쿠리는 '박물관 도시구상'이라는 명확한 비전 때문에 일관성 있게 추진되었다. 또한 시민의 발의와 행정의 협력, 상공회의소의 중간적 역할이 중요한 성공 요인이었다고 할 수 있다. '박물관 도시구상'은 그 개념이 다소 모호하다는 비판도 있었지만, 전통적인 역사·문화자원에 대한 소중함을 일깨우면서 나가하마의 독특한 계획 개념으로 발전시켰다는 데 의의가 있다.

4' 2. 구(舊) 중심시가지 활성화 기본계획(1998)④

나가하마 시는 마치즈쿠리의 제2단계 계획으로, 1998년 12월 중심시가지 활성화 기본계획(이하 '구 기본계획')을 수립했다. 구 기본계획은 1984년 '박물관 도시구상'의 추진 과정에서 드러난 과제와 한계를 극복하는 한편, 1998년 제·개정된 마치즈쿠리 3법에 따라 체계적으로 중심시가지를 정비해 도시 매력을 창출하려는 목적으로 수립되었다.

1998년 구 기본계획의 추진 시책과 내용은 다음 세 가지로 정리할 수 있다. 먼저 중심시가지 정비 및 개선을 위한 시책을 들 수 있는데, 시가지 개발사업, 도로 정비사업, 교통시설 정비사업, 주차장·주륜장 정비사업, 공원·녹지 정비사업, 거주환경 정비사업, 새로운 환경 형성을 위한 도시기반 정비사업 등이 추진되었다. 둘째, 상업 등의 활성화를 위한 시책인데, 개별 상가를 지원하는 상업 활성화 시설 정비사업, 점포 관리사업, 빈 점포 대책사업, 재개발 빌딩의 취득·관리·운영사업, 상업 활성화사업 등이 추진되었다. 셋째, 이러한 사업들을 통합적으로 추진하기 위해 대중교통에 대한 이용자 편의 증진사업, 공공시설 정비

---

④ 이 부분은 나가하마 시(長浜市, 2009)를 참조해 작성함.

사업 등이 추진되었다.

1998년 구 기본계획을 실행하는 과정에서 전통적인 거리의 보존, 가로 및 상가의 정비, 히키야마 박물관 정비 등을 통해 거리의 활력을 되찾는 데 일정 부분 성과가 있었다. 또한 관광객 유치를 위한 이벤트나 축제 등 다양한 프로그램이 운영되었고, 주민 주도의 마치즈쿠리를 행정이 지원하는 민관협력체제도 효과적으로 이루어졌다. 그러나 계획 내용이 상업 진흥책에 치우쳐 있어 중심 시가지에 대한 거주 촉진책이 미약했고, 상대적으로 토지 소유자와 관련 사업 자들의 참여가 부족했다는 점이 지적되었다.

4' 3. 신(新) 중심시가지 활성화계획(2009)[5]

나가하마 중심시가지는 상주인구가 감소하고 고령화가 진행됨에 따라 중심 상점가의 매출액과 관광객 수가 정체되거나 침체되는 경향을 보이고 있다. 이 렇듯 나가하마의 경제적 활력이 다시 위축될 것에 대비하고, 2006년 개정된 「중심시가지활성화법」에 대응하기 위해 2009년 신新 중심시가지 활성화계획 (이하 '신 기본계획')이 수립되었다.

나가하마 시는 시가 직면한 도시문제를 ① 인구 감소와 고령화 진전, ② 빈 집과 빈 점포의 상존, ③ 소매업 활력 저하, ④ 관광객 소비액 감소 등 네 가지로 진단하고, 이에 대한 대응 방안을 마련했다.

신 기본계획에서는 관광객을 더 늘리는 것보다 나가하마의 지역자원을 기반 으로 새로운 문화를 창출해내는 것에 중점을 두었다. 즉, '살기', '일하기', '쉬기', '배우기' 등을 통해 도시의 매력을 향상시키면서 관광을 양에서 질로 전환할 것 을 제안했다. 신 기본계획에서는 이러한 기본 방침을 토대로 중심시가지 활성 화의 목표를 다음 네 가지로 설정했다.

---

⑤ 이 부분은 나가하마 시(長浜市, 2009)를 참조해 작성함.

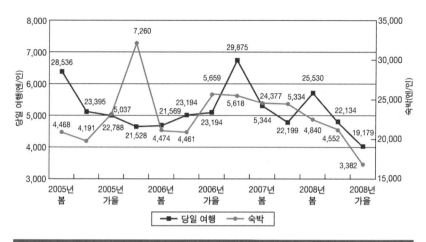

⊙ 나가하마 시 방문객의 관광소비액 추이
자료: 長浜市(2009).

첫째, 구로카베를 중심으로 한 문화·예술 관련 정보 제공 활동을 통해 관광객 200만 명 정도를 유지하면서 질적 수준을 높여간다. 둘째, 나가하마다운 역사·문화가 살아 숨 쉬는 콤팩트한 시가지를 형성한다. 셋째, 나가하마 중심시가지의 관문이 되는 상징거리 양단(역 주변과 시청을 핵으로 하는 지역)을 시민과 관광객의 교류 거점으로 조성한다. 넷째, 살기 좋은 공동주택과 전통 상가를 살린 '마을 내 거주', '마을 내 B&B',⑥ '생활복지시설' 등을 공급해 주거환경을 정비하고, 나가하마다운 생활을 도모한다.

2009년 신 기본계획이 중앙정부(내각부)의 승인을 받음에 따라 예산을 지원받게 되었고, 이를 통해 중심시가지 활성화사업을 추진할 수 있게 되었다.

---

⑥ B&B는 'Bed and Breakfast'의 약자로, 아침식사가 제공되는 간이 숙박(민박)을 말한다.

5. 중심시가지 활성화사업과 이벤트

5' 1. 중심시가지 활성화사업⑦

나가하마의 중심시가지 활성화사업은 ① 시가지 정비 및 개선사업, ② 도시복리시설 정비사업, ③ 거주환경 개선사업, ④ 상업 활성화사업, ⑤ 대중교통 편익 증진사업 등으로 구분된다. 중심지 활성화를 위한 물리적 환경개선사업(하드웨어)과 상점가 활성화를 위한 지원사업(소프트웨어)을 모두 포함하고 있다.

먼저, 시가지 정비 및 개선사업은 JR 나가하마 역을 구로카베 스퀘어지역과 연계하여 정비함으로써 중심시가지의 기능과 매력을 높이기 위한 사업이다. 이를 위해 역 주변 미사용지를 활용하고, 역 주변과 중심상가를 일체화된 회유回遊 공간으로 조성하며, 지역 특산물시장을 조성하는 사업이 추진되고 있다.

둘째, 도시복리시설 정비사업은 다양한 도시기능이 집적된 중심시가지에 누구나 이용하기 쉽도록 공공시설과 주민복리시설을 확충하는 것이다. 중심시가지 내 '거점 공공시설 도입지구'를 지정하고, 다양한 세대가 거주할 수 있도록 노인복지시설, 육아지원시설, 지역교류센터 등 '마을의 툇마루街の縁側 형 복지시설'⑧을 공급한다.

셋째, 중심시가지의 야간 인구를 회복하기 위해 빈집을 활용하고, 공동주택의 공급 및 숙박 기능을 확충하는 도심거주촉진사업을 추진하고 있다. 특히, 중심시가지 내 마을 거주 중점 추진지역을 설정하고, 해당 지역 내에서 주택 등을 신축(구매)하면 건축(구입) 비용의 일부를 지원하는 제도를 운영하고 있다.⑨ 즉,

---

⑦ 이 부분은 나가하마 시(長浜市, 2009: 66~108)를 참조해 작성함.

⑧ 과거 일본의 민가에서 많이 볼 수 있었던 툇마루(縁側)는 집 안과 담 사이에서 담소를 나누던 '교류의 장소'였다. '마을의 툇마루(街の縁側)'란 민가의 툇마루처럼 지역주민이 서로 만나고 협력해서 지역의 과제를 해결해가는 교류 거점이라는 의미를 담고 있다.

⑨ 보조금을 지원받으려면 공사 착공 전 사업계획에 대해 시의 승인을 받아야 한다.

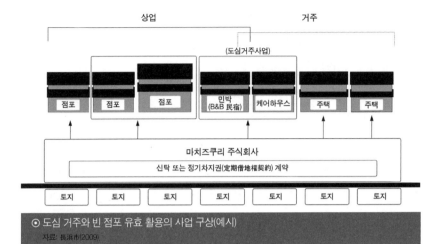

상업				거주		
			(도심거주사업)			
점포	점포	점포	민박 (B&B 民宿)	케어하우스	주택	주택

마치즈쿠리 주식회사

신탁 또는 정기차지권(定期借地權契約) 계약

토지	토지	토지	토지	토지	토지	토지

⊙ 도심 거주와 빈 점포 유효 활용의 사업 구상(예시)

자료: 長浜市(2009)

마을주택 건설 보조금,[10] 빈집 재생 촉진 보조금,[11] 공동주택 건설 보조금[12] 제도를 통해 중심시가지 내에서 주택의 신축(취득)을 지원하며, 인터넷을 통해 빈집과 빈 땅의 정보(매매, 임대)를 제공하는 '주택재생뱅크www.nagamachi.co.jp'의 운영을 준비하고 있다.

넷째, 문화·예술의 정보 제공 및 광역적인 관광 교류의 장으로서 중심시가지의 상업 기능을 활성화하는 것이다. 이를 위해 문화·예술의 핵심인 구로카베의 정보 제공 및 상업 기능을 강화하고, 역 주변을 정비해 주민을 위한 소매 기능을 강화한다. 중심시가지 내 상업관광지역을 면적画的으로 확대하고, 빈 건물을 활용해 교류 기능을 강화한다. 또한 역사적·문화적 가치가 있는 건축물은 보존·활용한다.

---

[10] 자신이 거주할 목적으로 미리 시의 승인을 받은 개인주택을 신축 또는 구입할 경우 일반주택에 대해 보조금 한도는 60만 엔(보조 비율 5%)이다.

[11] 주택재생뱅크에 등록된 빈집을 거주하기 위해 구입 또는 임대하여 빈집의 외부 또는 내부의 보수공사를 하는 경우 보조금 한도는 30만 엔(보조 비율 10%)이다.

[12] 경관을 배려한 공동주택(임대 포함)을 건축하는 경우 보조금 한도는 호당 100만 엔(보조 비율 5%)이다.

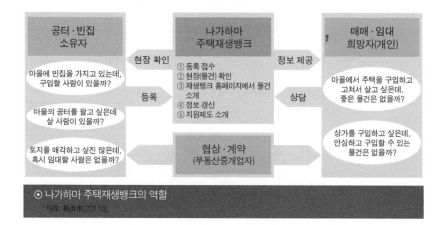

공터·빈집 소유자	나가하마 주택재생뱅크	매매·임대 희망자(개인)

공터·빈집 소유자

마을에 빈집을 가지고 있는데, 구입할 사람이 있을까?

마을의 공터를 팔고 싶은데 살 사람이 있을까?

토지를 매각하고 싶진 않은데, 혹시 임대할 사람은 없을까?

나가하마 주택재생뱅크

현장 확인 / 정보 제공

① 등록 접수
② 현장(물건) 확인
③ 재생뱅크 홈페이지에서 물건 소개
④ 정보 갱신
⑤ 지원제도 소개

등록 / 상담

협상·계약
(부동산중개업자)

매매·임대 희망자(개인)

마을에서 주택을 구입하고 고쳐서 살고 싶은데, 좋은 물건은 없을까?

상가를 구입하고 싶은데, 안심하고 구입할 수 있는 물건은 없을까?

◉ 나가하마 주택재생뱅크의 역할

자료: 長浜市(2011b).

실제로 나가하마 시는 2009년 경제산업성으로부터 전략보조금[13]을 지원받아 구로카베 스퀘어 및 중심상점가에 대한 매력강화사업을 시행했다. 이 사업은 빈집과 빈 땅을 게스트하우스(숙박시설), 음식점, 지역 특산품 시장, 갤러리, 주차장 등으로 개조해 재활용함으로써 중심시가지의 경제적 활력을 회복하기 위한 것이다. 사업에 소요된 비용은 총 4억 5,352만 엔으로, 이 중 약 3분의 2에 해당하는 4억 4,809만 엔을 전략보조금으로 지원받았다. 이 사업은 (주)신 나가하마계획이 사업비를 지원받아 시행했는데, 특이한 점은 빈집 등 개인 부동산에 대해 소유와 이용을 분리하는 방법을 활용해 상업시설을 정비했다는 점이다 (經濟産業省, 2011: 27~28).

다섯째, 자가용을 이용하지 않고 부담 없이 중심시가지에 나갈 수 있도록 커뮤니티 버스노선을 개편하고, 예약제 승합택시의 운행 지역을 확대하는 대중교통 편익 증진사업을 추진한다.

---

[13] 정식 명칭은 '전략적 중심시가지 상업 등 활성화 지원사업 보조금'이다.

시기	행사명	장소
1. 9(수)~1. 11(금)	도카에비스(十日戎)	도요쿠니 신사(豊国神社)
1. 10(목)~3. 10(월)	나가하마 분재매화전(盆梅展): 아자이(浅井) 분재매화전	게이운칸(慶雲館), 아자이 만남의 마을(浅井ふれあいの里)
2. 9(토)~4. 18(금)	다이쓰지(大通寺) 마취목전(あせび展)	다이쓰지
4. 13(일)~4. 16(수)	나가하마 히키야마 축제(長浜曳山まつり)	나가하마 하치만쿠(長浜八幡宮) 외
4월 하순~5월 초	소우지지(総持寺) 모란	소우지지
6. 10(화)	지쿠부 섬(竹生島) 축제: 산샤 벤자이텐 축제(三社弁才天祭)	지쿠부 섬 쓰쿠부스마 신사(都久夫須麻神社)
6. 14(토)	지쿠부 섬 축제: 료진 축제(竜神祭)	지쿠부 섬 쓰쿠부스마 신사
6. 15(일)	지쿠부 섬 축제: 레이사이(例祭)	지쿠부 섬 쓰쿠부스마 신사
7월 하순~ 9월	샤나인(舎那院) 연꽃(芙蓉)	샤나인
8. 5(화)	나가하마 · 키타비와코 불꽃대회(長浜 · 北びわ湖大花火大会)	나가하마 항만 일대
8. 15(금)	연꽃회(蓮華会)	지쿠부 섬 호곤지(宝厳寺)
9. 7(일)~9. 25(목)	진쇼지(神照寺) 싸리나무 꽃 축제	진쇼지
10. 4(토)~10. 5(일)	나가하마 예술판 라쿠이치 라쿠자(樂市樂座): 아트 인 나가하마	중심시가지 일대
10. 18(토)	나가하마 기모노 대원유회(きもの大園遊会)	중심시가지 일대
11. 15(토)	나가하마 기모노 대학(きもの大學)	중심시가지 일대

⊙ 표 9-4 나가하마 시 주요 관광 행사(2008년)
자료: 長浜市(2009).

5' 2. 주요 이벤트와 축제

나가하마 시는 연중 다양한 이벤트와 축제를 개최해 연간 약 200만 명의 관광객을 유치하고 있다. 나가하마의 대표적인 축제로는 봄에 열리는 '나가하마 히키야마 축제長浜曳山まつり'와 겨울에 열리는 '분재매화전盆梅展'이 있다. 또한 가을에는 중심시가지 전체가 대회장인 '아트 인 나가하마アートインナガハマ'와 '기모노 대원유회きもの大園遊会'가 열린다. 다만, 최근에는 각종 행사에 관람객 수가 줄어들고 있어 새로운 이벤트를 검토하는 것이 과제로 남아 있다.

5' 2' 1. 나가하마 히키야마 축제

나가하마 히키야마 축제는 일본의 3대 수레 축제 중 하나로, 1979년 국가중요무형민속문화재로 지정되었다. 도요토미 히데요시가 첫 득남을 기념해 성내 백성에게 내린 하사금으로 12대의 화려한 수레를 만들어 마을을 순례하면서 가부키 공연과 제례를 지내던 것이 축제의 유래가 되었다.

⊙ 히키야마 축제
자료: http://potiko.fc2web.com/comment/kinki/nagahama/nagahama_3.html

축제는 4월 9일 시작해 4일간은 젊은이들이 밤마다 사찰의 신불에 참배하고, 13일에 복권 뽑기, 15일 저녁에 어린이 가부키 공연이 열리면서 절정에 이른다. 히키야마 축제는 1971년 설립된 '나가하마 히키야마 축제보존회 長浜曳山祭囃子保存会'를 중심으로 추진되며, 가부키 공연에는 12대의 수레에 어린이 120명, 어른 60여 명이 참여한다(나가하마 히키야마 박물관; 文化庁).

5' 2' 2. 나가하마 분재매화전

나가하마 분재매화전은 1952년 시작되어 2012년 62회째를 맞았다. 이 행사는 나가하마 시 고야마초 高山町 사람들이 예로부터 해오던 매화 분재를 제2차 세계대전 이후 피폐해진 상황에서 좀 더 많은 사람과 나누고자 1951년 나가하마 시에 약 40기를 기증하면서 시작되었다. 현재 나가하마 시가 보유한 매화 분재는 300기에 이르며, 출품된 매화 분재 중

⊙ 분재매화전
자료: http://www.nagahamashi.org/bonbai/index.php

에는 다른 곳에서는 볼 수 없는 2m 이상의 거목이나 수령 400년이 넘은 고목도 있다. 나가하마 시의 분재매화전은 역사와 규모 면에서 일본 최고의 '분재매화전'이라 할 수 있다(나가하마 분재매화전 웹사이트).

5' 2' 3. 아트 인 나가하마

아트 인 나가하마는 나가하마 시의 대표적인 가을 축제다. 과거 나가하마 상점가의 라쿠이치 라쿠자楽市楽座 이념을 예술적 관점에서 계승한 것으로, 1987년 시민들의 자발적인 참여를 토대로 나가하마를 예술의 도시로 만들어가고자 시작되었다.

⊙ 아트 인 나가하마
자료: http://www.art-in-nagahama.com/

이 행사는 매년 10월 2일간에 걸쳐 나가하마 시민을 비롯해 전국의 전문 예술가와 아마추어 예술가에 이르기까지 약 700여 명이 나가하마 공원과 중심시가지에 모여 예술의 향연을 펼치는 것이다. 회화, 조각, 도자기 등 다양한 장르의 예술작품이 전시되는 동안 시민과 관광객은 작품을 감상하거나 직접 창작에 참여하기도 한다(아트 인 나가하마 웹사이트).

5' 2' 4. 나가하마 기모노 대원유회

⊙ 기모노 대원유회
자료: http://www.nagahamashi.org/syusse/enyu/index.html

나가하마 기모노 대원유회大園遊会는 1983년 나가하마 성의 재건축을 기념해 이듬해인 1984년 가을부터 시작되었다. 이 행사는 전국에서 모인 기모노를 입은 여성 1,000여 명이 나가하마를 걷는 일본 최대 기모노 축제다. 참가 자격은 18세 이상 40세

미만의 여성이며, 다양한 경품 행사와 거리 행사가 진행된다. 2011년 10월 14일 개최된 제27회 기모노 대원유회에는 909명의 여성이 참여했는데, 과거에 비해 참가자 수가 점차 줄어들고 있다(나가하마 관광협회 웹사이트).

6. 지원제도

1980년대 이래 나가하마의 도시재생은 주민조직과 민간 주도로 이루어졌으며, 지방 및 중앙정부는 이를 지원하는 수준에 머물렀다. 그러나 1998년 마치즈쿠리 3법이 제·개정되면서, 쇠퇴한 중심시가지의 활성화를 위한 중앙정부의 지원 조치가 강화되었다. 특히 2009년 나가하마 시 중심시가지 활성화 기본계획이 중앙정부의 승인을 받음에 따라 소프트웨어 및 하드웨어 부문의 사업(11개 부문)이 지원 대상이 되었다. 따라서 나가하마 시의 중심시가지 활성화는 「중심시가지활성화법」에 근거해 추진되었다고 할 수 있다.

일본 정부는 지방 중소도시의 교외화와 중심시가지의 공동화 현상을 막고 도시 내 생활 거점을 재생하기 위해 1998년 「중심시가지활성화법」을 제정함으로써, 시가지 환경 정비와 상업 활동 활성화를 종합적으로 추진하기 위한 제도적 기반을 마련했다.[14]

나가하마를 비롯한 지방 중소도시들은 중심시가지 활성화 기본계획을 수립하고 이에 따른 다양한 사업을 추진했으나, 중심시가지의 인구는 계속 감소하고 공공시설의 이전과 교외 대형점의 입지가 계획되었다. 이에 따라 일본 정부는 2006년 「중심시가지활성화법」을 개정하고, 중심시가지 활성화 본부를 설치하는 등 정책을 전면적으로 재편했다.

개편된 중심시가지 활성화정책의 핵심은 '선택과 집중'을 통한 지원이다. 시

---

[14] 이하 「중심시가지활성화법」에 관해서는 차주영(2009: 3~6)을 참조해 재정리함.

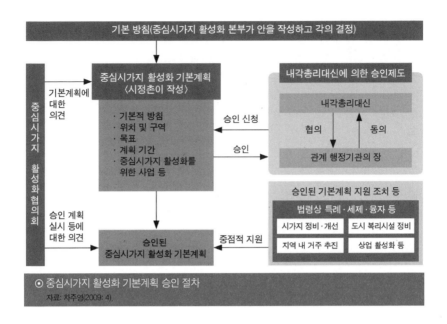

⊙ 중심시가지 활성화 기본계획 승인 절차
자료: 차주영(2009: 4).

정촌에서 수립한 중심시가지 활성화 기본계획을 총리대신이 승인하는 절차를
신설하고, 승인된 기본계획에 대해서는 법률, 세제 및 보조 사업을 통한 지원을
강화했다. 2011년 6월 기준으로, 기본계획을 승인받은 지자체는 모두 105곳이
며, 108개 기본계획이 승인을 받았다.

중심시가지 활성화 기본계획은 중심시가지 활성화를 위한 기본적인 방침에
따라 시정촌이 작성하며, 총리대신에게 승인 신청을 하게 된다. 심사를 거쳐서
승인을 받으면 시가지 정비·개선, 도시복리시설 정비, 지역 내 거주 추진, 상업
활성화사업 등에 대한 법령상 특례, 세제 혜택 및 사업비 보조·융자 등 지원이
이루어진다. 즉, 승인받은 기본계획에 대해서는 국토교통성, 경제산업성, 총무
성, 농림수산성 등 각 부처의 지원사업과 연계하여 지원을 받는 방식으로 운영
된다.

7. 성과 및 과제

1980년대까지만 해도 일요일 낮 1시간 동안 '사람 네 명과 개 한 마리'만 지나다닌다 할 정도로 쇠퇴했고 아무런 강점이 없었던 나가하마의 중심시가지는 이제 연간 200만 명 이상의 관광객이 다녀가는 마을로 재탄생했다. 구로카베 스퀘어 지역은 유리공예를 매개로 하여 상업, 문화, 관광산업이 어우러진 활력 있는 장소로 변모했다. 마치즈쿠리를 추진하는 과정에서 시기별로 주도적인 역할을 담당하는 주민조직체가 생겨났고, 민관협력을 통해 문제를 풀어가는 등 나가하마는 일본 지방도시의 재생 모델이 되고 있다. 나가하마 중심시가지 활성화사업의 성과를 정리하면 다음과 같다.

첫째는 연간 200만 명의 관광객이 방문하는 활력 있는 도시로 변모한 점이다. 인구 12만 명에 불과한 나가하마 시는 역사·문화·예술을 유리공예 산업과 결합해 관광 상품화하고, 연중 다양한 축제와 이벤트를 개최해 연간 200만 명(하루 평균 약 5,500명에 해당)의 관광객이 방문하는 활력 있는 도시로 변모했다. 특히 1989년 제3섹터 형태로 설립된 (주)구로카베는 구로카베 유리관(1호관)을 비롯해 관련 점포를 29개 운영하고 있으며, 연간 매출액도 1989년 1억 2,000만 엔에서 2007년 6억 2,000만 엔으로 약 5배가 증가하는 등 지역경제 활성화에 견인차가 되었다.

둘째는 지역자원을 활용해 새로운 비즈니스 모델을 창출했다는 점이다. 나가하마 재생의 성과 중 하나는 역 근처를 구로카베 스퀘어로 설정하고, 지역자원을 활용해 관광 위주의 상업 공간으로 재생함으로써 새로운 비즈니스 모델을 창출한 것이다. 이 지역의 운영 모체가 된 (주)구로카베는 구로카베 은행을 보존·활용하여 구로카베 유리관으로 개조하고, 주변의 빈 점포를 음식점, 토산품 가게 등으로 정비·유치하여 세련된 소비 공간으로 만들어가고 있다. 나가하마 도시재생은 지역자원을 활용해 새로운 관광 비즈니스 모델을 창출한 성공 사례라고 할 수 있다.

셋째는 다양한 주민조직을 통해 참여를 유도하고 지역 리더를 육성했다는 점이다. 나가하마에서는 시기별로 다양한 형태의 주민조직이 설립되어 마치즈 쿠리를 주도했으며, 이러한 과정을 거치면서 지역 리더가 육성되었다. 1982년 설립된 주민조직체 '나가하마 21 시민회의'의 운영위원들은 후일에도 여러 사업에서 주도적인 역할을 수행했으며, 1988년 설립된 (주)구로카베는 제3섹터 주식회사로서 중추적인 역할을 담당했다. 또한 지역의 노년층이 빈 점포를 활용해 자주적으로 운영하는 플라티나 프라자, 마치즈쿠리에 관한 정보를 제공하고 인재를 육성하는 등 소프트웨어 부문을 담당한 '마치즈쿠리 사무소'의 역할도 주목할 필요가 있다.

넷째는 나가하마가 일본 지방도시의 재생 모델이 되었다는 점이다. 일본 각지에서 나가하마의 마치즈쿠리를 배우기 위해 연간 400여 단체가 시찰을 오며, 각 시정촌에서 2,800여 명이 견학을 올 정도로 나가하마는 일본 내에서도 성공적인 지방도시 재생 사례로 주목을 받고 있다.

그러나 이러한 괄목할 만한 성과에도 불구하고 나가하마는 여전히 해결해야 할 과제를 안고 있다. 첫째, 나가하마에 거주하는 생활자가 살기 편한 주거환경을 조성하는 것이다. 나가하마 상점가는 관광지로 변해 외부에서 많은 이들이 방문하고 있지만, 그곳에서 생활하는 주민에게는 매우 불편한 곳이 되었다. 관광객을 위한 마치즈쿠리에는 성공했지만, 그곳에 거주하는 생활자를 위한 주거환경을 조성해야 하는 과제를 안고 있는 것이다.

둘째, 관광 활성화를 위한 프로그램과 기반시설의 질적인 개선, 그리고 새로운 마치즈쿠리를 위한 동기 부여가 필요하다. 경기가 침체함에 따라 점차 감소하는 관광객을 늘리기 위해 새로운 명품을 발굴해내고, 머무는 관광으로 유도하기 위한 호텔 유치, 주변 관광지와 연계한 관광 루트 개발 등이 앞으로의 과제가 되고 있다.

8. 결론 및 시사점

인구 약 12만 명의 나가하마 시는 일본 내에서도 성공적인 마치즈쿠리를 추진하고 있는 마을로 알려져 있다. 다양한 주민조직과 단체가 주도하되, 민관협력을 통해 마치즈쿠리를 추진하면서 지역자산과 커뮤니티 자원을 최대한 동원하여 독특한 비즈니스 모델을 만들어가는 성공 사례로 평가받고 있다. 앞서 살펴본 내용을 토대로, 나가하마 도시재생의 특징과 그것이 우리에게 주는 시사점을 정리하면 다음과 같다.

첫째, 나가하마의 도시재생은 쇠퇴하는 중심시가지와 사라져가는 역사적·문화적 전통을 살리려는 지역주민의 자발적인 참여로 시작되었고, 다양한 형태의 주민조직 주도로 추진되었다. 1983년 나가하마 성을 재건하고, 철거 위기에 놓인 구로카베 은행을 보존한 것도 나가하마 시민과 지역 기업, 상인들의 기부와 참여를 통해 이루어진 것이다. 또한 나가하마에서는 (주)구로카베, 마치즈쿠리 사무소, 나가하마 마치즈쿠리(주), 중심시가지 활성화협의회 등 다양한 형태의 주민조직체가 주도적인 역할을 수행하면서 재생사업을 추진해왔다. 성공적인 도시재생을 위해서는 지역문제에 대한 주민의 공감대 형성과 적극적인 참여 유도, 그리고 이를 조직화해내는 과정이 필수적이라고 할 수 있다.

둘째, 나가하마는 지역의 역사·문화·자연 자원을 최대한 활용해 이벤트와 축제를 개최하고, 유리공예라는 새로운 비즈니스 아이템을 발굴해 관광자원화하는 데 성공했다. 400년 전통의 '히키야마 축제'를 이어감으로써 마을을 대표하는 자랑거리로 만들었고, 상점가의 '라쿠이치 라쿠자' 이념을 예술 분야에 적용해 '아트 인 나가하마'라는 개방형 예술제를 개최하고 있다. 지역을 대표하는 특별한 자원이 없는 상황에서 유리공예라는 독특한 비즈니스 모델을 창출하여 경제적 활력과 역사적·문화적 매력을 갖춘 상업·문화·관광의 중심지로 자리매김하고 있다.

셋째, 나가하마의 도시재생은 주민 주도만이 아니라, 나가하마 시와 중앙정부 등 공공기관의 협력과 지원을 통해 이루어지고 있다. 먼저, 중앙정부는 「중심시가지활성화법」을 통해 중심시가지를 활성화하기 위한 지침과 방향을 제시하고, 지자체가 수립한 기본계획을 심의·승인하여 사업비의 일부를 지원한다. 즉, 도시재생을 위한 법적 근거와 재생정책의 기본 방향을 설정하고, 승인된 기본계획을 통해 지자체에 대한 지원 프로그램을 운영하는 것이다.

한편, 나가하마 시는 도시재생을 위해 일관된 계획 구상과 정책 방향을 제시하고 있다. 1984년 '박물관 도시구상'이 발표된 이래, 1998년 '중심시가지 활성화 기본계획'을 수립했고, 2009년 '신 중심시가지 활성화 기본계획'을 수립했다. 수립된 시기와 상황에 따라 세부 내용은 다르지만, 2009년 수립된 신 기본계획을 '2단계 박물관 도시구상'이라고 부를 만큼 재생정책의 방향과 기조에서는 일관성을 유지하고 있다. 지역의 자생력과 체질을 강화할 수 있도록 중·장기적인 안목과 긴 호흡에서 도시재생정책을 추진하는 것이 필요하다.

넷째, 나가하마의 중심시가지 활성화를 위해 물리적 환경 정비와 상업 기능 활성화 등 하드웨어와 소프트웨어에 대한 지원이 통합적으로 이루어지고 있다. 나가하마의 중심시가지 활성화사업은 ① 시가지 정비 및 개선사업, ② 도시복리시설 정비사업, ③ 거주환경 개선사업, ④ 상업 활성화사업, ⑤ 대중교통 편익 증진사업 등을 포함한다. 즉, 물리적 환경을 개선하는 하드웨어 부문과 상점가 활성화를 지원하는 소프트웨어 부문에 대한 통합적 지원이 이루어지고 있는 것이다. 쇠퇴한 지역의 물리적인 환경 개선뿐만 아니라 인문적·사회경제적·역사적·문화적 특성과 주민복지적 측면을 통합적으로 개선할 수 있는 지원정책을 마련할 필요가 있다.

제10장

호주 브리즈번의 88 엑스포 부지를 활용한 도심재생

수변 문화 공간 창출을 통한 사우스뱅크 재생

정동섭 | 호서대학교 건축학과 교수

이 장에서 소개하는 호주 브리즈번의 사우스뱅크는 필자에게, 서울에서 하계올림픽이 열리던 해인 1988년 엑스포를 개최한 곳, 도심과 인접한 곳에서 새로운 장소성을 지속적으로 창출하는 곳, 휴식·산책·담소 등 시민들의 일상을 느낄 수 있는 곳, 주말에 열리는 벼룩시장에서 생활용품을 저렴하게 살 수 있는 곳, 여름에는 인공해변에서 일광욕과 휴식, 바비큐 모임 등 커뮤니티 활동이 이루어지는 곳, 매년 12월 31일 밤에는 새해를 맞이하면서 시민들과 함께 카운트다운을 마음껏 외칠 수 있는 사회적 장소로서 도심의 매력적인 수변 공간이라는 이미지로 기억된다.

사우스뱅크는 엑스포 부지를 활용해 도심의 새로운 수변 여가 공간을 창출하고 이를 도심재생정책과 연계해 추진함으로써 오늘날 성공적인 재생을 이루었다. 이러한 노력은 여전히 진행 중이기 때문에 그 성과를 종합적으로 판단하기에는 섣부른 감이 있다. 하지만 사우스뱅크 재생은 시민에게 질 높은 도시장소를 창출하여 제공함으로써 공공성을 확보하고 관련 법과 전문 기구를 통해 지속적이고 연속성 있는 정책을 추진하며, 시민 의견을 수렴한 도시설계 마스터플랜을 통해 여건 변화에 따라 능동적으로 계획을 모니터링한다는 점에서, 최근 한국에서 진행되고 있는 다양한 도시재생정책과 관련해 시사하는 바가 크다.

인구

브리즈번의 도시 인구는 브리즈번 시가지가 형성된 1859년에 6,000명, 1942년에는 75만 명이었으며, 2010년 현재 도심 외곽의 교외 시가지를 포함한 광역권에 약 200만 명이 거주한다. 한편, 브리즈번은 인구의 1.7%가 원주민이고, 나머지 인구 가운데 21.7%는 외국에서 출생한 인구로 구성된다(2006년 기준).

위치 및 연혁

브리즈번(Brisbane)은 오스트레일리아에서 시드니, 멜버른에 이어 세 번째로 큰 규모의 도시로서 퀸즐랜드(Queensland) 주의 중심 도시다. 브리즈번은 시드니에서 북쪽으로 931km 떨어진 곳에 위치하며, 브리즈번 중심 시가지는 남태평양 모턴 만(Moreton bay)의 강어귀에서 19km 정도 떨어져 있다. 브리즈번 시가지에는 브리즈번 강(Brisbane River)이 가로질러 흐르는데, 이를 중심으로 남쪽 지역에 사우스브리즈번(South Brisbane)이, 강 건너 맞은편에는 중심업무지구(CBD)가 위치한다. 사우스뱅크는 사우스브리즈번 지역의 브리즈번 강변을 따라 약 1.2km에 걸쳐 있다. 19세기 초반까지 사우스뱅크는 원주민 거주지였으며, 1850년대에 초기 이주정착민을 중심으로 상업지역으로 발전해 1950년대 중반에는 브리즈번의 중심지역으로 성장했으나, 1970년대 이후 소수인종의 주거지역이 형성되어 쇠퇴했다. 1980년대 엑스포 개최 부지로 선정되면서 사우스뱅크 지

⊙ 브리즈번(위)과 사우스뱅크(아래)의 위치
자료: Greg O'Beirne, 2007(Wikipedia)에서 재구성(아래).

역은 활력을 되찾았고, 1990년대 이후 엑스포 부지를 중심으로 다양한 재생사업을 추진해 오늘날 도심의 매력적인 수변 여가·문화 공간으로 재활성화되었다.

면적 및 기후

브리즈번 시의 면적은 5,904.8km^{2}이며, 이 중 CBD의 면적은 2.2km^{2}로 보행 권역에 해당하고, 사우스뱅크의 면적은 42ha(104에이커)다. 브리즈번은 아열대 습윤 기후 지역에 속하며, 여름철 (11월부터 3월 말)에는 고온다습하고 천둥과 폭우를 동반한 집중호우가 자주 발생한다. 겨울철(6월부터 8월)에는 건조하고 한국의 환절기에 해당하는 기후 특성을 나타낸다. 브리즈번의 연평균 강수량은 965.7mm, 연평균 최고기온과 최저기온은 각각 섭씨 26.4도와 16.2도, 여름철 평균 최고기온과 최저기온은 각각 섭씨 30.3도와 21.4도, 겨울철 평균 최고기온과 최저기온은 각각 섭씨 21.9도와 10.0도다. 해수의 온도는 겨울철인 7월에 섭씨 21도, 여름철인 2월에는 27도, 연평균 24도를 나타낸다.

도시재생의 연혁

19세기 초반까지 원주민의 정주지였던 사우스뱅크는 19세기 중반 유럽에서 온 이주정착민들에 의해 수상교통의 거점이자 상업지역으로 변화했다. 이후 19세기 말 대홍수 및 선착장의 이전과 1970년대 항구의 이전으로 침체기를 거쳤으며, 1970년대 이후에는 소수인종의 집단 주거지역을 형성하면서 점진적으로 쇠퇴했다. 1970년대 이후 주 정부와 지방정부가 사우스브리즈번 지역의 재생을 위해 일부 사업을 추진했으나 성과는 미미했다. 그러다가 1984년에 사우스뱅크가 88 엑스포 개최 부지로 선정되고 1988년에 엑스포를 성공적으로 치르면서 재활성화되는 기회를 맞았다. 이후 1989년에 관련 법이 제정되고 관련 기구가 설립됨으로써 사우스뱅크 재생의 제도적 기반이 마련되었고, 1990년과 1997년 각각 두 차례에 걸쳐 마스터플랜이 수립되어 종합적이고 체계적으로 사우스뱅크의 재생사업이 진행되었다. 더불어 사우스뱅크는 1990년대에 수변 여가 공간으로서 파크랜드(Parkland), 문화시설 거점으로서 퀸즐랜드 문화센터(Queensland Cultural Centre), 그레이 스트리트(Grey Street) 및 멜버른 스트리트(Melbourne Street)의 가로 정비, 보행자 교량인 굿윌브리지(Good-will Bridge) 건설에 의한 접근성 개선 등 공공 공간의 환경정비사업이 추진되었을 뿐만 아니라 아버 온 그레이(Arbour on Grey)와 같은 다양한 기능의 사업이 공공과 민간의 파트너십을 바탕으로 진행되었다.

1. 사우스뱅크의 형성과 번영 그리고 쇠퇴까지

브리즈번 강을 중심으로 브리즈번 도심 남쪽 지역에 위치한 사우스뱅크는 1800년대 초기까지 야생 열대우림 지대였으며, 투발족the Turrbal과 유게라 족the Yuggera이 거주하며 만나고 교류하는 장소였다. 1840년대 초에 이르러 초기 유럽 이주민들이 사우스뱅크 지역에 정착하면서 주거지역이 형성되었다. 특히 1842년에 브리즈번 도시가 자유정착지로 개방되면서 사우스뱅크는 브리즈번의 수상교통의 중심지역으로서 상업지역을 형성했으며, 1800년대 중반까지 브리즈번의 문화와 교역활동의 중심지가 되었다(사우스뱅크 코퍼레이션 웹사이트). 1850년 이후 브리즈번 강 북쪽 지역에 세관이 들어서면서 도시로서 면모를 갖추기 시작해 브리즈번 시의 중심업무지역으로 발전했는데, 이와 달리 1880년대 도시 성장의 붐 시대에 사우스뱅크는 주거지역으로서의 매력은 지속적으로 증가했지만 전체적으로는 쇠퇴하는 모습을 보였다. 특히 1890년대 이후 경제적으로 침체되었는데, 이러한 상황은 1893년에 일어난 대홍수로 더욱 악화되었다. 결과적으로 대부분의 상업 활동이 북쪽의 강 상류지역으로 이동했고, 선박장은 브리즈번 강 지류로 이전되었으며, 강을 건너는 새로운 연결성은 사우스브리즈번을 우회하는 결과를 야기했다(Fisher et al, 2004). 이러한 상업 기능의 이전과 수상교통 거점시설이었던 선박장의 이전은 교통 결절점으로서 사우스뱅크의 입지적 우위성을 약화시켰고, 교역에 의한 상업 업무 기능의 약화를 초래했으며, 그 결과 사우스뱅크 지역은 더욱 쇠퇴했다.

20세기에 들어 사우스뱅크는 다시 수상교통의 거점으로서 항구 기능을 중심으로 성장했는데, 1930년대까지 시장, 부두, 댄스홀, 극장 등이 들어서 사람들의 활동이 활발한 강변의 항구와 산업지역으로 활성화되었으며, 1950년대까지도 사우스브리즈번 지역은 브리즈번의 무역 중심지였다. 특히 제2차 세계대전 기간에 사우스브리즈번은 수많은 클럽과 극장, 영화관, 호텔을 바탕으로 활기가 넘치는 곳으로서, 브리즈번의 엔터테인먼트 기능을 담당했다(Stevens,

| 원주민 거주 및 교류 장소 | | 1945년 제2차 세계대전 당시 상업지역으로 부흥 | 엑스포 부지를 중심으로 종합적 계획 수립과 단계별 재생사업 추진 |

⊙ 사우스뱅크 지역의 형성, 성장, 쇠퇴 진행 과정도

2006).

　그러나 1950년대에 사우스뱅크에 있던 항구가 브리즈번 강 하류의 모턴 베이Moreton Bay 강어귀로 이동하면서 사우스브리즈번은 쇠퇴하기 시작했는데, 이 때문에 기존의 업무시설, 극장, 나이트클럽 등은 문을 닫았고, 이런 기존의 건물은 창고나 경공업 용도의 제조시설로 바뀌었다. 사우스뱅크의 침체는 브리즈번 강 건너에 새롭게 성장하는 현대적인 도심의 중심업무지역CBD과는 상반되는 것이었다(Kozlowski and Huston, 2008). 이것은 19세기 말 대홍수와 함께 나타났던 사우스뱅크의 쇠퇴 과정과 유사한 현상으로, 수상교통의 거점 기능을 하던 항구가 이전하면서 교통 허브 기능이 약화되어 사우스뱅크 지역의 경제적 침체가 발생한 것으로 이해할 수 있다.

　이후 1970년대 중반까지 사우스뱅크는 소수인종을 중심으로 주로 노동자들이 거주하는 도시 노동자 집단 거주지역을 형성했으며, 노동자 집단 거주지역의 시설은 이후 점진적으로 노후화되었고, 사우스뱅크 지역은 경제적 활력을 잃고 쇠퇴했다. 이러한 상황에서 사우스뱅크의 재생을 위해 1977년 퀸즐랜드 주 정부는 브리즈번 수산시장이 점유하고 있던 부지에 세계적 수준의 시설을 갖춘 퀸즐랜드퍼포밍아트센터Queensland Performing Art Centre: QPAC를 건설하기로 결정했지만, 이것이 사우스뱅크 지역의 부흥에 큰 영향을 미치지는 못했다(사우스뱅크 코퍼레이션 웹사이트). 1970년대 중반 이후부터 주 정부 및 지방정부가 사우스뱅크의 재활성화를 위해 진행했던 일련의 정책과 사업은 실질적으로 커다란 파급효과를 가져오지 못했다. 이러한 공공 부문의 노력은 1980년대에 이르러 결실을 맺었다. 1984년에 사우스뱅크가 1988년 엑스포 개최 부지로 선정되고 1988년 엑스포가 성공적으로 개최되면서 사우스뱅크는 전환기를 맞았고, 지역의 재활성화를 위한 도시재생의 실질적인 필요성이 더욱 증대했다.

2. 사우스뱅크 재생의 배경 및 필요성

브리즈번 시 중심을 가로질러 곡선으로 흐르는 브리즈번 강 북쪽에 CBD가 위치하고 그 면적은 2.2km²로 보행 권역에 해당된다. CBD에는 영국 왕실에서 유래한 이름을 따라 명기된 가로가 직교의 격자형으로 구성되어 있다. 앤 스트리트와 로마 스트리트가 만나는 지점에 브리즈번 시청이 있고, 시청 전면에는 보행 광장이 있다. CBD 북서쪽에는 대중교통의 중심 시설인 로마 스트리트 역과 환승센터 Transit Centre, 버스터미널가 위치해 대중교통 복합 환승 체계를 형성하고 있다. CBD 남동쪽 브리즈번 강변과 인접한 곳에는

⊙ CBD 가로망과 사우스뱅크의 위치(점선 안)

식물원City Botanic Garden과 퀸즐랜드 공
과대학교Queensland University of Technology
가 위치한다. 도심 권역 내에서 브리즈
번 강의 남쪽과 북쪽을 연결하는 교량
으로는 빅토리아브리지Victoria Bridge와
굿윌브리지Good-will Bridge가 있다.

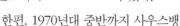
⊙ 브리즈번 도심에 위치한 퀸 스트리트 몰

한편, 1970년대 중반까지 사우스뱅
크는 주로 소수인종을 중심으로 노동자가 거주하는 지역이었고, 이후 시설이
노후화하면서 지역사회도 침체되었다. 1970년대 중반 이후 퀸즐랜드 주 정부는
도심부 관리 차원에서 브리즈번 강을 중심으로 도심과 마주한 사우스뱅크 구역
과 그것이 위치한 사우스브리즈번 지역의 활성화를 도모하기 위해 일련의 재생
사업을 추진했다. 하지만 이러한 공공 부문의 노력은 큰 파급효과를 가져오지
못했다. 1984년 주 정부가 부지를 취득하기 전까지 사우스브리즈번 지역의 개
발은 1978년에 제정된 브리즈번 시 도시계획의 조닝zoning 규정을 적용받았다.
그러나 당시의 도시계획의 조닝 규정은 개발에 대한 일반적인 요구 사항만을
포함하고 구체적인 개발 방향이나 전략 등에 대한 내용은 미비했다.[1] 이러한
사우스브리즈번에 대한 계획 방향의 부재는 곧 점진적인 쇠퇴를 야기했다.

그런데 사우스뱅크 구역이 88 엑스포 부지로 결정된 것은 이러한 상황을 급
격하게 변화시켰다. 사우스브리즈번의 첫 번째 개발관리계획은, 브리즈번 시에
서 수립한 1987년 브리즈번 도시계획의 일부분으로서 준비되었다. 첫 번째 개
발관리계획에서 사우스브리즈번 지역 내 구역을 명확하게 분할했고, 각 구역에

---

① 1978년 브리즈번 도시계획은 주로 개발을 제어하는 데 중점을 두었던 전형적인 성문 조
  항이었으며, 신규 개발에 대한 요구 사항과 토지 이용의 변경 사항을 포함했다. 그러나 3
  차원적인 디자인 개념과 공공 영역의 질에 대한 내용은 포함되어 있지 않았다. 사우스브
  리즈번을 위한 별도의 계획이나 정책, 디자인 가이드라인 등도 없었다(Kozlowski and
  Huston, 2008).

⊙ 도심과 도시 골격 구분 방향도
자료: Brisbane City Council(2006. 3).

대해 분명한 목적과 정책 방향을 수립했다. 1988년 엑스포 부지는 첫 번째 개발관리계획에는 포함되지 않았다. 그러나 브리즈번 시 도시계획에서 특별개발구역Special Development Zoning으로 지정했고, 브리즈번 시의회 및 협의체와 주 정부의 규제 사항이 결정되었다. 브리즈번 시는 1991년에 선정된 기성 시가지 외부 지역의 도시재생을 위해 전담 부서를 설치했으며, 뉴스태드New-Stead 와 뉴팜New Farm 과 같은 강변 외곽 지역의 재활성화에 3억 달러를 투자했다. 사우스뱅크와 캥거루포인트Kangaroo Point 지역은 1990년대 중반에 재정비되었다. 사우스뱅크 지역 정비사업의 추진 과정은 공공 부문과 민간 부문이 함께 정책을 수립하는 파트너십에 의해 진행되었고, 도시설계의 마스터플랜②을 통해 실행되었다(Kozlowski and Huston, 2008).

오늘날 브리즈번 도심부는 '도심부 마스터플랜 2006City Centre Master Plan 2006' 에 의해 관리된다. '도심부 마스터플랜 2006'은 A파트Part A 와 B파트Part B 로 구성된다. A파트는 전략계획strategy plan 에 해당하고, B파트는 그러한 전략계획을 추진하기 위한 실행계획action plan 에 해당한다. 2006~2007년에 브리즈번 시는 '신도심부 근린주구계획New City Centre Neighbourhood Plan'을 준비해 수립했으며, 2006년부터 현재까지 브리즈번 시는 변화하는 환경에 능동적으로 대응하기 위

---

② 일반적으로 호주에서 도시설계는 최근까지도 2차원적 조닝 계획과 개발 제어 규제 조항으로 특징지어지는 전통적인 2차원적 호주의 계획 과정에 통합되지 못했다. 그러나 2002년에 시드니, 애들레이드, 멜버른과 같은 모든 도시에 대한 지방정부의 계획과 도시설계의 지침 및 주요 골격이 통합되었다. 주 정부, 지방정부, 민간 개발자가 공동으로 참여하는 관민 파트너십의 재활성화 프로젝트는 쇠퇴하는 수변 공간이나 산업화 시대의 부지와 같은 지역을 주요 대상으로 하고 있다(Kozlowski and Huston, 2008).

해 A파트(전략계획)의 정책 방향을 매년 검토하며, 이미 발표된 프로젝트는 시행한다. 또한 B파트(실행계획)에 대해서는 미래에 요구되는 작업과 사업의 집행을 위한 프로그램을 만들고자 관련 내용을 매년 검토해 업그레이드한다(Brisbane City Council, 2006). 2005년에 브리즈번 시의회는 사우스뱅크와 도심간 통합적 연계를 바탕으로 한 비전을 수립하기 위해, '도심부 마스터플랜 2006'의 내용에 그동안 특별개발구역으로 구분해서 관리했던 사우스뱅크 지역을 '사우스브리즈번 강변재생계획South Brisbane Riverside Renewal Strategy'의 구역에 포함시켰다.

3. 추진 절차와 주요 내용

사우스뱅크 재생사업은 1989년부터 본격적으로 시작해 오늘날까지 진행되고 있다. 주요 사업의 개요는 다음과 같다. 사우스뱅크 재생사업에 포함되는 면적은 42ha(104에이커)이고, 그중 파크랜드South Bank Parkland를 포함한 공원과 오픈스페이스의 면적은 17ha(42에이커)다. 주요 사업으로는 그레이 스트리트Grey Street와 멜버른 스트리트Melbourne Street의 가로 환경 개선, 여가 공간인 파크랜드 정비, 업무·회의 시설을 갖춘 브리즈번 컨벤션·전시센터Brisbane Convention & Exhibition Centre 건설, 주요 기업 본사 유치, 호텔 등 숙박시설 건설, 레스토랑과 소매점 등 상업 및 편의시설 설치, 도서관·박물관·미술관·공연장 등 문화시설 건설, 그리피스 대학Griffith University South Bank Campus의 예술대학 등 교육시설과 분양 또는 임대형 주거시설 건설 등이 있다.

사우스뱅크의 도시재생 추진 과정은 사우스뱅크 구역에 대한 도시관리계획의 성격과 사업의 특성을 기준으로 크게 세 단계로 구분할 수 있다. 첫 번째 단계는 사우스뱅크 재생의 이니셔티브initiatives 단계로, 1970년대 중반 이후부터 1988년 엑스포 개최 이전까지가 이에 해당한다. 이 시기에는 일반적 도시계획의 조닝 규정에 의해 관리되었으며, 주요 사업으로는 해양박물관Maritime Museum 과 문화시설 등이 개별적인 사업의 성격으로 추진되었다. 1960년대에 사우스브리즈번 지역의 항구 기능 쇠퇴와 함께 퀸즐랜드 주 정부는 1977년에 대규모 지역 재정비계획을 수립하기 시작했으며, 여기에는 도심과 연결되는 빅토리아브리지의 남쪽 끝 지점에서 입체적으로 연결되는 문화센터 건립 계획과 1.9ha 면적의 브리즈번 강변 정비계획이 포함되었다. 먼저 1982년 퀸즐랜드 아트 갤러리Queensland Art Gallery가 완공되었으며, 1980년대 중반에는 퀸즐랜드 박물관Queensland Museum, 퀸즐랜드 주립 도서관State Library of Queensland, 퍼포밍아트센터가 모두 완공되었다. 이러한 브루털리즘Brutalism의 건축물은 모두 건축가 로빈

⊙ 퍼포밍아트센터와 브리즈번 컨벤션·전시센터
자료: Wikipedia(위); BCEC, 2008(Wikipedia)(아래).

깁슨Robin Gibson이 설계한 것으로, 공중의 보행자 데크를 중심으로 각 건물이 서로 연결된다. 한편, 해양박물관은 브리즈번 강변의 1.5km 남쪽에 자리한 미사용 부두 부지에 건설되었다(Stevens, 2006).

두 번째 단계는 사우스뱅크 재생 촉진catalyst 단계로, 1988년 엑스포 개최 기간이 이에 해당한다. 이 시기에 주 정부는 '엑스포공사EXPO Authority'③의 전문 기구를 설립하고 엑스포 개최를 위한 부지를 확보했으며, 엑스포공사가 엑스포 행사에 대한 총괄적인 사업을 추진

③ 엑스포공사가 설립되기 이전에는 '브리즈번 박람회 및 사우스뱅크 개발공사(Brisbane Exposition and South Bank Redevelopment Authority)'가 있었다.

했다.

1988년 엑스포를 개최하기 전까지 사우스뱅크에는 미개발된 강변의 공원과 노후한 상업·업무 시설, 저가의 임대주택이 대부분을 차지했고, 철도 야적장과 여객철도역이 있는 철도 부지가 있었으며, 사우스뱅크 구역 남동쪽 끝 지점에는 해양박물관이 건설 중이었다. 한편, 이러한 사우스뱅크 부지의 소유권 대부분을 커먼웰스 은행Commonwealth Bank과 퀸즐랜드 주 정부, 브리즈번 시가 보유했다. 이러한 상황에서 퀸즐랜드 주 정부는 엑스포 개최 부지를 확보하고 개발하기 위해 엑스포공사를 설립했는데, 이 기구의 주요 기능은 부지 확보 및 개발, 개발 프로그램 관리·운영, 엑스포 개최 이후 재개발계획 수립, 부지 처분 등이었다. 엑스포공사는 66개 민간 부문의 자산을 수용compulsorily acquired하여 토지를 확보했고, 철도역 터미널과 철도 야적장 부지는 도심의 중심상업지역으로 이전했으며, 추가로 약 5ha(12에이커) 면적의 강변 부지를 확보했다(Fisher et al., 2004).

88 엑스포는 1988년 4월 30일 엘리자베스 2세 여왕의 선언으로 공식 개막해 총 6개월 동안 이어졌으며, 'World EXPO Park Amusement Park'라는 공식 슬로건 아래, 총 36개 국가가 참여한 가운데 대회는 성공적으로 치러졌다. 88 엑스포 부지의 시설 배치 계획은 그림 10-1과 같다. 88 엑스포가 성공적이었던 주요 요인은 브리즈번 강변에 엑스포 부지가 위치하는 양호한 입지적 특성, 도심으로부터 강 건너 맞은편에 위치하는 우수한 접근성, 부지 내에서 강변으로의 양호한 수변 조망권 때문이었다.

당시 88 엑스포에는 총 1,800만 명이

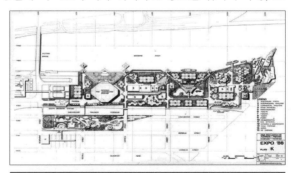

⊙ **그림 10-1** 88 엑스포 시설 배치 계획을 나타낸 도면
자료: Foundation EXPO 88(2004).

방문했고,④ 이는 지역사회에 큰 경제적 파급효과를 가져왔으며, 브리즈번의 도시 이미지를 개선했다. 엑스포는 시민들의 새로운 삶이 도시 공간과 사우스뱅크에 스며들도록 지속적인 엔터테인먼트와 이벤트의 장이 되었다. 더욱이 브리즈번 엑스포의 성공적인 개최로 세계의 이목이 집중되었으며, 이는 브리즈번 시가 오스트레일리아의 주요 도시로 성장하고, 더 나아가 세계적인 수준의 활력 있는 도시로 성장하는 데 결정적인 계기가 되었다. 결과적으로 88 엑스포는 사우스뱅크의 부흥을 통한 도시재생에서 성공적인 촉진제 역할을 했던 것이다.

세 번째 단계는 사우스뱅크 재생의 부흥 renaissance 단계로, 엑스포 개최 이후인 1989년부터 현재까지가 이에 해당한다. 여기서 엑스포 개최 이후 사우스뱅크의 재생 추진 과정은 네 시기로 세분할 수 있는데, ① 1988년 이후 「사우스뱅크 코퍼레이션 법 South Bank Corporation Act: SBCA」이 제정되기 이전 단계, ② 「사우스뱅크 코퍼레이션 법」 제정 및 사우스뱅크 코퍼레이션 South Bank Corporation: SBC 설립과 1990년 마스터플랜 수립 단계, ③ 1992년 파크랜드 조성 단계, ④ 1997년 초기 마스터플랜을 재정비한 1998 마스터플랜 수립 단계 및 2000년 이후 단계다. 이 시기에는 두 차례의 도시설계 마스터플랜을 수립하고, 이를 토대로 파크랜드 등 공공 공간과 다양한 문화·편의 시설을 건립했는데, 특히 1990년대 초반부터 중반까지 단계별로 사업이 추진되었다. 2005년 이후에는 도심부 관리

---

④ 이런 방문객 수는 당초에 기대했던 800만 명이라는 수치를 훨씬 능가하는 것이었다(사우스뱅크 코퍼레이션 웹사이트).

88 EXPO

사우스뱅크코퍼레이션 법 제정 및 사우스뱅크코퍼레이션 설립

1990 마스터플랜

1997 마스터플랜(1997~201)

파크랜드 개장

1988년 1989년 1990년 1992년 1995년 1996년 1997년 1998년 1999년 2001년 2008년 2010년

브리즈번 컨벤션 · 전시센터
파크애비뉴 콘도미니엄

ABC 방송국
우수저류지 및 재활용센터
보행로

리지스 사우스뱅크 호텔
퀸즐랜드 음악 및 오페라 공연장

그레이 스트리트

브리즈번 관람차

아이맥스 & 호이츠 사우스뱅크 시네마
디즈 센터
에너젝스 브리즈번 아버

굿윌브리지
퀸즐랜드 예술대학
아버 온 그레이 & 갤러리아

⊙ 88 엑스포 이후 사우스뱅크의 주요 계획 및 사업 추진 과정

계획의 성격에 해당하는 '사우스브리즈번 강변재생계획 South Brisbane Riverside Renewal Strategy'을 수립했고, 사우스뱅크 구역이 이 계획에 포함되어 도심부와의 통합적 연계 관리가 이루어지고 있다.

1988 엑스포 개최 이후, 퀸즐랜드 주 정부는 엑스포 부지를 매각하려는 계획을 세웠다. 엑스포공사는 "퀸즐랜드 주 정부에 재정 부담이 되지 않는 경제적 타당성을 확보할 수 있는" 법적 의무를 부여받았으며, 이를 위해, 설계 공모를 한 결과, 공공 부문의 요구 사항에 대한 민간 부문의 제안된 계획안으로서 'The River City 2000 컨소시엄'의 계획안[5]이 채택되었다. 한편, 주 정부의 엑스포 부지 매각 정책에 반대했던 브리즈번 시와 시민들은 사우스뱅크를 공공성을 확보할 수 있는 방향으로 개발할 것을 요구했으며, 브리즈번 시민들은 엑스포 부

---

[5] 채택된 계획안에는 카지노를 포함한 2개 호텔, 50층 규모의 세계무역센터, 업무시설, 주거시설, 관광 지향의 소매점, 엑스포 부지를 통과하는 운하 건설, 브리즈번 강에 인공섬 조성 등의 내용이 포함되었다. 한편, 88 엑스포 부지를 준비하면서 세운 원칙 가운데 한 가지는 브리즈번 시에서 엑스포 부지가 지니는 물리적 · 상징적 의미가 엑스포 개최 이후에도 지속되어야 한다는 것이었다(Fisher et al., 2004).

지가 시민을 위한 장소로 남을 수 있도록 의회 밖에서 정치적 영향력을 행사했다(Urban Land Institute, 2004). 이렇게 지방정부와 시민들이 적극적으로 의견을 표출한 결과, 퀸즐랜드 주지사는 엑스포 부지 매각 결정을 철회하고 원점에서 다시 접근하겠다고 선언했다. 이에 따라, 주 정부와 브리즈번 시로부터 권한을 위임받은 임시위원회가 결성되었으며, 임시위원회는 엑스포 부지 개발 방향 설정과 관련하여 외국 사례를 검토하는 등 다양한 활동을 펼쳤다. 이후 퀸즐랜드 주 정부는 1989년에 임시위원회를 해체하고, 엑스포 부지의 종합적이고 체계적인 개발 및 관리를 위해 「사우스뱅크 코퍼레이션 법」 제정 후 사우스뱅크 코퍼레이션이라는 전문 기구를 설립했다. 사우스뱅크 코퍼레이션은 사우스뱅크의 개발 방향에 대해서 이전의 임시위원회의 활동 결과를 비롯해 다양한 시민들의 의견을 수렴하여 1990년에 도시설계 마스터플랜을 수립했다. 초기 마스터플랜에서 사우스뱅크에 대한 도시설계의 골격은 세 개로 구성되었는데, 이는 가로망 골격으로서 그레이 스트리트, 공원 골격으로서 보행축의 아버the Arbour, 브리즈번 강의 경계에 순응하는 수변 경관축의 브리즈번 강이었다.

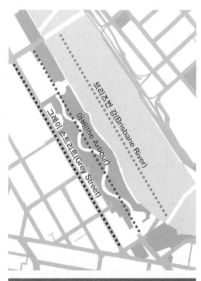

⊙ 사우스뱅크의 도시설계 3개 골격

이후 사우스뱅크 코퍼레이션은 엑스포 부지에 파크랜드를 조성해 1992년 6월에 개장했다. 파크랜드는 면적이 17ha(47에이커)이며, 도심의 CBD 조망을 확보하는 인공해변인 스트리트 비치(올림픽 규모 수영장 다섯 개를 채울 수 있는 수량)와 석호潟湖, 정원과 열대우림 보행로, 개방형 피크닉 및 바비큐 장소, 20개 이상의 레스토랑과 카페, 유료 관광의 매력 요소, 자전거로와 보행산책로 등으로 조성되었다. 개장 이후 파크랜드에는 내·외국인을 포함해 약 4,000

만 명 이상이 방문했다.

이처럼 높은 공공성을 확보한 파크랜드의 개장과 함께, 1990년대 중반 이후부터 사우스뱅크에는 여러 재생사업이 추진되었다. 1995년에는 7.5ha(18.5에이커) 부지에 연면적 7만 4,870m² 규모의 브리즈

ⓞ 사우스뱅크의 인공해변(Streets Beach)
자료: Jyoti Das, 2010(Flickr).

번 컨벤션·전시센터와 파크애비뉴 콘도미니엄 Park Avenue Condominium 이 건설되었으며, 1996년에는 리지스 호텔 Rydges South Bank Brisbane Hotel 과 퀸즐랜드 음악·오페라 공연장 Queensland Conservatorium of Music and Opera 이 완공되었다. 이러한 초기 도시설계 마스터플랜에 기초한 다양한 재생사업의 추진과 함께 마스터플랜에 대한 여러 문제점도 제기되었다. 주 정부는 1990년 초기 마스터플랜의 내용을 보완해 1998년에 새로운 마스터플랜을 수립했다. 이런 두 번째 마스터플랜을 토대로 1999년에는 아이맥스 극장 및 영화관이 개관했고, 10층 규모의 디즈 Thiess 사옥이 입주했으며, 사우스뱅크 중심부의 보행축에 해당하는 에너젝스 브리즈번 아버 ENERGEX Brisbane Arbour 가 조성되었고, 2단계로 그레이 스트리트 정비가 시행되었다. 2001년에는 사우스뱅크와 도심 간 연결성을 개선하기 위해 자전거와 보행자 전용의 굿윌브리지가 건설되었고, 그리피스 대학교의 예술대학 Queensland College of Art 이 리노베이션 및 증축되었으며, 상업·엔터테인먼트·주거 등 복합 용도의 아버 온 그레이 Arbour on Grey 와 갤러리아 The Galleria 프로젝트가 진행되었다. 2008년에는 퀸즐랜드 주 정부 수립 150주년을 기념해 높이 60m의 브리즈번 관람차 Wheel of Brisbane 가 조성되었다. 사우스뱅크에서 기존의 건축물이나 구조물을 보존하거나 재이용하는 사례는 네팔 파고다 Nepal Pagoda 를

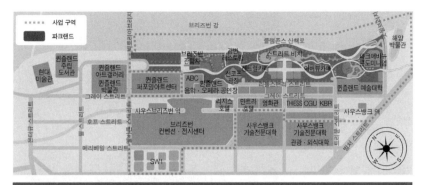

포함해 사우스뱅크 내 리틀스탠리 스트리트Little Stanely Street 가로변에 위치한 두 개의 기존 건축물⑥이 상업시설 및 숙박시설로 활용되었다.

최근까지도 사우스뱅크에서는 사우스뱅크 코퍼레이션에 의해 다양한 사업이 기획·계획되어 추진되었다. 이와 관련해 사우스뱅크 변화를 촉진하는 주 정부 프로젝트 가운데 한 가지가 멜버른 스트리트의 환경개선사업으로 가로경관visual amenity을 향상하고 보행 연계성을 확보하는 것이다. 또 다른 보행 연계성 개선 프로젝트로서 사우스뱅크의 북쪽 구역과 강 건너 도심 및 북쪽 강변의 재개발지역을 보행자 전용 교량으로 연결하는 계획을 추진하고 있다. 또한 사우스뱅크에 인접하는 사우스브리즈번 지역 주민의 브리즈번 강변으로의 접근성을 향상하기 위해 10년을 목표로 파크랜드 내 강변의 주요 보행로와 연결되는 길이 70m의 보행로의 환경개선사업이 추진되고 있으며, 사우스뱅크에 대한 방문객의 인지성clarity을 높이기 위해서 장기적인 성격의 새로운 '브랜드 주거' 전략이 수립되기 시작했다. 이 외에도 주요 사업으로 450여 명의 ABC 직원이 근무할 ABC 본사ABC headquarters와 브리즈번 오케스트라 심포니Brisbane Orchestra

---

⑥ 주요 건축물로는 올개스 하우스(Allgas House, 기존 Caledomain House)와 플라우인 (Plough Inn, 기존 Plough Inn Hotel)이고, 2000년 10월 30일에 역사유산(Heritage)으로 각각 등재되었다.

Symphony가 입주할 건물이 1만 5,500m² 부지에 2011년 말 들어섰다. 이와 함께 파크랜드에는 지속가능한 사우스뱅크를 만들기 위한 노력의 일환으로 우수저류지 및 재활용센터 Stormwater Harvesting and Reuse Centre: SHARC 건설 프로젝트가 브리즈번 관람차 인근에 위치한 약 900m² 규모의 부지 지하 공간에서 2010년 2월 말 시작되었다.

사우스뱅크가 브리즈번 시민이 지속적으로 애용하는 삶의 공간이 될 수 있었던 중요한 요인 가운데 하나는 벼룩시장 Lifestyles Market ⑦이다. 사우스뱅크가 수변 문화 공간으로서 기능하는 데 필요한 물리적 환경을 하드웨어라 한다면, 벼룩시장은 그러한 공간에서 시민들이 다양한 활동을 할 수 있는 프로그램으로서 소프트웨어에 해당한다. 이 때문에 사우스뱅크는 브리즈번 시민은 물론 국내외 방문객이 자발적으로 참여해 도심의 새로운 사회적 교류의 장소로서 매력적인 공간이 되는 것이다. 시민들의 자발적인 참여로 이루어지는 벼룩시장과는 별도로, 사우스뱅크 코퍼레이션은 사우스뱅크의 관리 및 운영과 더불어 각종 이벤트나 프로그램을 기획·시행하는데, 이를 통해 2009년부터 2010년 사이에 총 172개의 이벤트⑧를 진행했다.

사우스뱅크에서의 재활성화는 수년 동안 진행되었으며, 최근의 다양한 프로젝트는 이러한 재활성화를 더욱 촉진하고 있다. 사우스뱅크 활성화는 사우스브리즈번 남쪽 지역과 웨스트엔드 West End 의 인근 교외지역에도 영향을 미쳐 주거

---

⑦ 벼룩시장은 매주 금요일 오후 5~10시, 토요일 오전 10시~오후 5시, 일요일 오전 9시~오후 5시에 운영되며, 예술품이나 수공예품, 생활잡화, 수집품, 이국적 소품, 각종 의류 등 다양한 물품이 매매된다. 또한 일반 시민이 참여하는 벼룩시장과 함께, 매달 첫 번째 일요일 오전 10시부터 오후 4시에는 브리즈번 지역사회의 신진 디자이너들이 참여하는 벼룩시장도 열린다. 여기에서는 브리즈번의 재능 있는 젊은 디자이너들 가운데 일부 디자이너들이 최신 유행하는 의류와 각종 액세서리를 전시하고 판매한다.

⑧ 대표적으로, 메르세데스 벤츠 패션 페스티벌(Mercedes-Benz Fashion Festival)이 열렸으며, 제1회 아시아-태평양 디자인 트리에니얼(Asia-Pacific Design Triennial) 행사가 파크랜드에서 열렸다.

지 개발이 브리즈번 강변을 따라 점적으로 진행되고 있다. 사우스뱅크 내 주요
사업과 각 사업별 주요 내용을 시대별로 정리하면 표 10-1과 같다.

연도	주요 사업 및 내용
1979	· 해양박물관: 공공 주체
1982	· 퀸즐랜드 아트갤러리: 공공 주체
1985	· 퀸즐랜드 박물관, 퀸즐랜드 주립 도서관, 퍼포밍아트센터: 공공 주체
1988	· 88 엑스포 개최: 공공 주체
1989	· 부지 조성: 사우스뱅크코퍼레이션(이하 SBC) 주체
1992	· 파크랜드 개장: SBC 주체, 17ha 부지에 인공해변, 열대우림 보행로, 개방형 피크닉 · 바비큐 공간, 레스토랑 및 카페, 자전거로 및 산책로 등 조성, 방문객 4,000만 명 이상 유치
1995	· 브리즈번 컨벤션 · 전시센터: SBC와 공공 주체로 1995년에 개관, 7.5ha 부지, 연면적 7만 4,870m² 에 전시실 4개, 4,000석 규모 대형 홀, 2,000석 규모 회의실, 16개 소회의실 등으로 구성 · 파크애비뉴 콘도미니엄: SBC와 공공 주체
1996	· 리지스 호텔: 민간(Lydges) 주체로 6,000만 달러를 투자해 1996년에 개장 · 퀸즐랜드 음악 · 오페라 공연장: SBC와 공공 주체
1999	· 아이맥스 극장 및 영화관: 민간(Hoyts) 주체로 2,000만 달러를 투자해 1월에 개관, 호이츠 사우스뱅크 영화관이 3월에 개관 · 디스센터(Thiess Centre): 민간(Thiess) 주체로 3,000만 달러를 투자해 10층 규모의 업무시설 건설, 직원 300명 이상 근무 · 에너젝스 브리즈번 아버: SBC와 공공 주체로 11월에 완공한 사우스뱅크의 종방향 보행 중심축, 덩굴식물인 부겐빌리아(Bougainvillea)가 식재된 403개의 아연 기둥으로 구성 · 그레이 스트리트 정비: SBC와 공공 주체로 2단계로 가로 환경 정비하여 12월에 완료
2000	· 브리즈번 시 역사유산 등재: 올개스 하우스(구 케일도메인 하우스), 플라우인(구 프라우인 호텔)(2000년 10월 30일)
2001	· 굿윌브리지 신설: SBC와 공공 주체로 도심과 사우스뱅크의 연계성을 개선하고자 길이 396m 규모의 자전거 및 보행자 전용 교량 건설(2001년 10월 완공) · 그리피스 대학교 예술대학 리노베이션 및 증축: SBC와 대학 주체로 3,300만 달러 투자 · 아버 온 그레이와 갤러리아: SBC와 Mirvac 간 파트너십으로 12억 달러 투자해 복합 용도(분양 및 임대용 주거, 상업 엔터테인먼트)로 개발
2002	· 브리즈번 시 유산 등재: 네팔 파고다
2008	· 브리즈번 관람차: SBC와 공공 주체로 주 정부 수립 150주년을 기념해 설치, 높이 60m, 곤돌라 42개
2010	· 새로운 '브랜드 주거' 전략, 172개의 이벤트 개최 · ABC와 브리즈번 오케스트라 심포니 입주 건물 착공(2011년 말 준공): 부지 1만 5,500m², ABC 직원 450여 명 근무 · 우수저류지 및 재활용센터(SHARC) 프로젝트: 부지 900m²의 지하 공간에 2010년 2월 착공, 지속가능한 사우스뱅크 구역 지하저류지 및 수자원 재이용 · 보행로(The Boardwalk) 재정비 사업: 인접 지역으로부터 강변으로의 접근성 개선을 위한 사업 시행

⊙ 표 10-1 사우스뱅크의 주요 사업과 내용
자료: South Bank Corporation(2010); Fisher et al.(2004)을 참고하여 재구성.

① 에너젝스 브리즈번 아버, ② 파크랜드의 레스토랑과 카페, ③ 파크랜드와 문화시설, ④ 선코프 광장, ⑤ 강변 산책로

4. 추진 주체

사우스뱅크 재생사업의 추진 주체인 사우스뱅크 코퍼레이션은 사우스뱅크 개발계획을 수립하고 시행하며 사우스뱅크 구역을 관리·운영하는 데 주도적인 역할을 한다. 사우스뱅크 코퍼레이션의 주요 업무 영역은 기업 운영 및 상업 활동, 계획 수립과 프로젝트 관리, 커뮤니케이션과 마케팅, 구역 내 자산 관리와 운영 등이다. 사우스뱅크 코퍼레이션은 사우스뱅크를 지속적으로 관리하기 위해 1989년에 퀸즐랜드 수상과 의회의 승인을 거쳐 제정된 「사우스뱅크 코퍼레이션 법」에 기초하여 설립되었다. 1989년에 제정된 「사우스뱅크 코퍼레이션 법」에서 규정된 사우스뱅크 코퍼레이션의 주요 임무는 다음의 다섯 가지로 요약된다. 첫째는 개발에 대한 홍보, 편의시설 마련, 사업 시행 및 통제, 토지와 사우스뱅크 코퍼레이션 소유 영역 내에서 다른 부동산에 대한 처분과 관리이며, 둘째는 사우스뱅크 코퍼레이션의 영리와 비영리 기능 사이의 적절한 균형 유지, 사우스뱅크 코퍼레이션 사업 구역이 브리즈번 도심의 내부 시가지에서 다른 공공 이용의 부지와 중첩하기보다는 보완하는 지역으로서의 기능 유지이고,

사우스뱅크 코퍼레이션의 조직 및 업무 영역
· 1989년 「사우스뱅크 코퍼레이션 법」에 근거하여 설립
· 1998년 「사우스뱅크 코퍼레이션 법」개정
· 주 정부 및 지방정부 지원

조직 구성	업무 영역
· 최고경영자	· 부동산 관리
· 이사회	· 도시설계
· 운영위원회	· 프로젝트 관리
· 도시설계 자문위원회	· 이벤트 관리
· 직원(90여 명)	· 마케팅 서비스
	· 조경 관리
	· 방문객 서비스
	· 프로젝트 모니터링

⊙ 사우스뱅크 코퍼레이션의 조직 구성 및 업무 영역

셋째는 지방, 지역, 국제적 방문객을 위해 다양한 범위의 여가·문화·교육 인프라 제공이며, 넷째는 지역 커뮤니티에 혜택을 줄 수 있는 공공의 이벤트와 엔터테인먼트 제공이고, 다섯째는 오프스페이스와 주차 영역에 대한 우수하고 혁신적인 관리 달성 등이다.

사우스뱅크 코퍼레이션에는 기구의 운영을 총괄하는 최고경영자를 중심으로 정규직원 90여 명이 있으며, 이사회와 업무·예술·건설·금융·디자인 등 지역사회의 관련 전문가들로 구성된 운영위원회가 있다. 특히 사우스뱅크 코퍼레이션은 도시설계 자문위원회를 운영하는데, 자문위원회는 민간 부문의 개발 제안서를 평가하고 사우스뱅크 코퍼레이션 이사회에 자문 의견을 제공하는 역할을 맡는다. 무엇보다도 사우스뱅크 코퍼레이션은 개발계획 수립 및 집행뿐 아니라 사업이 완료된 이후에도 사우스뱅크에 대한 관리·운영은 물론 모니터링을 시행함으로써 사우스뱅크에 대한 종합적이고 지속적인 관리를 담당한다는 것이 큰 특징이다.

한편, 사우스뱅크 내 주요 개발사업은 스탁랜드 Stocklands Corporation Limited, 허니콤 Honeycomb, 미르백 Mirvac Group, 세이머 Seymour Group, 디즈 Theiss 등 호주 민간 기업뿐 아니라 그리피스 대학교, TAFE와 같은 교육기관 등 다양한 주체와의 파트너십에 의해 추진되고 있다.

2011년 현재 사우스뱅크 코퍼레이션은 자산 규모가 총 7억 달러 정도이며, 매년 다양한 사업을 추진하고 있다(사우스뱅크 코퍼레이션 웹사이트; South Bank Corporation, 2010). 또한 웹사이트를 구축해 사우스뱅크에 대해 지속적으로 홍

구분	2009년	2010년
이용자 요금 (user charges)	35,682	34,010
상품 판매 (sale of goods)	19,343	19,134
개발물권 매각 (sale of development property)	6,558	8,455
이자 (interest)	4,453	5,146
기타 (other)	464	471
운영 보조금 및 기부금 (operating grant and other contributions)	10,325	10,025
대수선 관련 비용 보조금 (capital project grants)	78,870	26,716
투자 물권의 재평가상 수익 (gain on revaluation of investment property)	–	2,950
계	155,695	106,907

⊙ **표 10-2** 2009~2010년 사우스뱅크 코퍼레이션의 수입 (단위: 1,000AUD)
자료: South Bank Corporation(2010).

보 및 안내를 한다. 오늘날 사우스뱅크 코퍼레이션은 부동산 관리, 도시설계, 프로젝트 관리, 이벤트 관리, 마케팅 서비스, 조경 관리, 방문객 서비스 등 종합적인 역할을 수행한다. 2009~2010년도의 사우스뱅크 코퍼레이션의 수입 구조는 표 10-2와 같으며, 구역 내 시설 이용료, 상품 판매, 개발물권 매각, 운영 보조금 및 기부금 등으로 구성된다.

5. 관련 제도 및 전략

사우스뱅크 재생 과정에서 관련된 제도 및 계획은 재생사업이 추진되었던 시기별로 다음과 같다. 첫째는 사우스뱅크를 포함해 브리즈번 시의 도시계획과 관련된 일반적 사항을 제어하기 위해 1978년에 제정한 브리즈번 시 도시계획의 조닝 규정이다. 이와 함께 1984년 주 정부가 사우스뱅크 부지를 취득한 이후 1987년에 사우스뱅크는 브리즈번 시 도시계획의 특별개발구역으로 지정되었고, 사우스뱅크의 개발관리를 위한 계획이 수립되었다. 여기에는 사우스뱅크에 대한 구역 분할, 구역별 목표 및 개발 방향, 개발 요구 사항 등을 포함했다.

둘째는 88 엑스포 이후 사우스뱅크를 종합적이고 체계적으로 개발·관리하기 위해 퀸즐랜드 주 정부의 법적 승인하에 제정된 「사우스뱅크 코퍼레이션법」과 이에 기초해 설립된 사우스뱅크 코퍼레이션이다. 특히 「사우스뱅크 코퍼레이션 법」은 사우스뱅크의 개발계획 수립 및 사업 추진과 관련해 주로 적용된 근거 법이었고, 사우스뱅크 코퍼레이션은 사우스뱅크 구역 내 부지 개발에 대한 계획 수립 및 성공적인 개발과 관리·운영의 책임을 지닌 주체였다. 「사우스뱅크 코퍼레이션 법」 제정 당시 사우스뱅크 부지의 개발계획과 관련한 내용에는, 사우스뱅크가 방문자에게 즐거움을 줄 수 있는 세계적 수준의 레저·업무·주거 지역이 되어야 하고, 브리즈번 지역사회와 투자자에게 경제적 타당성을 확보해주어야 한다는 등의 내용이 포함되었다. 1989년 제정된 「사우스뱅크 코퍼레이션 법」의 주요 내용은 다음과 같다(State of Queensland, 1989).

· 주 정부, 시, 사우스뱅크 코퍼레이션, 전문가, 기업의 주요 활동에 관한 사항
· 사우스뱅크 코퍼레이션의 승인된 개발계획의 유지 및 관리에 관한 사항
· 사우스뱅크 코퍼레이션의 소유 부지 내 개발에 대한 조정에 관한 사항
· 사우스뱅크 코퍼레이션의 제어 가운데 소유가 확정된 부지의 임대 또는 처분에 관한 사항
· 홍보, 기구 조직, 사우스뱅크 코퍼레이션 소유 부지에 방문객 유치, 교육, 여가, 엔터테인먼트, 문화, 상업 활동 유치에 관한 사항
· 퀸즐랜드 거주민뿐만 아니라 국내외 관광객을 유치하기 위한 레저, 관광, 컨벤션에 대한 홍보와 방문객들에게 즐거움을 제공하기 위한 사우스뱅크의 마케팅 및 홍보에 관한 사항
· 투자자와 금융전문가, 사업가에게 매력적이고 활력 있는 주거 및 상업 지역으로서 사우스뱅크를 개발하기 위한 사항

한편, 사우스뱅크 코퍼레이션이 사우스뱅크 재생사업을 성공적으로 추진하기 위한 토대가 되었던 주요 전략은 도시설계의 마스터플랜이다. 도시설계 마스터플랜은 1990년과 1997년에 각각 두 차례에 걸쳐 수립되었으며, 1998 마스터플랜은 초기 마스터플랜의 문제점을 보완하고 여건 변화에 따른 도시의 요구사항을 능동적으로 반영해 수립되었다. 1990년 수립된 마스터플랜은 목표 연도가 10~20년이었고, 최종 계획은 1990년 4월에 발표되었다. '1990년 마스터플랜'의 주요 내용은 다음과 같다(Fisher et al., 2004).

· 역사적 건물은 건물 전체를 유지
· 엑스포 기간에 없어졌던 이전의 스탠리 스트리트에 있는 2개의 역사적 건물 주변에 광장 조성
· 개발계획에는 브리즈번 강변 매립으로 조성된 1.4ha(3.5에이커)를 비롯해 약 16ha(40에이커)의 오픈스페이스가 포함되게 함
· 도입 기능 및 시설과 규모: 총 연면적 44만 2,030m², 상업시설(18만 2,555m²), 컨벤션 공간(4만 4,965m²), 호텔(6만 8,190m²), 645세대 규모의 주거 공간(8만 4,265m²), 소매·음식·음료 판매 시설(2만 4,805m²), 차량 5,900대 수용 규모의 주차 공간

- 철로 위의 공중권을 포함해, 시행되는 대부분의 개발은 부지의 후면부에 위치
- 개발 부지에는 750명이 동시에 이용할 수 있는 가족형 해변과 열대우림 및 인공습지와 같은 여가·휴게 공간 제공
- 향후, 차량 통행의 편의를 위해 도로를 4차선으로 확장하는 것과 그레이 스트리트에 2차선의 버스 노선을 조성하고, 보행자의 대중교통 이용의 편의를 돕기 위해 간선도로는 버스 노선에 조성
- 도시설계 주제를 'The Park within The Building within The Park'로 함으로써 건물보다 그것을 이용하는 사람이 더욱 중요하다는 것을 강조

초기 마스터플랜이 수립되고 사우스뱅크의 파크랜드가 개장한 이후 5년이 지난 1997년까지 사우스뱅크에 대한 문제점도 대두하기 시작했다.[9] 이에 따라, 1997년에 사우스뱅크 마스터플랜을 수립하는 데 착수했다. 1998 마스터플랜의 주요 목표는 사우스뱅크의 장소적 정체성 강화, 시민과 비즈니스에 더욱 다양한 기회 제공, 주변 지역과의 접근성 및 연계성 강화였다. 이를 위해 사우스뱅크 도시설계의 기본 목표를 독특하고 특별한 도시 여가 공간을 창출해 개발 잠재요소를 이미 조성된 파크랜드에 포함하여 통합하는 것, 개발은 높은 수준의 디자인으로 진행할 것, 각 개발은 상호 연계성을 유지할 것, 환경과의 조화를 이룰

---

[9] 1997년 당시 제기된 문제점으로는 다음과 같은 사항을 들 수 있다. 먼저, 접근성에 문제가 있었다. 수로를 가로지르는 다리들과 연결되는 지상주차장 동선은 노약자나 보행기 이용자가 이용하는 데 어려움이 있었다. 연속적인 접근로의 환상동선의 경우, 사우스뱅크 남쪽 끝부분과 도심부 및 왕립식물원(Royal Botanic Gardens) 간 보행 연결이 필요했다. 사우스뱅크는 시민들에게 주말에만 이용하는 곳으로 인식되었으며, 이 때문에 주말에는 상업시설의 매출액이 높지만 주 중에는 저조했다. 야생식물원을 비롯해 환경센터와 수로를 운행하는 페리와 같이 관광객에게 매력적인 시설들은 재정적으로 열악하여 운영이 중단되었다. 개발협의체로서는 초기의 승인된 계획이 만족스럽지 못했는데, 그 이유는 첫째로 건물의 개발 규모에 대한 엄격한 요구 사항이 존재했다는 것, 둘째로 초기 승인된 계획은 관광객 중심으로 설정된 소매점과 상업 여가 편의시설이 개발자에게 적은 이익을 가져다주는 부문에 중점을 두었다는 것 등이었다.

것 등으로 설정했다. 또한 마스터플랜의 개발계획 및 도시설계 기본 원칙으로는 통합적인 도시설계 접근, 고품질의 디자인, 디테일의 중점, 최대한 많은 공공 공간 조성, 흡수성permeability, 공공예술의 중점, 도시경관의 중점 등이 제시되었다. 1998년 마스터플랜의 주요 전략은 다음과 같다(Fisher et al., 2004).

· 그레이 스트리트에 있는 버스 통행로를 없앨 것
· 보행 동선과 자동차 동선을 재배치하여 평면 교차하게 할 것
· 진입 지점에 대한 식별성을 높일 것
· 사우스브리즈번의 전통적 가로 패턴을 재현하도록 그레이 스트리트와 개방된 교차 가로를 재편성할 것
· 정적인 여가 활동을 할 수 있는 공원을 추가적으로 조성할 것
· 가로변에 위치하는 건축물의 저층부는 보행 활동이 활성화되도록 다양한 용도로 계획할 것
· 개방된 공간은 강 그리고 중심 시가지와 연결할 것
· 공원 내에서 이루어지는 기능을 통합하거나 늘릴 것
· 인접한 용도가 연계되도록 권장할 것
· 전통적인 도시 블록으로서 개선된 개발 단위가 되도록 할 것
· 강변으로 수변 활동을 강화할 것

한편, 오늘날 사우스뱅크와 관련된 또 다른 계획으로는 '사우스브리즈번 강변재생계획'이 있으며, 2005년 이후 브리즈번 시에서 도심부 관리를 위해 수립한 '도심부 마스터플랜 2006'이 있다.

6. 소요 예산

오늘날 사우스뱅크에 위치하는 주요 시설의 사업 내용과 관련하여 소요된 예산은 표 10-3과 같다. 여기서 사우스뱅크의 주요 시설별 소요 예산은 사우스뱅크의 추진 과정을 고려해 88 엑스포 개최 이후 사우스뱅크 코퍼레이션이 설립되고 사우스뱅크 코퍼레이션이 참여 주체가 되어 추진했던 주요 사업을 중심으로 정리했다.

연도(준공)	주요 내용	주체	소요 예산 (100만 AUD)
1988	· 88 엑스포 개최	공공	—
1989	· 부지 조성	SBC	105
1992	· 파크랜드 개장	SBC	—
1995	· 브리즈번 컨벤션·전시센터 · 파크애비뉴 콘도미니엄	SBC, 공공	
1996	· 리지스 호텔 · 퀸즐랜드 음악·오페라 공연장	민간 SBC, 공공	60 35
1999	· 아이맥스 극장 및 영화관 · 디즈센터 · 에너젝스 브리즈번 아버 · 그레이 스트리트 정비	민간 민간 민간 SBC, 공공	20 30 — —
2001	· 굿윌브리지 신설 · 그리피스 대학교 예술대학 리노베이션 및 증축 · 아버 온 그레이	SBC, 공공 SBC, 교육 SBC, 민간	35 33 120
2008	· 브리즈번 관람차	SBC, 공공	—
2010	· 강변으로의 접근성 개선사업, 새로운 '브랜드 주거' 전략, 172개의 이벤트 개최 · ABC와 브리즈번 오케스트라 심포니 입주 건물 착공: 부지 1만 5,500m², ABC 직원 450여 명 근무 · 우수저류지 및 재활용센터 프로젝트: 부지 900m²의 지하 공간에 2010년 2월 착공, 지속가능한 사우스뱅크 구역 지하저류지 및 수자원 재이용 · 보행로 재정비 사업: 인접 지역으로부터 강변으로의 접근성 개선을 위한 사업 시행	—	—

⊙ 표 10-3 주요 사업 내용 및 소요 예산
자료: South Bank Corporation(2010); Fisher et al.(2004)을 참고하여 재구성.

7. 재생사업의 성과와 평가

호주 퀸즐랜드 주 브리즈번 시의 사우스뱅크 재생 사례의 가장 중요한 특징
은 88 엑스포가 개최되었던 부지를 성공적으로 활용하여 도심 재생전략의 일환
으로 도심 속 새로운 수변 문화 공간을 창출했다는 것이다. 특히 재생의 촉매제
로서 엑스포 부지를 종합적이고 통합적으로 관리하기 위해 주 정부와 지방정부
가 시민의 의견을 수렴하고 이를 계획 수립 및 사업 추진 과정에서 지속적으로
반영했다는 점이다. 또한 사우스뱅크 재생 사업에 대한 전문적이고 체계적인
계획 수립과 사업 시행, 관리를 위해 「사우스뱅크 코퍼레이션 법」을 제정하고
이에 의거해 사우스뱅크 코퍼레이션이라는 전문 기구를 설립했다는 것이다.

이러한 사우스뱅크 재생사업의 결과, 1999년 한 해에 사우스뱅크에는 500
만 명 이상의 이용객이 방문했으며, 브리즈번의 가장 매력적인 장소로서 공공
성을 확보해 시민들이 이용하기 편리한 수변 여가 공간을 창출했다. 이는 기존
에 사우스뱅크 지역의 낙후하고 노후한 이미지를 개선했을 뿐만 아니라, 브리
즈번 시의 도시 이미지까지 높이는 효과를 가져왔다. 무엇보다도 사우스뱅크
재생사업의 가장 큰 성과는 재생사업 추진에 있어서 시민들이 쉽게 접근하고
이용할 수 있는 공공 공간을 풍부하게 조성하는 등 공공성을 확보하여 사업의
정당성을 확보했다는 것이다. 주 정부와 브리즈번 시는 시민들이 자유롭게 이
용할 수 있는 파크랜드를 공공재원을 투입[10]해 조성함으로써 시민들에게 재생
사업의 정당성을 확보하고 시민들의 호응을 얻었다는 것이다. 이러한 노력은
사우스뱅크 토지이용계획에서 공원, 파크랜드, 광장 등 공공 공간과 문화, 공연,
전시, 관람 등의 구성 비율이 높은 특성에서도 알 수 있다.

사우스뱅크의 계획 수립 및 개발 방식에서 나타난 주요 성과는 도시설계의

---

[10] 오늘날까지도 사우스뱅크 내 라커, 야외 샤워 시설 등에 대한 공공의 투자는 사회적 특성
과 관심이 서로 다른 여러 사람에게 무료 이용이라는 즐거움과 더불어 다양한 선택에 대
한 즐거움도 향상시킨다(Stevens, 2006).

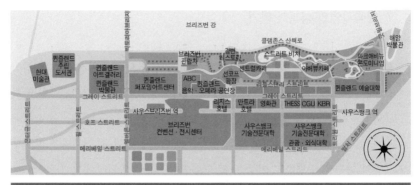

⊙ 사우스뱅크의 주요 시설 위치

마스터플랜을 통해 공공 부문의 3차원적인 비전 제시와 통합적인 계획을 수립했으며, 사업 추진 이후에도 사우스뱅크 코퍼레이션의 지속적인 모니터링을 통해 마스터플랜이 여건 변화에 능동적으로 대응했을 뿐만 아니라 계획의 합리성과 신뢰성을 확보했다는 것이다. 1989년에 수립된 초기 마스터플랜은 재생사업을 추진하는 과정에서 여러 가지 계획 내용상 한계와 문제점이 제기되었으며, 이에 따라 초기 마스터플랜의 개선 방향에 대한 다양한 의견을 수렴해 1998년에 수정된 마스터플랜이 수립되었다. 더불어 2005년에는 '도심부 마스터플랜 2006' 및 '사우스브리즈번 강변재생계획'에 사우스뱅크 구역이 포함되어 도심부 관리계획과 연계하여 통합적으로 관리되고 있다.

사우스뱅크의 재생사업과 관련한 제도 및 전략 측면에서의 성과는 무엇보다도 공공 부문의 제도적 인프라와 종합적이고 일관성 있는 유지·관리 체계를 구축해 운영했다는 것이다. 88 엑스포 개최 이후 주 정부는 1989년 「사우스뱅크 코퍼레이션 법」을 제정하고 이를 기초로 사우스뱅크 코퍼레이션을 설립했으며, 1999년에는 「사우스뱅크 코퍼레이션 법」을 개정하면서 사우스뱅크 구역의 개발계획 및 사업 집행, 관리·운영 등 재생사업 추진의 전반적인 과정을 통합 관리할 수 있는 제도적 여건을 갖추었다.

사우스뱅크의 사업 추진 과정에서의 성과는 주 정부 및 지방정부를 비롯한 공공 부문과 기업, 대학, 시민 등 다양한 민간 부문의 주체가 다양한 형태의 파트너십을 바탕으로 재생사업에 참여했다는 것이다. 또한 1989년 사우스뱅크 코퍼레이션이 설립되어 마스터플랜이 수립된 이후부터 2010년까지 추진된 주요 사업은 1989년부터 1990년대를 거쳐 오늘날까지도 단계별로 진행된다.

사우스뱅크 재생사업의 추진에 따른 경제적 성과로는 사우스뱅크 구역 내 부지의 부동산 가치 상승[11]을 들 수 있다. 사우스뱅크 구역 내 토지 가치는 1997년 마스터플랜이 수립된 이후부터 상승했는데, 1997년 이전에 600만 달러 AUD 정도로 평가되었던 미개발 부지의 가치는 2003년 기준으로 5,800만 달러로 상승했다(Fisher et al., 2004). 1990년대 중반 이후부터 브리즈번은 경제성장과, 소득세 감소, 저이자율 정책 유지 등으로 모든 주택시장이 활성화되었다. 이와 함께, 브리즈번 지역 부동산 가격은 개발사업과 그에 따른 도시 이미지 개선으로 가파르게 상승했다.[12]

8. 한계 및 시사점

호주 브리즈번의 사우스뱅크는 88 엑스포의 개최 부지로서 사우스브리즈번의 재활성에 중요한 기폭제가 되었고, 브리즈번 시민들을 위한 고품격 수변 여

---

[11] 마스터플랜이 수립되어 추진되는 개발 프로젝트들은 인접한 지역의 부동산 가격에 영향을 미친다. 먼저, 개발계획 발표 직후 부동산 가격에 영향을 미치고, 이후 개발 지역의 물리적 환경이 개선되면 이것이 주변 지역에도 영향을 주어 점진적으로 부동산 가치를 상승시킨다(Kozlowski and Huston, 2008).

[12] 예를 들어, 2003년 9월까지 브리즈번의 다른 도심지역 가격 상승률이 평균 25.9%인 것과 비교해 사우스뱅크 내에서 강변 조망이 가능한 곳의 부동산은 186% 상승했고, 사우스뱅크 파크랜드는 완전히 고급화되었으며, 실질적으로 더욱 많은 시민을 위한 중심 시가지의 거주지역이 되고 있다. 침실 2개가 있는 아파트의 평균 가격은 51만 5,000~86만 5,000달러(AUD)에 달한다(Kozlowski and Huston, 2008).

가·문화 공간을 창출했으며, 브리즈번의 도시 이미지를 개선하는 등 긍정적인 파급효과가 나타났다. 그러나 사우스뱅크의 재생에는 다음과 같은 몇 가지 한계점도 지적되었다.

스티븐스(Stevens, 2006)는 1998~2004년에 브리즈번에서 추진되었던 주 정부와 지방정부의 프로젝트가 도시 재활성화에 촉매제가 되었고 지역사회를 부흥시키는 데 기여했음을 인정하면서도, 사우스뱅크 지역에서 다음과 같은 한계가 나타났음을 지적했다. 먼저, 사우스뱅크 지역 일대는 빠르게 고급 주거지로 변화된 사례 지역으로 분류될 수 있으며, 사우스뱅크의 복합 용도 개발 프로젝트는 기존에 노동자 계층의 주거지역이 대규모 고급 주택과 엔터테인먼트 기능이 혼합된 복합 용도의 구역으로 변화되었음을 지적했다. 이와 함께, 수변 공간과 인접한 블록의 형태 디자인과 건물 규모의 거대성 탓에 인근 지역에서 수변 공간으로의 보행 접근성이 결여되었다는 점도 지적했다. 계획 수립 측면에서는 대규모 공공 문화시설(퀸즐랜드 문화센터 등)이 수변을 에워싸고 있어 구역 경계부의 연결성과 접근성이 결여된 점을 언급했다. 또한 토지이용계획에서 전체적으로 사우스브리즈번은 고도로 양극화되어 있는데, 한쪽에는 육중하고 강하게 응집하는 유사한 기능의 문화시설이 밀집해 있고, 다른 한쪽에는 주요한 매력 요소들이 너무나 적은 오픈스페이스가 과도하게 있다는 점을 지적했다.

또한 스티븐스(Stevens, 2006)는 고든(Gordon, 1996)의 지적을 인용하여, 사우스뱅크에서 기존에 존치했던 건조물을 대상으로 그 형태는 유지하고 기능은 변화된 여건에 부합하는 것으로 정비하는, 즉 기존 건조물을 여건 변화에 따라 적응 가능하게 재이용하는 것에 대해 언급했다. 사우스뱅크에서는 몇 개의 리모델링된 19세기의 펍^{pub}이 사우스뱅크 구역 내에 새로운 도시 블록을 형성하는 기반을 제공했다. 이와 함께, 강변에 면하는 블록의 이면부에 단일 매스의 대형 건축물이 입지하여 강변의 시각적 개방감과 식별성이 인접하는 근린주구의 내부 블록까지 확장되지 않고 있으며, 또한 수변 공간 이면 블록의 도시 활력에 영향을 미치는 중요한 요소인 스케일과 도시 공간의 확장성에 대한 고려가 미비하다고 지적했다.

사우스뱅크와 관련해 제기되었던 몇 가지 한계점에도 불구하고, 분명히 사우스뱅크는 도심의 수변에 인접하는 엑스포 부지를 활용하여 성공적으로 도심을 재활성화하고 공공성 높은 도시의 장소를 창출한 사례로 꼽을 수 있다. 사우스뱅크 재생 사례에서 도출되는 몇 가지 시사점을 정리하면 다음과 같다. 첫째, 88 엑스포 부지의 활용에 대한 계획 수립 및 추진 과정에서의 시사점이다. 엑스포 개최 이후 엑스포 부지를 매각해 개발하지 않고, 시민과 지방정부의 의견을 반영해 엑스포 부지의 비전과 개발 방향을 설정했으며, 브리즈번 시민을 위해 공공성이 높은 파크랜드와 같은 수변 여가·문화 공간을 조성함으로써 공공 부문의 재생사업에 대한 정당성을 확보하고 시민의 호응을 이끌어냈다는 점이다.

두 번째 시사점은 사우스뱅크의 재생사업의 관련 제도 및 기구와 관련한 부분에서 찾을 수 있다. 사우스뱅크에서처럼 대규모 엑스포 부지를 활용한 중요 개발 프로젝트를 위해 주 정부 및 지방정부가 개발계획 수립과 제도적 기반 측면에서 변화되는 도시 여건에 능동적으로 대응하여 사업을 전개[13]했다는 점이 그것이다. 이를 위해 「사우스뱅크 코퍼레이션 법」 제정 및 사우스뱅크 코퍼레이션 설립을 통해 계획 수립, 사업 시행, 모니터링 및 관리를 맡는 전문 기구가 재생사업을 통합적이고 연속적으로 추진함으로써, 사우스뱅크의 마스터플랜은 변화하는 여건에 따른 도시적 요구를 수용할 수 있었으며, 사우스뱅크 코퍼레이션은 고품격의 공공 공간을 창출하고 지속적으로 유지하기 위한 장기간의 임무를 유지할 수 있는 것이다.

세 번째 시사점은 사우스뱅크의 재생사업의 주체별 역할 측면에서 찾을 수 있다. 사우스뱅크 재생사업은 공공 부문의 공공성 확보와 민간 부문의 경제적

---

[13] 사우스뱅크 코퍼레이션은 초기 계획안을 지속적으로 모니터링하고 그러한 과정에서 도출된 문제점과 한계점에 대해서는 관련 주체의 의견을 수렴해 개선 방향에 반영함으로써 변화하는 여건에 적절히 대응했다고 볼 수 있다. 예를 들어, 파크랜드 개장 이후 지역협의체에서 제기된 문제점에 대해 인정하고 이에 대한 대응이 진행되었다.

타당성을 동시에 추구하는 합리적인 계획 목표를 달성하기 위해 공공과 민간의 파트너십을 활용했다. 파트너십에는 주 정부 및 시 정부와 지역의 기업, 개발가, 교육기관, 지역사회 커뮤니티 및 문화조직 등이 참여했는데, 모든 구성원은 사우스뱅크의 새로운 비전을 시행하는 데 적극적으로 협조하고 참여했다.

네 번째 시사점은 사우스뱅크의 재생사업이 도시 장소 마케팅 측면에서 볼 때 성공적이었다는 점이다. 사우스뱅크의 질 높은 도시 환경은 퀸즐랜드 주와 브리즈번 시의 도시 이미지를 개선하고 도시 홍보와 도시 마케팅의 장소 이미지를 창출했다. 사우스뱅크는 브리즈번 시와 퀸즐랜드 주를 방문하는 이들에게 매력적인 요소로 작용한다. 이러한 매력적인 도시의 장소적 요소는 지방도시의 문화 및 생활양식과 고유한 건축 특성을 미래지향적으로 창출하는 것이다.

마지막 시사점은 사우스뱅크의 관리를 위한 계획 수립 방식과 계획의 내용에 관한 것이다. 88 엑스포 이전까지도 사우스뱅크는 2차원적인 도시계획의 조닝 규정에 의해 관리되어왔으나, 1989년 이후 도시설계에 기초한 마스터플랜을 수립해 관리함으로써 구체성과 실현성을 확보할 수 있었다는 것이다. 이와 관련해 스티븐스(Stevens, 2006)에 따르면, 계획과 도시설계에서의 내용적 시사점으로 우선, 수변 여가 공간으로의 접근성을 가장 중요한 것으로 꼽을 수 있다. 특히 도심 및 인접 근린주구와 수변 간 연계성을 고려한 디자인이 중요한데, 이는 도시의 사회적 혼합과 밀접하게 관련을 맺는 것으로, 위치적 특성이나 교량의 계획 및 디자인, 강변을 따라 있거나 사람들의 동선을 유도하는 보행로는 수변 공간의 활력을 창출하는 데 결정적인 요소다. 이와 함께 가시성과 접근성의 결절부에 주요 공공건물을 입지시키는 것, 그리고 강변과 직교하는 블록에 혼합 용도를 배치하는 전략이 요구된다. 둘째로, 보행 동선과 강변이 만나는 결절 지점에서 다양한 활동이 가능하게 하는 것과 일반 시민이 이용할 수 있는 용도가 결절 지점에 인접하여 위치하게 하는 것이 중요하다. 이는 시민이 결절 지점에서 머무는 시간을 늘릴 뿐만 아니라 더 많은 사람이 교량을 이용하게 하기 때문이다. 셋째, 여가 공간에서의 활동의 다양성과 시각적 개방감 차원에서 다양한 기능이 복합 용도뿐 아니라 강변으로부터 흡수성 permeability 을 갖는 토지이용계획을 수립하는 것은 도시설계에서 중점적으로 고려해야 할 요소다. 넷째, 블록의 디자인 측면으로 수변과 직교하여 폭이 좁고 상대적으로 긴 세장형 부지의 획지계획이 중요한데, 수변에 면한 이러한 세장형 부지는 다양성과 시각적 개방성을 확보하는 한 가지 방법이다. 이러한 획지계획과 부지의 형태는 서로 다른 이용자 집단을 수변 경계부에 위치하는 산책로의 더욱 많은 지점으로 이끌어줌으로써, 강변의 활력을 부여하고, 휴식과 보행을 연계하기 위해 더욱 많은 결절 지점을 만들 뿐만 아니라, 수변과 직각으로 연결되는 부차적인 정면성을 따라 퍼져 있는 보행 활동축에 경제적 활력을 제공한다.

지금까지 호주 브리즈번의 사우스뱅크 재생 사례에 대해서 재생사업의 배경 및 연혁, 사업의 추진 과정, 관련 제도 및 계획, 추진 주체, 소요 예산, 주요 장소적 특성 등 다양한 측면에서 고찰해보았다. 이번 사례연구에는 몇 가지 내용상 한계가 있다. 우선, 주요 사업별로 세부 추진 방식과 관련하여 공공 부문과 민간 부문의 역할이나 재원 조달 방식 등의 좀 더 구체적인 내용에 대한 고찰이 부족했다. 또한 브리즈번 시의 도시 공간구조 변화에 대한 주요 시기별 특성과 이에 따른 사우스뱅크의 입지적 여건 변화 및 도시 공간구조에 대한 심층적인 고찰이 미진했다고 판단된다. 비록 이러한 한계도 있지만, 이번 사례 연구는 한국의 기성 시가지에서 수변 공간을 활용한 도시재생계획을 수립하는 데 의미 있는 시사점을 제공할 수 있을 것으로 기대한다.

제 4 부

지역문화를 활용한 도시재생

제11장

영국 게이츠헤드의 도시재생

도시 마케팅을 통해 변신한 문화·예술도시 게이츠헤드

김진성 | SH공사 도시연구소 연구원

© garethjmsaunders(flickr.com)

도시전략은 도시계획, 도시(장소) 마케팅, 지역개발 전략 등 다양한 측면에서 논의될 수 있다. 게이츠헤드(Gateshead)는 그중 도시 마케팅 전략을 통해 도시를 기획했다.

도시 마케팅은 도시에 관한 모든 문화나 경제적 생산물, 즉 도시의 유무형의 자산과 이러한 자산을 통해 만들어진 유무형의 산물을 기반으로 그 도시의 구성원(공공과 민간)이 협력해 대상고객(기업, 주민, 관광객)이 선호하는 이미지나 제도, 공간을 개발하여 외부에 알리고 마케팅을 펼침으로써 도시의 전체 자산 가치(브랜드 가치 포함)를 높이는 일련의 활동이라 할 수 있다(유승권, 2006: 54).

게이츠헤드는 처음부터 문화를 통한 도시 회복을 기대하지 않았다. 공공예술에서 도시 회복의 가능성을 발견하고 도시 자체를 문화상품으로 기획한 '사후 도시 마케팅(after city marketing)'의 작품인 것이다.

최근 한국의 도시재생 흐름을 보면, 과거에는 시도하지 않았던 사회적·경제적 재생, 커뮤니티 재생 등이 이루어짐으로써 이전의 물리적 정비 수준을 벗어나고 있다. 그러나 여전히 아쉬운 한 가지는 도시 마케팅 요소가 누락되어 있다는 점이다. 함평(나비), 나주(멜론) 등이 비교적 성공한 도시 마케팅 사례라고 볼 수 있으나, 도시재생으로서 도시 전체의 발전까지 이끌어내지는 못했다는 한계가 있다. 반면에 최근 광주의 비엔날레, 부산의 국제영화제는 문화도시재생으로서의 가능성을 열었다고 볼 수 있다. 소프트웨어로서 '예술·영화'와 이를 담을 수 있는 하드웨어인 '공간·장소'에 대한 고민을 함께 한다면 한국에서도 영국의 게이츠헤드나 에든버러, 스페인의 빌바오, 일본의 나가사키처럼 도시마다 특색 있는 경쟁력을 갖출 수 있을 것으로 기대된다.

© davidgsteadman(flickr.com)

지리적 개요

영국 잉글랜드 북동부 지역의 타인 위어(Tyne and Wear) 주에 위치한 게이츠헤드는 타인 (Tyne) 강을 사이에 두고 북쪽의 뉴캐슬(Newcastle upon Tyne)과 마주하고 있다. 타인 강의 남쪽 강어귀를 따라 약 20km 정도 이어지는 게이츠헤드 지역은 오늘날 영국 북동부 지역의 경제적·지리적 허브 역할을 담당한다. 게이츠헤드의 전체 면적(그림의 현재 광역자치구 영역에 해당)은 142km²로서 한국의 성남시와 비슷하며, 3분의 2는 도시지역이고, 3분의 1은 시골지역이다.

사회적 개요

게이츠헤드 도시 전체 인구는 2010년 기준으로 19만 800명이고, 2000년대부터는 인구의 변화 폭이 적다. 뉴캐슬과 합쳐 고려할 경우 인구는 47만 5,000명에 이른다. 게이츠헤드의 근로 가능 인구는 11만 7,000명이며, 그중

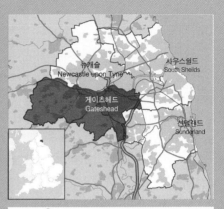

──── 1974년 이전 게이츠헤드 자치구
‥‥‥‥ 영국 통계청에서 정한 게이츠헤드 도시 구획
──── 현재 게이츠헤드 광역자치구

⊙ 게이츠헤드의 위치와 영역 구분

61%의 연령층이 근로 활동에 참여하고 있다. 실업률은 1993년 최고점에 달했고, 현재는 절반 이하로 감소해 4.6% 수준을 나타낸다. 전체 주택 수는 9만 2,427호이고, 이 중 자가 보유 가구는 65.5%인 6만 570호다. 한편, 게이츠헤드는 매혹적인 문화유산과 현대적인 시설이 끊임없이 통합되고 변화하는 중소도시로서 잉글랜드 북동부의 실질적인 주요 성장 동력으로 기능하고 있다.

도시재생의 연혁

과거 탄광촌이었던 도시의 쇠퇴기를 거쳐 뉴캐슬과 게이츠헤드 지역은 지난 20년에 걸친 뉴캐슬과 게이츠헤드 시의 노력으로 문화·예술도시로 변신했다. 변신의 원동력은 도시 마케팅을 활용한 문화도시재생이고, 재생의 노력은 1980년대 후반부터 현재까지 이어지고 있다.

물리적 개선을 넘어 경제적·문화적 재생의 노력을 기울인 결과로 뉴캐슬은 영국의 지속가능한 도시지표(2009~2010년)에서 상위권을 차지했다. 한편, 뉴캐슬과 게이츠헤드는 2008년 유럽문화수도(European Capital of Culture)에 신청했으나 아쉽게도 8위에 머물렀다. 그러나 당시 유럽문화

수도 신청을 추진했던 조직(Newcastle Gateshead Initiative)은 해체되지 않고 남아 문화도시를 향한 노력을 계속 이어가고 있다.

⊙ 게이츠헤드 키(Quays) 마스터플랜 대상 구역(점선 안)의 모습
자료: RMJM(2010).

1. 재생의 배경과 필요성

1'1. 게이츠헤드와 뉴캐슬의 배경

　전통적으로 탄광산업을 기반으로 한 소도시였던 게이츠헤드^{Gateshead}의 역사는 그렇게 길지 않다. 기록에 따르면, 게이츠헤드 지역에서는 1344년부터 탄광산업이 시작되었는데, 1576년 이후 100년 동안 석탄 채굴량은 11배 늘었고, 탄광산업의 영향으로 인구는 두 배 증가한 5,500여 명이 되었다. 그러나 이전까지 풍부했던 석탄은 1680년부터 공급량이 줄어들기 시작했다. 1747년 게이츠헤드는 윌리엄 호크스^{William Hawks}의 주도로 탄광산업을 다시 시작했다. 이후 산업혁명의 영향으로 게이츠헤드의 인구는 1801년부터 100년 동안 10만 명 이상 급속히 증가했고, 마을의 규모는 남쪽으로 확장되었다. 1835년에 게이츠헤드는 카운티 더럼^{County Durham}에서 분리되어 공식적으로 자치지역이 되었다. 1974년 법령에 의해 게이츠헤드는 펠링^{Felling}, 위캠^{Whickham}, 블레이든^{Blaydon} 등과 통합되어 게이츠헤드 광역자치구를 형성했다.

⊙ 윌리엄 밀러가 그린 1832년의 뉴캐슬(왼쪽), 1954년의 게이츠헤드(오른쪽)
자료: Ben Brooksbank, 1954(geograph.org.uk).

　뉴캐슬^{Newcastle upon Tyne} 지역도 전통적으로 탄광·철강산업을 중심으로 발전했다. 또한 대중교통 시스템이 발달해 1901년에는 전차가 운행되었다. 게이츠헤드와 마찬가지로 타인 강은 선탄 운송으로 이용되며 지역 산업의 중심이 되었다. 뉴캐슬은 영국에서 네 번째로 큰 인쇄도시이자 전통적인 대도시였다. 그러나 1930년 대공황을 맞아 침체기를 겪고 나서 오랫동안 낙후지역으로 남았다.

더욱이 도시산업 패러다임의 변화로 석탄산업은 사양산업이 되었고, 제2차 세계대전을 거치면서 도시 시설이 황폐화되었으며, 1970년대 대처 정부의 광산 폐쇄 정책으로 지역경제의 주축이 되었던 석탄·철강 산업이 무너졌다. 또한 1980년대 초부터는 기계 등 다른 분야에서도 아시아 신흥국에 밀리며 도시가 더욱 쇠퇴하기 시작했다. 이로써 게이츠헤드의 실업률은 23%에 달했다(한국일보문화부, 2011: 165). 1980년대 뉴캐슬과 게이츠헤드 전체 인구 중 50%는 4대 중공업(조선, 광산, 철강, 기계공업)에 종사했는데, 현재는 3%만이 이에 종사한다. 1980~1990년대에는 도시의 산업구조가 빠르게 변하기 시작했다. 사회적·경제적 패러다임이 바뀌면서 이전 시대의 생활문화나 공간의 흔적이 급격히 변화했다. 1991년에는 북쪽 타인 강 유역에서 그동안 쌓였던 시민의 불만이 터져 폭동으로 이어지기도 했다.

이처럼 1980년대까지 영국의 산업은 쇠퇴해 많은 도시가 사회적·경제적으로 어려움을 겪었다. 게이츠헤드도 생존을 위해 여러 방법을 모색할 수밖에 없었다. 그러던 중 우연한 기회로 1990년에 개최한 국제가든페스티벌 National Garden Festival 과 공공예술 프로젝트 Public Art Project 인 '북쪽의 천사 Angel of the North' 가 성공을 거두었고, 이를 계기로 게이츠헤드는 역사·문화 도시로서 방향을 전환하기 시작했다. 게이츠헤드는 몇몇 시의회 리더들의 추진 아래, 타인 강 유역을 중심으로 하는 발틱현대미술관 Baltic Centre for Contemporary Art, 발틱광장 Baltic Place, 게이츠헤드 밀레니엄브리지 Gateshead Millennium Bridge, 세이지뮤직센터 The Sage Gateshead 를 건설하는 게이츠헤드 키 프로젝트 Gateshead Quays Project 를 추진했다. 이것이 게이츠헤드 도시재생의 시작이었다.

◉ 게이츠헤드 키의 시대별 모습
　자료: RMJM(2010).

1' 2. 재생의 필요성

게이츠헤드 키Quays 지구의 재생 과정이 순탄한 것만은 아니었다. 뉴캐슬과
게이츠헤드의 실업률은 5.6%로, 영국 전체 3.1%, 영국 북부 지역 5.3%보다도
높았다. 또한 맨체스터를 제외하고는 영국 북부 지역의 인구는 계속 감소하고
있었다.

이 때문에 게이츠헤드뿐만 아니라 영국 북부 지역은 쇠퇴하는 지역을 회생
시킬 특단의 조치가 필요했다. 만약 단순히 상징적이고 화려한 건축적인 변화
를 시도한 것이었다면 인구 감소나 실업률 등의 문제는 해결되기 어려웠을 것
이다. 시의 비전과 전략에 따라 창의적이고 문화적이면서 여가를 함께 즐길 수
있는 통합적인 문화재생이 필요했다.

2. 재생 프로젝트 추진 과정과 주요 사업 내용

2' 1. 재생 프로젝트 진행 과정

1980년대 이전 게이츠헤드는 황폐한 도시였다. 산업구조와 정부정책의 변화 등으로 큰 어려움을 겪고 있었다. 게이츠헤드에서 재생의 시발점은 1986년에 시작된 '공공예술 프로젝트'였다. 그리고 우연한 기회로 1990년 국제가든페스티벌을 영국에서 네 번째로 유치하게 되고, 157일간 지속된 축제에는 300만명 이상의 방문자가 찾아왔다. 매우 성공적으로 행사가 끝난 이후 시의회는 문화 및 예술에서 도시의 비전을 발견했고, 게이츠헤드 시장과 문화국장, 계획국장의 주도로 시의 변화를 추진했다.

이후 1994년 공공예술 프로젝트를 통해 '북쪽의 천사(이하 '천사 조각상')'라는 이름의 청동 조각상을 설치하게 된다. 1998년 완성된 천사 조각상은 영국 최고의 공공미술품이라는 평가를 받았고, 한해 15만 명의 국내외 관람객이 이를 보기 위해 찾을 정도로 유명한 작품이 되었다.

뉴캐슬과 게이츠헤드 두 도시는 타인 강을 사이에 두고 오랜 기간 경쟁하는 사이였지만, 천사 조각상의 성공을 계기로 문화를 통해 도시를 재생한다는 명분하에 전략적으로 두 도시의 홍보를 총괄하는 기구인 '뉴캐슬 게이츠헤드 기구 Newcastle Gateshead Initiative: NGI를 2000년에 설립했다. 이후 2002년 게이츠헤드 밀레니엄브리지, 발틱현대미술관이 건립되고, 2004년에는 세이지뮤직센터가 건립되었다. 뉴캐슬의 숙박·쇼핑 등 편의시설과 전통적인 인지도, 그리고 게이츠헤드의 새로운 문화벨트를 앞세워 NGI는 2008년 유럽문화수도① 선정을 위

---

① 유럽문화수도 프로그램은 유럽연합 가맹국의 도시 중에서 매년 선정해 1년에 걸쳐 집중적으로 각종 문화행사를 전개하는 사업이다. 1983년부터 계획되었으며, 1985년 그리스 아테네를 시작으로 2012년 유럽문화수도로는 포르투갈의 기마랑이스와 슬로베니아의 마리보르가 선정되었다. 한편, 뉴캐슬과 게이츠헤드가 신청한 2008년에는 영국의 리버

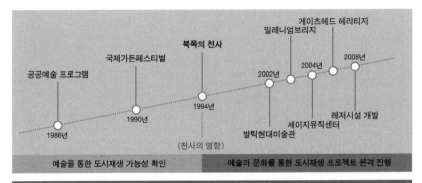

게이츠헤드 헤리티지
밀레니엄브리지

북쪽의 천사
국제가든페스티벌

공공예술 프로그램
2008년
2004년
2002년
1994년
1990년
1986년
레저시설 개발
세이지뮤직센터
발틱현대미술관
〈천사의 영향〉

예술을 통한 도시재생 가능성 확인 | 예술과 문화를 통한 도시재생 프로젝트 본격 진행

⊙ 재생 프로젝트의 추진 과정

해 마케팅에 전력을 기울였다. 결과적으로 8위에 그쳐 선정에는 실패했지만, 당시에 구축한 협력체계는 현재까지도 유지되고 있다.

천사 조각상에서 시작된 공공예술 프로젝트는 밀레니엄브리지, 발틱현대미술관, 세이지뮤직센터로 이어지는 게이츠헤드 키 Gateshead Quays 개발로 이어졌고, 이것은 유럽에서 가장 큰 도시재생 프로젝트 중 하나가 되었다. 이 사업은 약 6,000명의 고용 창출 효과를 가져왔다.

2'2. 재생 프로젝트별 주요 내용

게이츠헤드의 재생 노력은 천사 조각상 건립을 기준으로 크게 2단계로 구분할 수 있다. 천사 조각상이 만들어지기 이전의 시기를 '예술·문화를 통한 도시 회복 가능성을 확인한 부흥기'라고 한다면, 천사가 건설된 이후는 게이츠헤드 연안 개발을 수립한 단계로 '문화를 도시의 재생의 수단으로서 본격적으로 사용한 집행기'라고 볼 수 있다.

풀과 노르웨이의 스타방에르가 선정되었다(위키백과).

2' 2' 1. 예술·문화를 통한 도시 회복 가능성 확인

사업명	내용
국제가든페스티벌	· 개요: 영국에서 다섯 번째로 개최된 국제 꽃 축제 · 기간: 1990년 5월 10일에 시작해 157일간 지속 · 규모: 약 800m²(200에이커) · 준비 기간: 2년 · 프로그램: 꽃 축제를 바탕으로 공공예술 작품 전시, 대관람차, 춤 공연, 연극, 스포츠 이벤트 등 다양한 프로그램 운영 · 사업 성과: 기간 내 약 300만 명 방문. 게이츠헤드가 문화를 통한 도시재생 전략을 마련하는 데 기폭제가 됨. 버려진 석탄창고를 활용한 부지는 약 664억 원(3,700만 파운드)의 비용으로 재개발해 축제 후 서민을 위한 주택단지로 공급
공공예술 프로젝트	· 개요: 1980년대 초부터 도시의 환경에 대한 관심 차원에서 추진 · 기간: 1986년부터 현재까지 26년 이상 지속 · 규모: 도시 전체의 공공장소와 공공건물에 총 49개 작품 설치[28(Pre-Angel)+21(Post-Angel)] · 특징: 지역에 공공미술 투자를 장려하고 강한 정체성과 자부심을 가질 수 있는 기회 제공. 작품 대부분이 게이츠헤드의 현재 역사와 문화를 기반으로 창작 · 사업 성과: '북쪽의 천사'가 게이츠헤드 공공예술 프로젝트의 대표작. 이 작품으로 게이츠헤드가 외부에 알려지고 유명해지면서 지자체에서 예술·문화를 통해 지역을 재생할 수 있다는 힌트를 얻음
북쪽의 천사	· 개요: 앤터니 곰리(Antony Gormley)가 디자인한 게이츠헤드를 상징하는 청동 조각물로, 1990년 게이츠헤드 시가 추진한 공공설치예술(Art of Public Places Panel) 프로젝트의 일환으로 시작. 작품 제작에 100여 명 투입 · 기간: 1994년 시작해 1998년 설치 완료 · 규모: 높이 20m, 폭 54m, 무게 208t으로 너비는 비행기 날개 크기와 비슷 · 예산: 1994년 약 18억 원(100만 파운드)부터 시작해 총 1,796억 원(1억 파운드) 투자 · 펀드: 예술위원회펀드(Arts Council Lottery Fund), 유럽지역개발펀드(European Regional Development Fund), 영국북동부예술위원회펀드(Arts Council England North East)

- 제작 지원 및 협력: 오브애럽 파트너스(Ove Arup & Partners), 하틀풀철강(Hartlepool Steel Fabrications), 뉴캐슬 대학(Newcastle University) 지리정보학과, 그래프턴 소프트 웨어(Grafton Software), 티사이드 프로파일러 앤드 토머스 암스트롱(Teesside profilers and Thomas Armstrong)
- 사업 성과: 시위원회에서는 천사 제작에 따른 게이츠헤드의 도시개발 영향을 600만 파운 드로 추정. 이로 인해 유발된 게이츠헤드 키의 개발은 유럽에서 가장 큰 도시재생 프로그 램 중 하나이며, 약 6,000개의 고용 창출 효과를 가져왔다고 평가. 또한 북쪽의 천사 건 립은 게이츠헤드가 문화를 통한 도시재생 전략을 마련하는 데 기폭제가 됨. 2011년 비콘 스테이터스상(Beacon Status) 2001년 수상

2' 2' 2. 게이츠헤드 연안 개발

사업명	내용
발틱현대미술관	- 개요: 1982년 문을 닫은 뒤 철거 비용이 없어 방치되던 제 분소(Baltic Mill)를 건축가 엘리스 윌리엄스(Ellis Williams)가 글로벌 미술센터를 표방하는 시설로 리모델링해 개장. 개장 후 8년간 49개국의 예술가 306명의 작품 전시 - 공개일: 2002년 7월 13일 토요일 자정에 개장 - 예산: 약 896억 원(5,000만 파운드) - 재원: 약 598억 원(3,340만 파운드)은 예술위원회 복권기금을 통해 조달 - 사업 성과: 개장 첫 주 약 3만 5,000명, 첫해에만 약 100만 명 방문. 현재도 매년 약 50만 명 방문. 다른 엘리트적인 미술관과 달리 발틱현대미술관은 주민과의 소통을 통한 전시 및 작품 설치 방법으로 시민으로부터 많은 호응을 얻음. 작가들이 생활하며 작품을 설치할 수 있는 다목적 미술관. 약 1만 명의 학생, 예술 클럽, 사진 수업, 예술가 워크숍 등 400여 개의 유관 기관 지원. 지난 25년 동안 영국 내 런던과 리버풀 외에는 시상식 장소로 사용된 적 없는 터너상(Tuner Prize)* 시상식 장소로 활용 © Hans P. Schaefer, 2005(Wikipedia)
게이츠헤드 밀레니엄브리지	- 개요: 뉴캐슬과 게이츠헤드 사이 타인 강에 건설. '윙크하는 다리(Winking Eye Bridge or Blinking Eye Bridge)**'라는 별명으로도 불림. 배가 지날 때 다리를 들어올리며, 55kw의 모터를 이용해 약 4.5분 소요. - 공개일: 2002년 완공 - 규모: 총 길이 126m, 폭 8m - 예산: 건설 비용 약 394억 원(2,200만 파운드) - 재원: 밀레니엄위원회, 유럽지역개발기금에서 지원 - 사업 성과: 2002년 왕립영국건축협회(RIBA)의 스털링상(Stiriling Prize) 교량 부분 건축상 수상. 2003년에는 구조상 수상. 단순히 통행 기능만 갖춘 교량이 아니라 볼거리를 제공함으로써 관광객을 모으는 기능을 함 © Mike1024, 2003(Wikipedia)

세이지뮤직센터	· 개요: 노먼 포스터(Norman Foster)가 설계한 세계 최고 수준의 음악당으로 음악공연은 물론 음악교육과 컨퍼런스 장소로도 활용 · 공개일: 2004년 12월 17일 · 예산: 약 1,255억 원(7,000만 파운드) · 수용 인원: 1,640명(메인홀) · 재원: 1999년부터 건립 기금을 확보하기 위해 각 학교를 대상으로 음악교육 © Jimfbleak, 2006(Wikipedia) 프로그램 시작. 건설 과정에 지역 음악인과 음악을 배우는 학생의 요구 반영 · 사업 성과: 연간 방문객 약 70만 명. 영국의 명문 악단인 노던심포니오케스트라(Northern Sinfonia Orchestra) 상주. 세계적인 오케스트라의 공연부터 록밴드의 콘서트까지 다양한 공연이 연간 450회 이상 열림
게이츠헤드 헤리티지 (Gateshead Heritage @ St Mary's)	· 개요: 세이지뮤직센터 옆에 위치한 성 메리 성당의 역사적 자원을 활용해 작품 전시 등 문화 · 예술 프로그램 운영 · 공개일: 2008년 12월 16일 · 예산: 약 21억 원(120만 파운드) 투자 · 재원: 게이츠헤드 시, 유럽지역개발펀드, 헤리티지 복권기금 등 www.gateshead-quays.com · 사업 성과: 옛것과 새로운 건축물의 조화를 지향하는 게이츠헤드의 개발 방식에 따라 만들어진 게이츠 헤리티지는 옛 성당을 활용해 지역 거주자, 외부 방문객이 과거 게이츠헤드의 옛 모습을 기억할 수 있게 하는 또 다른 문화적 자산임

* 터너상은 테이트브리튼(Tate Britain)에서 조지프 터너(Joseph M. W. Turner)의 이름을 따 1984년 제정한 현대 미술상이다. 매년 12월 한 해 동안 가장 주목할 만한 전시나 프로젝트를 보여준 50세 미만의 영국 미술가를 선정해 수상한다.
** 게이츠헤드 밀레니엄브리지의 양 다리가 45도로 접히는 모습이 마치 윙크하는(또는 깜빡이는) 눈을 닮았다 하여 붙은 별명이다.

3. 재생의 특징 및 비결

3'1. 도시의 활력(urban soul)

게이츠헤드의 타인 강변에 있는 발틱광장에는 많은 사람이 모인다. 강변에서는 종종 불꽃놀이가 펼쳐지고, 과거 제분소였던 발틱현대미술관의 스카이라인과 조명이 화려하게 비친다. '윙크하는 다리'라고도 불리는 밀레니엄브리지도 사람들이 자주 찾는 명소다. 과거 금요일 밤마다 음주를 즐겼던 이들도 이제는

⊙ 2011년 발틱광장에서 열린
에볼루션 뮤직페스티벌
자료: Matt Dinnery, 2011(flickr).

이곳에서 펼쳐지는 행사에 참여하기 위해 가족과 함께 찾는다.

이곳 시민들은 단순히 갤러리로 변한 예술작업장의 개장 행사 때문이 아니라 발틱광장에서의 경험과 다양한 문화적 요소 때문에 이곳으로 모여든다. 이렇게 활성화된 모습은 천사 조각상과 게이츠헤드 밀레니엄브리지, 세이지뮤직센터 등으로 이어지는 게이츠헤드의 상징적 재생 프로젝트의 결과다.

오늘날 게이츠헤드에서 나타나는 '도시의 에너지와 열기'에 대해 설명하고 정의하려는 시도가 있었다. NGI는 그것을 'buzz'[2]라는 단어로 표현하면서, 그것은 장소에 담긴 정신 또는 영혼soul에서 나온다고 설명했다. 장소의 영혼은 도시에 고유한 특성을 부여하고, 방문자 또는 거주자에게 그곳을 특별한 곳으로 만들어주는 요소라는 것이다(Minton, 2008: 4). 장소의 영혼은 지역의 특수성, 장소성, 정체성과 맞물려 있다. 이는 특정한 지표나 데이터로 나타나는 것이 아니며, 그곳에서 사람들과 만나고 소통하는 가운데 느낄 수 있다.

장소의 영혼은 다음과 같은 다섯 가지 특징을 지닌다. 첫째, 넓은 의미로 도시의 문화를 반영한다. 둘째, 도시를 인식하고 도시의 본질과 독특한 자산 및 특징으로 나타난다. 셋째, 사람과 도시의 물리적 공간 사이에서 관계를 만든다. 넷째, 역동적이고 새로운 아이디어 그리고 사람들과 살아가는 새로운 방법을 제시한다. 다섯째, 도시의 균형을 유지하기 위해 옛것과 새로운 것을 결합하는 예술이다.

---

② 'buzz'란 사전에 '윙윙거리다'라는 뜻으로 풀이되곤 하는데, 한편으로는 특정 주제에 많은 관심이 집중되는 현상이나 입소문을 통한 마케팅이라는 뜻으로도 사용된다. 이 책에서는 이를 '열기'라고 옮겼다.

이러한 장소의 영혼은 게이츠헤드 지역재생 사례가 성공을 거두는 데 중요한 요소로 꼽힌다. 장소의 영혼을 어떻게 유지하면서 도시를 새롭게 만드는가에 대한 질문을 한다면, 해답은 문화로 이끄는 도시재생에서 찾을 수 있다.

3' 2. 게이츠헤드 문화재생의 특징

게이츠헤드는 뉴캐슬과 공간적으로 인접해 있다. 실제로 게이츠헤드의 문화재생은 뉴캐슬의 참여와 협조로 이루어진 것이라 할 수 있다. 그러므로 게이츠헤드 문화재생의 특징을 언급하는 이곳에서는 뉴캐슬과 관련한 사항도 함께 설명한다.

3' 2' 1. 소통을 강조한 도시 리더십(civic leadership)

게이츠헤드에 천사 조각상, 발틱광장, 밀레니엄브리지, 세이지뮤직센터를 건립한 원동력은 시의회였다. 반면 1990대 중반까지 뉴캐슬은 '문화로 이끄는 재생 Culture-led Regeneration'과 밀레니엄브리지 건립에 반대하는 태도를 보였다.

두 도시의 명확한 차이는 도시 관리 이념 urban entrepreneurship, 즉 정치문화에서 나타났다. 게이츠헤드는 정치적 리더십에 문제가 없도록 비교적 유연하고 전달력을 갖춘 자세를 취하면서 안정적인 정치권력을 유지해왔다. 또한 정치지도자는 성실하게 사업을 추진했고 뉴캐슬 시의회를 설득했다. 그리고 공동의 비전을 만들고 개발에 참여하도록 이끌었다. 이러한 게이츠헤드의 소통 역량은 영국 내 상위 15%의 '우수' 등급에 오를 정도로 뛰어났다. 게이츠헤드는 도시의 문화전략에 대해 시민과 소통함으로써 공감을 이끌어냈다. 이와 달리, 뉴캐슬에서는 권위적인 방식을 취해 게이츠헤드와는 소통 방식에서 차이를 보였다.

3' 2' 2. 두 도시 간 자산 통합(asset pooling)

역사적으로 뉴캐슬과 게이츠헤드는 경쟁 관계에 있었다. 과거 뉴캐슬은 인구 30만 명 정도의 중간 규모 도시였고, 게이츠헤드는 뉴캐슬에 인접한 촌락에 불과했다. 전통적으로 선도적인 정치 지도자가 이끌어온 뉴캐슬은 강 건너 게이츠헤드와는 적대적 관계를 나타내곤 했다. 그러나 예전에는 상상하기 어려웠을 정도로 최근 두 도시는 협력 관계를 보이고 있다. 이러한 두 도시 간의 협력은 문화에 대한 공감대에서 시작된 것이다.[3]

첫 프로젝트는 2002년의 교량 건설 사업이었다. 이때 유럽문화수도 선정을 목표로 뉴캐슬과 게이츠헤드가 함께 참여한 NGI가 설립되었다. 이후 두 도시 간의 협력은 본격화되었다. 결과적으로 뉴캐슬과 게이츠헤드는 2008년 유럽문화수도에 선정되지 못했지만, 이후에도 두 도시는 공동 전략 및 기관 존속을 약속하고 협력 관계를 유지했다.

문화재생을 목표로 뉴캐슬과 게이츠헤드 두 도시가 도시 관리 이념을 공유한 것은 매우 효과적이었다. 그리고 서로에 대한 신뢰를 형성하기 위해 파트너십을 구축했다. 두 도시가 공유하고 있던 자산은 주택, 교통, 강이었고, 이러한 자산은 어떤 곳에서도 공유된 가치관에 따라 사업을 시작할 수 있다고 공식적으로 선언했다.[4] 두 도시는 기본적인 보유 요소를 함께 만들고 두 도시의 자산을 통합했을 때 훨씬 더 효과적일 수 있다는 것을 깨달았다.

뉴캐슬의 자산으로는 2개의 대학과 병원, 프리미어리그 축구팀, 역사적인 조지타운센터 Georgian Town Centre를 들 수 있다. 한편, 게이츠헤드의 자산으로는 천사 조각상, 발틱현대미술관, 세이지뮤직센터 등을 꼽을 수 있다. 두 도시의 가장 중요한 자산은 타인 강을 가로질러 두 도시를 연결하는 밀레니엄브리지라고 할 수 있다. 이렇게 새롭게 만들어진 건축물과 전통적으로 보유해왔던 고유한 자산들로 구성된 도시의 창작적인 작품들은 두 도시의 '열기'와 '에너지'에서 힘을 얻어 만들어진 것이다.

---

③ 뉴캐슬 시의 문화국장 폴 러벤진(Paul Rubensein)은 5,000여 개의 창작물로 도시를 개조하는 것을 목표로 게이츠헤드와 파트너십을 맺었다(Milnton, 2008).
④ 폴 러벤진이 언급한 내용이다(Milnton, 2008: 19).

3' 2' 3. 지역자산의 건설(building on local assets)

모든 도시는 지형, 건축, 사람에 이르기까지 고유한 지역자산을 가지고 있다. 뉴캐슬과 게이츠헤드는 두 도시의 지역자산을 통합할 뿐 아니라 고유 자산에 대한 투자 가치를 서로 인지하고 있었다.

뉴캐슬의 역사적 도심지인 그레인거 타운Grainger Town과 키사이드Quayside의 사례를 통해 두 도시 간 자산에 대한 통합과 협력을 엿볼 수 있다.

첫 번째 사례인 그레인거 타운은 리처드 그레인거Richard Grainger의 설계로 1824~1841년에 건설된 고전양식의 가로다. 이 지역은 뉴캐슬 지역 최고의 자산 중 하나로 꼽힌다. 36ha의 구역 내에 있는 40% 정도의 건물은 지금도 옛 건물의 원형을 유지하고 있다. 중심 상점가인 그레이

⊙ 그레이 스트리트의 모습
자료: http://webarchive.nationalarchives.gov.uk

스트리트Grey Street는 2002년에 영국 최고의 거리로 뽑히기도 했다.

그런데 10년 전만 해도 그레인거 타운은 소매상점이 밀집한 거리로, 역사적 건물의 파손이 심각한 상태였다. 전체 지역이 쇠퇴하고 있었다. 이러한 문제를 해결하고자 뉴캐슬 시의회는 영국 헤리티지English Heritage의 지원을 받은 EP English Partnerships와 통합도시재생예산정책Single Regeneration Budget: SRB을 통해 지역 활성화를 위한 사업비 약 717억 원(4,000만 파운드)을 투자했다. 이러한 노력으로 그레인거 타운은 외부만 새롭게 바뀐 것이 아니라 역사성을 보존하면서도 수준 높은 생활·업무 환경으로 재생되었다. 창고를 개조해 건물 전면부를 도시의 경관에 맞는 형태로 바꾸는 작업도 진행되었다.

한편, 키사이드는 뉴캐슬과 게이츠헤드의 변화에 중요한 촉매 역할을 했다. 키사이드의 개발에서 타인위어개발공사Tyne and Wear Development Corporation: TWDC는 중요한 역할을 했다. 뉴캐슬 측면에 조성된 도시 공원은 공공이 소유했고 비

⊙ 키사이드의 모습
자료: Steve nova, 2004(Wikipedia).

교적 성공한 사례로 평가되었지만, 세계적으로 소개될 만한 변신을 한 것은 아니었다. 단지 20세기 후반에 선보일 수 있는 사례 정도로 평가되었다. 반면 세계가 주목한 장소는 게이츠헤드 키 지역의 개발이었다. 이렇게 두 지역에 대한 평가가 엇갈리는 것은 재생 과정에 원인이 있었다. 뉴캐슬 재생국의 니콜라스 리들리 Nicholas Ridley 는 TWDC가 1987년 설립 후 토지 가치를 증대하기 위해 추진한 사업은 성공적이었다고 평가했다. 앨스테어 볼 Alastair Ball 은 상대적으로 창조적이면서 디자인이 우수한 게이츠헤드 사업에 비해, 뉴캐슬의 사업은 재산의 가치만 올리려 하고 단순한 물리적 변화에만 치우친 개발이라고 비판했다. 따라서 도시개발공사 Urban Dvelopment Corporation: UDC 는 이 사업을 더 홍보해야 하고, 자극이 필요하다고 언급했다. 그들이 보기에 게이츠헤드의 계획은 완벽했다.

계획의 내용을 살펴보면, 뉴캐슬의 TWDC는 토지 개발을 반대하여 부두 형태로 건설했고, 게이츠헤드는 연안 개발을 통해 밀레니엄브리지, 발틱현대미술관, 세이지뮤직센터 등을 건설했다는 점에서 차이를 발견할 수 있다.

만약 뉴캐슬처럼 개발에 대한 두려움이 사업을 추진하는 데 부정적으로 작용한다면, 재생된 도시의 창조력과 상상력은 저하될 수 있다. 이러한 두려움은 재생 과정에서 장소의 영혼을 만드는 데도 부정적인 요인이 된다.

3' 2' 4. 문화 주도 재생

역사적으로 볼 때, 문화를 중심으로 한 재생이 새로운 방법은 아니었다 (Milnton, 2008: 22). 1955년 독일은 제2차 세계대전 동안 파괴된 도시를 파울 클레Paul Klee 등 예술가의 작품과 삶, 즉 문화를 활용해 재건하려는 목표를 세웠다. 결과적으로 예술가를 활용하여 1970년대까지 격년마다 경제적 배당금을 만들었다. 연구에 따르면, 전시회 입장료로 7마르크(현재 가치로 10유로 정도)씩 받았고, 이 자금은

⊙ 천사 조각상(북쪽의 천사)
자료: David Wilson Clarke, 2006(Wikipedia).

지역의 경제를 회복시키는 데 기여했다고 평가된다.

문화를 중심으로 한 게이츠헤드의 재생 방법은 포괄적으로 시작되었다. 의회와 공공기관은 지역의 정신을 근간으로 사업을 추진했고, 전통적인 자산에 새로운 것을 복합하는 변화의 방식을 택했다. 높이 20m의 천사 조각상도 이러한 문화를 통한 재생의 과정 속에서 나타난 첫 결과물이라 할 수 있다.

천사 조각상 건립이 처음 제안되던 당시에는 이를 둘러싸고 많은 논란이 일었다. 특히 학교나 병원과 같은 기반시설이 아니라 예술조형물에 세금이 지출되는 것에 많은 시민이 반대했다. 그러나 현재 천사 조각상은 뉴캐슬과 게이츠헤드뿐 아니라 영국 북부 전체의 상징물이 되었다. 천사 조각상은 뉴캐슬 지역 프로축구팀 유니폼에 로고로 사용되었고, 데일리 텔레그래프The Daily Telegraph의 1면에 실리는 등 게이츠헤드를 국내외에 널리 알리는 계기를 마련해주었다.

3' 3. 뉴캐슬 · 게이츠헤드 재생계획의 성공 비결

뉴캐슬·게이츠헤드 재생계획의 성공 비결을 알아보려면 두 도시를 이끄는 '정신'이 무엇인지 이해해야 한다. 두 도시는 '북쪽의 천사'라는 획기적인 우연을 정치와 시민문화 유형 속에서 기폭제로 작용시켰고, 그 원리는 '정신'에 있었다. 뉴캐슬과 게이츠헤드의 문화 주도 재생 사례를 통해 이러한 '정신'을 바탕으로

네 가지 성공 요인을 정리해보았다.

3' 3' 1. 장기적인 정책(long-term commitment)

앞서 살펴본 천사 조각상은 1980년대 중반부터 이어져온 게이츠헤드의 산업 기반 환경을 공공예술을 통해 변화시키려는 여러 가지 정책의 결과물 중 하나였다. 게이츠헤드는 1989년까지 대규모 공공예술 프로젝트를 유지·지속하면서 점차 정체성을 확립해갔다. 이러한 공공예술 프로젝트는 지자체의 기획부서 주도로 부서 간 협동팀을 구성해 추진되었다.

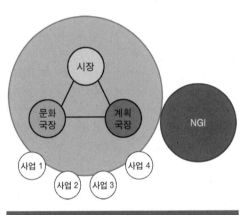

⊙ 게이츠헤드 재생사업의 기본 체계

이 정책을 놓고 많은 반대 의견이 있었지만, 1980년대 중반 이후부터는 게이츠헤드의 시장, 문화국장, 계획국장의 '삼두정치'로 유지될 수 있었고, 결국 정착되어 상징적 프로젝트로 추진되었다. 이러한 예술·문화에 대한 부정적 인식은 1992년이 되어서야 바뀌었고, 도시를 이끄는 몇몇의 의지로 만들어내는 것이 아닌, 시 정책의 방향으로서 '예술을 통한 도시재생 Urban Regeneration through the Arts'은 공론화되어 주류가 지지하는 정책이 되었다. 이처럼 문화재생이 성공할 수 있었던 이유는 장기간에 걸쳐 구성원에게 동의를 구하고 그들과 소통하려 했다는 데서 찾을 수 있다.

3' 3' 2. 시민과 교감하는 높은 기준(high standards)

발틱현대미술관(이하 발틱)은 최고 수준의 전문가들의 주도로 계획되었다. 샌디 네어른Sandy Nairne 등 저명한 전문가들이 프로그램과 공간에 대한 자문에 참여했다. 이러한 발틱의 높은 기준high standards이 성공한 요인은 예술에서의 엘리트주의와 관련된다. 발틱의 시설은 뉴캐슬의 예술 관련 시설과 비교해 높은 수준이었다. 게이츠헤드는 공간적으로도 대중이 함께 즐길 수 있는 예술 프로젝트에 투자했고, 많은 관람객이 유치되기를 기대했다.

고급 작품 전시를 위한 예술 갤러리는 아니지만, 발틱은 예술 작업자를 위한 주거형 스튜디오 공간까지 갖춘, 한 시대의 특성을 지닌 감각적인 예술 작업장이다. 리모델링 과정에서 세계적인 작가 아니쉬 카푸어Anish Kapoor를 초청해 공간을 제공하고, 작품(작품명 탄탄타라 Tantantara) 설치를 하는 3년 동안 다양한 사전 행사를 열어 제분소가 미술관으로 바뀌는 과정을 지역 주민들이 지켜볼 수 있게 했다. 이처럼 지역 주민들이 리모델링 과정에서 발틱과 지속적으로 접촉한 덕분에 개장 후에도 지역 주민에게는 낯설지 않은 일상적인 공간이자, 마치 자신의 갤러리나 문화 공간처럼 편하게 느껴지는 공간으로 다가왔다. 한편으로 예술 작업장이기도 한 발틱은 지역 주민과 세월을 같이한 동시대적 예술 공간에서 창작된 작품들 덕분에 방문자들의 수도 지속적으로 증가했다.

세이지뮤직센터도 다른 국외 유명 뮤직센터와 비교해 손색없는 최고의 시설을 갖췄다. 특히 노던심포니오케스트라Northern Sinfonia Orchestra가 상주하고 있어 상시 최고 수준의 음악공연을 감상할 수 있는 곳이다. 음악교육 기능을 하는 것도 이곳의 특징 중 하나다. 세이지뮤직센터에서는 음악교사들이 지역의 학교에 찾아가 아이들에 노래를 가르치고 정기적으로 빅싱Big sing이라는 대규모 합창회를 연다. 이때 참여하는 인원은 3,000명에 달한다. 세이지뮤직센터는 단순한 고급 공연장이 아니라, 이 지역의 음악교육을 총괄하는 역할까지 하는 것이다(한국일보문화부, 2011: 165). 한

◉ 2010년 세이지뮤직센터에서 열린 빅싱
자료: www.chroniclelive.co.uk

편, 음악교육 프로그램 운용을 위해 25개의 연습실이 음악당 중심에 위치하도록 설계되었다. 세이지뮤직센터는 건설 과정부터 지역 주민을 중심에 두고 지어진, 시민과 소통할 수 있는 양방향 뮤직홀이라 할 수 있다.

3' 3' 3. 유기적이고 유연한 비전(flexibility and an organic vision)

예술문화로 이끄는 재생으로서의 게이츠헤드의 성공 비결은 위험 요소가 있는 업무에 대해서도 개방적이고 유연하게 접근하는 데서 찾을 수 있다.

발틱현대미술관을 리모델링하는 과정에서 전통적인 형태의 미술관으로 만들어야 한다는 외부 압력이 있었다. 하지만 게이츠헤드 시는 예술인을 위한 작업장이면서 국제적 규모의 전시 공간을 함께 갖춘 공간을 원했다. 결국 유연한 방식을 채택한 결과로 공개경쟁을 통해 28살의 젊은 건축가 도미닉 윌리엄스 Dominic Williams가 설계를 맡아 리모델링이 이루어졌다.

게이츠헤드의 유기적이고 유연한 개발을 보여주는 다른 사례로 밀레니엄브리지가 있다. 뉴캐슬과 게이드헤드 사이를 흐르는 타인 강에는 TWDC가 설립되기 이전에는 기존 교량 외에 추가적인 교량 건설 계획이 없었다. 밀레니엄브리지는 게이츠헤드의 창조적 발상에 따라 뉴캐슬 쪽에 면한 키사이드 개조 프로젝트와 연관시켜 추가적으로 건설된 사례다.

또한 게이츠헤드는 세이지뮤직센터 건립에서도 유연한 자세로 임해 성공적인 결과를 얻었다. 여러 프로젝트가 일정한 범위 내에서 연속적으로 추진되었지만, 이는 전체적인 마스터플랜에 따라 이루어진 것이 아니라 동일한 장소에 대해 유연한 생각으로 추진된 개별적이고 상징적인 프로젝트의 집합이었다. 다시 말해, 게이츠헤드의 사업은 전체적인 비전을 구체적으로 세워 확정하고 나서 그것에 따라 추진한 것이 아니라, 기회가 올 때를 준비하고 변화하는 상황에 맞춰 유연한 자세로 추진한 것이었다.

3' 3' 4. 신뢰와 지역 소속감(confidence and local ownership)

앞에서 언급한 유연성을 통한 성공의 밑바탕에는 시와 주민 간의 신뢰가 있었다. 게이츠헤드에서 신뢰는 밀레니엄브리지, 발틱, 세이지뮤직센터처럼 디자인이 훌륭한 건축물을 통해 지역 주민에게 전달된다. 그리고 이러한 신뢰는 게이츠헤드의 시민으로서 소속감과 자부심을 제공한다.

공공예술 프로젝트를 통해 지역 주민이 다양한 문화·예술 활동에 참여할 수 있는 기회를 지속적으로 제공하려면 지역 소속감은 꼭 필요하다. 이런 측면에서 발틱은 주민 참여를 통한 창작 활동을 지원하기도 했다. 그중 하나가 터너상 수상 작가인 앤터니 곰리Antony Gormley의 2003년 작품 '도메인 필드Domain Field'다. 이 작품은 지역 주민 1,000명의 지원자 중 2세부터 85세까지 284명을 선발해 이들의 모습을 하나하나 주형으로 만든 것으로 발틱에서 제작·전시되었다. 일반인이 이해하기 어려운 작품만 전시하는 것이 아니라 지역 주민이 직접 참여할 수 있는 기회를 제공하고 그렇게 만들어진 작품을 전시함으로써, 그들의 친구나 가족의 모습이 담긴 작품들을 보고 그 사이를 걷는 동안 지역 주민은 예술과 더욱더 가까이 교감할 수 있게 되는 것이다.

4. 추진 주체

영국의 주택·도시 관련 주요 기구는 그동안 많이 변화했다. 1964년 설립된 주택공사Housing Corporation: HC가 2008년까지 관련 업무를 맡았고, 도시개발공사Urban Development Corporation: UDC가 1990년대까지 도시개발의 주체를 담당하다가 잉글리시파트너십English Partnerships: EP과 도시재생청Urban Regenerarion Agency: URA이 도시개발의 주체를 담당했다. 이후 런던은 도시재생회사Urban Regeration Company: URC, 그 밖의 지역은 지역개발청Regional Development Agency: RDA이 개발을 담당했다. 2000년대 들어 제2기 UDC가 설립되고 2008년에는 EP와 HC가

기관	역할 및 기능	비고
주택공사(HC) 1964~2008	· 주택협회(HA)에 대한 공적 기금 지원 (재정 지원 및 감시·감독) · 사회주택(social housing) 건설·관리 · 기존 주택 개·보수	· 정부 정책 집행 기구(정부 정책 개발·집행) · 전국에 9개소의 주택공사 지사를 둠 · 공적 자금 집행 시 국회 의결을 거쳐야 하며, 매년 이에 대한 회계감사를 받음
도시개발공사(UDC) 1981~2000	· 택지 개발, 도시 기반시설 정비, 재개발 · 주택 건설 촉진 · 상업·산업단지 개발 및 토지 매각	· 전국에 13개 도시개발공사가 한시적으로 존재 · 환경교통지역부 장관이 지정한 '도시개발지역'의 재생사업 추진
잉글리시파트너십(EP) 1999~2008	· 도시 정비·개발사업 · 주택(신규·기존 주택) 개·보수 사업 · 투자 촉진 · 산업 쇠퇴 지역 재개발, 환경개선사업 · 재원 조달	· 전국 수준의 지역산업·경제 발전 전담 기구 · 각 지자체의 지역개발청(RDA)과 공동으로 사업 진행 · 1993년 통상산업부(DTI) 산하 산업단지청이 환경부의 지역 발전 전담 기구로 확대·개편 되었고, 1999년 신도시개발위원회(CNT)와 도시재생기구(URA)를 통합해 설립
주택커뮤니티청(HCA) 2008~	· 지속가능한 주거 환경 조성 및 저렴 주택 공급 · 도시재생 촉진 · 지방정부와 민간 개발업자의 협상 지원, 민간 자본 유치 가능한 환경 조성	· HC와 EP의 기능을 통합해 설립 · 주택 건설 및 개·보수, 도시 정비 기능 통합

⊙ **표 12-1** 영국 주택·도시 분야 기관의 특징
자료: 대한주택공사(2008)에서 재구성.

통합되어 주택커뮤니티청 Homes and Communities Agency: HCA 이 설립되었다. 게이츠 헤드 시의 주택·도시 개발사업은 북동 지역 담당 RDA에서 담당한다.

뉴캐슬에는 1987년 설립된 TWDC가 있었으나, 1980년대 말 부동산 가격 폭락으로 민간 참여형 프로젝트를 중시하던 UDC가 위축되고, 이후 국가 전체 적으로 UDC 폐지가 결정되면서 1998년 TWDC도 함께 해체되었다. TWDC가 해체된 후 뉴캐슬에서는 건설과 공급 위주에서 벗어나 공공서비스와 레저로 투 자의 폭을 넓혔다.

게이츠헤드의 도시재생은 1990년대 초반 시의회 주도 아래 공공예술 프로 젝트를 성공적으로 추진함으로써 본격적으로 이루어졌다. 2000년에 와서 뉴캐 슬과 게이츠헤드의 마케팅을 총괄하기 위해 NGI가 설립되었고, 게이츠헤드의 사업 실행 기관으로서 RDA의 한 부분인 원노스이스트 One North East: ONE 가 존재

하면서 세 기관이 협업을 하게 되고 천사 조각상의 성공 이후 게이츠헤드 키 사업을 전략적으로 추진했다.

4' 1. NGI

NGI는 공공과 민간의 파트너십 형태로 180개의 민간 부문 회원과 협업하는 구조다. NGI의 목표는 국내 및 국외의 모든 국가를 대상으로 뉴캐슬·게이츠헤드의 문화 프로그램과 행사 등 역동적인 모습을 홍보해 사람들에게 관광지로서 긍정적인 인식을 심어주는 것이다.

NGI의 주요 역할은 다음과 같이 구분할 수 있다(NGI 웹사이트).

① 뉴캐슬과 게이츠헤드를 레저와 업무중심지구로 성장·유지시키기
② 영국 북동부 지역의 주요 관문으로서 중심적 역할을 할 수 있게 하기
③ 영국에서 생활·교육·근로 수준이 가장 높고 방문하기 좋은 장소로 만들기
④ 모든 분야에서 뉴캐슬과 게이츠헤드를 세계적 수준으로 올려놓기
⑤ 참여 회원의 사업 성공을 기념하고 홍보하기
⑥ 뉴캐슬·게이츠헤드와 북동부 지역을 세계적인 이벤트 장소로 만들기
⑦ 국제적 도시로의 발전을 위해 다른 도시와 함께 개발하기
⑧ 영국 북동부 지역과 타인·위어 강을 관광지로 개발하는 것 지원하기

한편, NGI가 담당하는 주요 분야로는 도시 마케팅, 국제회의 유치 지원, 문화행사 개최 및 기획, 주요 사업에 대한 언론 보도 및 홍보가 있다. 기존의 도시들은 이렇게 도시 마케팅에 적극적으로 대응하는 기관이 없어 성과를 내고도 이를 홍보할 적절한 통로를 찾지 못하는 경우가 많다. 뉴캐슬과 게이츠헤드의 재생 프로젝트가 성공한 데에는 NGI의 마케팅 노력도 한몫을 차지했다.

NGI의 업무 체계는 게이츠헤드 의회, 뉴캐슬 의회, 복권기금^{Lottery Funded},

핵심 분야	내용
도시 마케팅	· 뉴캐슬 · 게이츠헤드 방문자 연구 · 뉴캐슬 · 게이츠헤드와 국내외 다른 파트너 간 협력체계 구성 · 도시 가이드물 제작(영어 · 독일어 · 스페인어 · 노르웨이어 · 네덜란드어) · 호텔 및 관광 패키지 상품 개발 및 이벤트 마케팅 · 웹사이트를 통한 전자상거래 활동
국제회의 유치 지원	· 컨퍼런스 사업에 대한 영업과 개발 · 컨퍼런스를 위한 경쟁 입찰 및 장소 제공 · 웹사이트를 통한 온라인 호텔 예약 서비스를 포함한 회의 서비스 · 국내외 무역박람회 추진 및 회의 진행 프로그램 기획 · 뉴캐슬 · 게이츠헤드에 새롭게 건설할 호텔 및 컨퍼런스 시설 개발 지원
문화행사 개발 및 기획	· 영국 북동부 지역의 다른 지역 문화기관과 연계해 국제 수준의 행사 개발 · 주요 행사 및 축제의 직접적인 관리 및 기획 · 이벤트를 주최 · 관리하기 위한 능력 개발 · 문화행사에 대한 사회적 · 경제적 이익에 대한 평가 · 국내외 관련 파트너십 개발
언론 보도 및 홍보	· 긍정적이고 효과적인 메시지 전달을 통한 지속적인 언론 활동 · 'Feel Good' 캠페인 및 국내외 언론기관 방문 · 주요 유관 기관과의 파트너십 형성, 컨퍼런스 및 이벤트에 대한 주변 홍보 · 리더십 프로젝트를 통한 지역의 브랜드 가치 향상 · 문화적 행사에 대한 언론 활동

⊙ **표 12-2** NGI의 주요 핵심 분야
자료: http://www.newcastlegateshead.com

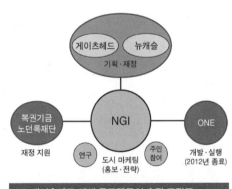

⊙ 게이츠헤드 재생 프로젝트의 추진 조직도

노던록재단Northern Rock Fundation의 파트너십으로 구성된다. 시의회에서 주도적으로 추진되는 사업이 발주되면, ONE과 같은 공공·민간 개발회사가 사업을 개발하고, NGI가 이를 조정하는 역할을 담당하면서 해당 사업의 마케팅 방향을 기획한다.

4' 2. ONE(One North East)

원노스이스트, 즉 ONE은 영국의 총 9개 RDAs[5] 가운데 영국 북부 지역을 담당하기 위해서 1999년에 설립된 지역개발기관이다. ONE의 경영 목표는 '지속가능한 경제적 개발을 통한 지역의 변화'다. 그리고 주요 역할은 '영국 북동부 지역의 경제를 성장시키고 지속가능한 미래 경쟁력을 창출하며 사업을 지원 또는 개발하는 것'이다. 특히 지역 기업이 최대의 수익을 낼 수 있도록 공공 부문의 파트너들과 네트워크를 긴밀하게 구축하는 것도 ONE의 중요한 역할 중 하나다.

주요 업무로는 경제적 침체에서 벗어나기 위한 사업 지원, 미래의 산업 지원, 새로운 비즈니스 투자 유치, 영국 북동부의 기업 성장 지원 등이 있다. 특히 장소와 사람에 대한 지원으로서 지역재생 프로젝트 추진과 지역 홍보, 지역 주민을 위한 기술 및 기업 개발 재정 지원 등을 추진했다.

주요 추진 프로젝트로는 게이츠헤드 키와 뉴캐슬의 그레인거 타운 등 10여 개의 전략적 사업이 있다.

1999년 이래로 ONE은 북동부 지역의 경제에 약 4조 8,533억(27억 파운드) 원을 투자했고, 투자액 1파운

⊙ ONE의 프로젝트
자료: http://www.onenortheast.co.uk

---

⑤ 9개 RDA는 다음과 같다. Advantage West Midlands, East of England Development Agency, East Midlands Development Agency, London Development Agency, Northwest Regional Development Agency, One North East, South East England Development Agency, South West RDA, Yorkshire Forward.

드당 4.5파운드의 수익을 냈다. 또한 약 16만 개의 신규 일자리와 약 19만 개의 신규 사업이 창출된 것으로 평가된다(ONE 웹사이트).

2000년대 중반 결정된 정부의 정책에 따라 ONE을 비롯한 나머지 RDAs도 2012년에 모두 종료되고 지역 기업 파트너십Enterprise Partnership으로 대체될 예정이다(ONE 웹사이트).

5. 투자 규모

게이츠헤드 재생사업에 투자된 예산은 크게, 게이츠헤드 키 사업을 시작하기 이전에 재생사업의 기폭제 역할을 한 국제가든페스티벌과 공공예술 프로젝트의 사업 예산, 그리고 본격적으로 게이츠헤드 키 사업이 시작되고 나서 투자된 예산으로 구분할 수 있다(표 12-3 참조). 한편, 뉴캐슬의 그레인거 타운 프로젝트에는 총 1억 2,000만 파운드가 투자되었다.

구분	기간	사업명	예산
재생사업 분위기 조성 시기	1990년(5개월)	국제가든페스티벌: 페스티벌 후 주거지 조성	3,700만 파운드
	1994~1998년	천사 조각상: 공공예술 프로젝트에 지원되는 펀드로 조성	초기 100만 파운드 총 1억 파운드
게이츠헤드 키 지구 재생이 본격화된 시기	2000~2002년	발틱현대미술관 리모델링: 예술위원회 복권기금 등 펀드 조성	5,000만 파운드 (3,340만 파운드는 복권기금)
	2001년 완공	게이츠헤드 밀레니엄브리지 건설	2,200만 파운드
	2004년 완공	세이지뮤직센터 건설	7,000만 파운드
	2008년 완공	게이츠헤드 헤리티지 리모델링 사업	120만 파운드
소계			1만 4,320만 파운드

⊙ 표 12-3 게이츠헤드 재생사업 투자 예산

구분	2003년	2004년	2005년	2006년	2007년	2008년	2009년
방문자의 경제적 가치(1억 파운드)	11.7	12.0	12.7	12.3	12.6	11.6	12.3
평균 관광 일수(일)	20.3	21.0	22.3	21.1	21.7	21.0	21.6
관광에 따른 고용 창출(건)	18,496	18,135	19,516	18,356	19,437	18,902	19,248

⊙ **표 12-4** 관광객 증가가 뉴캐슬·게이츠헤드에 가져온 경제적 효과
자료: NGi(2010).

6. 사업 성과 및 평가

게이츠헤드의 재생 프로젝트의 주요한 가시적 효과로는 먼저 인구 증가를 꼽을 수 있다. 1981년부터 2000년대 초반까지 게이츠헤드와 뉴캐슬 지역은 쇠퇴기를 겪었는데, 이 때문에 지역 인구가 게이츠헤드는 7%, 뉴캐슬은 5% 감소했다. 그러나 2000년대 들어 본격화된 재생사업의 효과로 일자리가 창출되고 지역의 경제가 회복되면서 게이츠헤드 인구는 19만 명, 뉴캐슬 인구는 29만 명으로 증가했고, 현재까지 소폭 상승세를 유지하고 있다(게이츠헤드 시 웹사이트).

비록 2008년 유럽문화도시에는 선정되지 못했지만, 이를 계기로 게이츠헤드는 영국의 주요 문화도시의 하나로 인식되기 시작했고, 예술·문화도시로서 인정을 받게 되었다.

게이츠헤드 재생 프로젝트의 두 번째 효과로는 방문자 수 증가에 따른 사회적·경제적 파급효과가 있었다. 유럽문화도시 신청을 추진하던 2003년 이후부터 게이츠헤드 지역 방문자 수가 눈에 띄게 늘기 시작했다. 방문자로 인한 경제적 파급효과를 금액으로 환산하면 매년 1억 2,300만 파운드에 달하는 것으로 추정된다(표 12-4 참조). 2010 ONE의 보고서에 따르면, 영국 북동부North East England 지역의 관광산업 가치는 약 39억 파운드이고, 관광산업으로 6만 5,000명의 고용 효과를 창출했다. 또한 인근 지역에 새로운 건설 경기 부양 효과(신축 아파트나 오피스 타운 건설)도 가져왔다. 게이츠헤드에서는 앞으로 문화 개발을 통한 효과가 과학을 기반으로 한 부문과도 연계되어 나타날 것으로 기대된다.

특히 주목할 만한 점은 문화재생 프로젝트의 추진 과정에서 민간 펀드를 중심으로 어린이 등 취약계층을 지원하는 다양한 기금이 조성되었다는 사실이다.

무엇보다도 과거 탄광지역이었던 게이츠헤드와 뉴캐슬 두 도시를 사회적·경제적으로 회복시킨 것은 문화를 중심으로 한 도시재생의 힘이다. 이러한 문화재생의 힘은 단순히 대형 건축물 몇 개를 건설하고 주택을 공급한다고 도시를 살릴 수 있는 것이 아니라는 것을 보여준다.

7. 게이츠헤드의 미래

오랜 노력으로 게이츠헤드는 오늘날 영국 북동부의 대표적인 역사·문화 도시로 성장했다. 관광객 수가 늘고 지역경제가 살아나면서 실업률도 낮아졌다. 하지만 게이츠헤드와 뉴캐슬은 이에 머물지 않고 지속적인 성장을 위해 2009년부터 지역경제 발전과 주택 개발을 주요 내용으로 한 '뉴캐슬·게이츠헤드 핵심전략 2030 Newcastle Gateshead One Core Strategy 2030'을 계획했다. 또한 게이츠헤드 키에 대한 마스터플랜을 세워 기존 질서를 유지하면서 번영할 수 있는 방법을 모색했다. 이러한 노력은 2004년부터 시행되는 지역개발구조 Local Development Framework: LDF 에 따라 현실화되었다.

7.1. 광역 차원

영국 북동부의 중심으로서 게이츠헤드와 뉴캐슬의 미래는 '게이츠헤드 핵심전략 2030'에 언급되어 있다. LDF에서 밝힌 구상도에 따르면, 뉴캐슬과 게이츠헤드는 1개의 핵심전략을 놓고 두 도시가 공동으로 협력해 개발을 추진한다(그림 12-1 참조). 이는 2000년 NGI가 설립된 이후 두 도시의 공동 노력을 통한 동반 성장이라는 목표를 추구하는 것의 연장선상에 있는 것이라 할 수 있다.

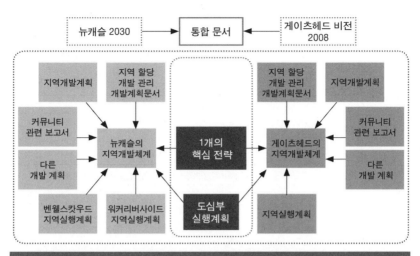

◉ **그림 12-1** 뉴캐슬 · 게이츠헤드의 LDF 구상도

자료: Gateshead Council and Newcastle City Council(2011: 4).

◉ **그림 12-2** 뉴캐슬 · 게이츠헤드의 특성별 위계도

자료: Gateshead Council and Newcastle City Council(2011: 59).

구분		전략
사람	전략 1	경제활동 인구를 늘리기 위해 인구 성장을 장려 ※ 2001년에 비해 2010년은 1만 7,000명이 증가한 47만 5,100명, 목표는 2030년까지 51만 7,000명 ※ 현재 16.1%의 고령자 비율이 2030년에는 거의 3배에 이를 것으로 예측
	전략 2	모든 이의 삶의 질을 높이고 불평등을 줄여 행복 증진
장소	전략 3	토지의 이용과 개발로부터 보호하고, 환경의 질을 높이며, 역사적 환경을 조성하고, 주거지를 매력 있고 안전하며 지속가능하도록 가꿈
	전략 4	모든 곳으로 접근할 수 있고 안전한 높은 수준의 생태 네트워크 제공
경제	전략 5	도심에 업무·쇼핑·교육·관광 기능 부여하고 확장함으로써 도시 경쟁력 향상
	전략 6	지속가능하고 유연하며 다양한 사업 환경을 제공하기 위해 기회를 보장하고, 기술적으로 사업 환경을 만들어주어 경제적 탄력성과 다양성 증대
	전략 7	필요한 모든 지역 커뮤니티를 접할 수 있도록 다양한 상점과 서비스를 지구 중심과 접근성이 양호한 지역에 제공
주택	전략 8	최근의 흐름과 미래의 필요한 열망을 충족시키는 양질의 주거시설 제공
접근성과 교통	전략 9	주거, 직장, 상점 등 모든 곳에 쉽게 접근할 수 있고 도시의 성장을 지원할 수 있는 교통 시스템 운영
기후 변화	전략 10	문제에 적응할 수 있고 부정적 영향을 완화해 기후 변화에 대응할 수 있는 기회 제공

⊙ **표 12-5** 뉴캐슬·게이츠헤드의 영역별 전략
자료: Gateshead Council and Newcastle City Council(2011).

지역 특성도를 살펴보면 도심 지역, 광역권, 지방권으로 구분했고, 영역의 위계는 그림 12-2와 같다. 또한 영역별 전략은 '사람, 장소, 경제, 주택, 접근성·교통, 기후 변화'로 구분해 제시했다(표 12-5 참조). 이와 더불어 '뉴캐슬·게이츠헤드 핵심전략 2030'에서는 두 도시의 미래 비전을 다음과 같이 언급했다.

게이츠헤드와 뉴캐슬은 두 도시가 지닌 잠재력을 실현하고 고품격의 생활 방식을 즐길 수 있기 때문에 사람들이 살고 싶고 일하고 싶고 방문하고 싶은 유일하고 독특한 곳으로서 2030년까지 번창하고 지속가능한 도시를 이룰 것이다(Gateshead Council and Newcastle City Council, 2011: 16).

지난 20년간을 근간으로 게이츠헤드 파트너십은 게이츠헤드 비전 2030을

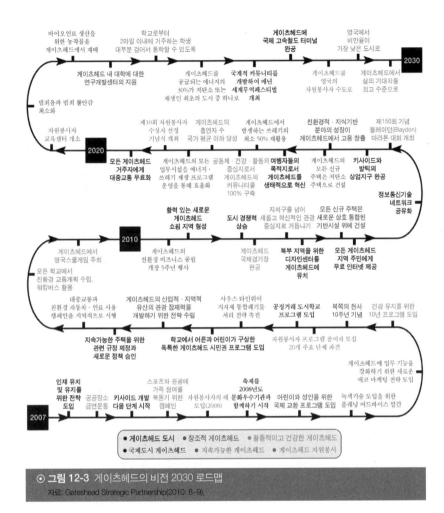

● **그림 12-3** 게이츠헤드의 비전 2030 로드맵
자료: Gateshead Strategic Partnership(2010: 8~9).

달성하기 위해 그림 12-3과 같은 로드맵을 제시했다. 전체 로드맵은 게이츠헤드의 잠재력을 최대한 이끌어낼 수 있도록 '도시, 창조, 활동과 건강, 국제, 지속가능, 자원봉사' 등 여섯 가지의 아이디어로 구분해 추진 계획을 세웠다.

로드맵에서 '게이츠헤드 도시City of Gateshead'는 도시가 도시로 알려지는 것이 아니라 다른 위대한 도시들처럼 도시에서 발생하는 문화, 디자인, 자연 조건, 사람들의 장소로서 발전하기 위한 방안을 담는다. 그리고 '국제도시 게이츠헤드

Global Gateshead'는 국제적 커뮤니티 안에서 자신의 역할을 인지하고 지역적 효과를 낼 수 있는 기회를 최대한 제공하는 것을 내용으로 한다. '창조적 게이츠헤드 Creative Gateshead'는 지역의 유산과 사람에게 투자하는 것이다. 그래서 그들의 삶의 질을 향상시키기 위한 창조적 경험과 다양한 참여를 통해 즐길 수 있는 기회를 제공하려는 것이다. '지속가능한 게이츠헤드 Sustainable Gateshead'는 게이츠헤드를 위한 매력적인 지역 환경과 경제적으로 풍요로운 미래를 위해 삶과 이동, 에너지, 자원을 어떻게 할 것인지에 관한 것이다. '활동적이고 건강한 게이츠헤드 Active and Healthy Gateshead'는 지역 주민의 생활과 건강을 향상시키기 위한 기회를 제공하는 가장 건강한 장소를 만드는 것이다. '게이츠헤드 자원봉사 Gateshead Volunteers'는 지역 커뮤니티의 자원봉사를 활성화하기 위한 것이다.

이렇게 게이츠헤드는 탄광촌에서 벗어나 예술과 문화를 기반으로 한 고품격 도시를 만들어 영국 제일의 문화도시로 발전하려는 노력을 하고 있다.

7' 2. 게이츠헤드 키의 미래

7' 2' 1. 마스터플랜(1PLAN)의 수립 배경 및 추진 과정

게이츠헤드 키는 뉴캐슬과 게이츠헤드의 중심이 되는 지역이라 할 수 있다. 이곳은 발틱현대미술관에서 게이츠헤드 밀레니엄브리지, 세이지뮤직센터에 이르기까지 물리적이고 문화적인 환경이 지속적으로 변화해왔다.

그동안의 재생 과정은 빈 토지에 건축물을 건설하고, 기반시설을 만드는 과정이어서 미래지향적인 지속가능한 기회를 제공하는 것과는 어느 정도 거리가 있었다고 볼 수 있다(RMJM, 2010). 따라서 지금까지 이루어진 게이츠헤드 키 개발은 새로운 도시 환경을 만들 수 있는 기회와 게이츠헤드의 미래 번영에 크게 공헌할 수 있는 자산을 형성한 것이라고 평가할 수 있다.

최근 게이츠헤드 시는 지속가능한 발전을 위해 현시점에서 게이츠헤드 키에 대한 마스터플랜을 구상했다. 마스터플랜에는 게이츠헤드 키의 '재생 목적, 지

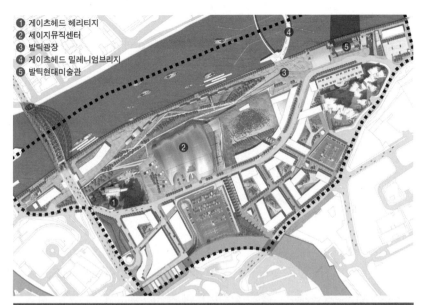

① 게이츠헤드 헤리티지
② 세이지뮤직센터
③ 발틱광장
④ 게이츠헤드 밀레니엄브리지
⑤ 발틱현대미술관

⊙ 게이츠헤드 키 마스터플랜(점선 안은 마스터플랜 대상 구역)
　자료: RMJM(2010)에서 재구성.

역에 대한 분석, 재생 결과에 따른 변화 가능성' 등을 담고 있다.

　마스터플랜에서 무엇보다도 중요한 경제적 분석은 1NG⑥에서 수행한 경제적 마스터플랜⑦이다. 1NG의 설립 목적은 뉴캐슬과 게이츠헤드가 국가를 대표하는 국제적 수준의 경쟁력 있는 도시로 발전할 수 있는 경제적 기반을 수립하는 것이다. 이를 위해 게이츠헤드 키 개발에 대한 잠재적이고 물리적인 형태와 경제적 효과를 위해 장기간 투자할 필요가 있다고 판단했다.

　게이츠헤드 키 마스터플랜은 게이츠헤드 의회의 주요 전략가와 개발에 따른 영향과 관계있는 주변 지역 커뮤니티와의 파트너십을 바탕으로 추진되었다.

---

⑥ 1NG의 경제적 움직임은 영국 RDA의 북동 지역 담당인 ONE의 영향을 받는다.
⑦ 해당 마스터플랜의 이름은 "1PLAN: An Economic and Spatial Strategy for Newcastle Gasteshead"다.

7' 2' 2. 비전

게이츠헤드 키의 비전에 대해 게이츠헤드 파트너십의 파트너들은 다음과 같이 언급했다.

게이츠헤드 키는 이곳을 방문하거나 이곳에서 생활하거나 근무하는 모든 이들에게 유익하고 자랑스러운 유산으로서 제공되며, 국제적 명소가 될 것이다. 새로운 개발은 그것이 지속될 때 높은 수준의 디자인과 재생 방법으로서 타의 모범이 된다. 이곳은 독특하고 복합적이며 접근이 쉽고 매력적이며 유익한 곳이 될 것이다. 또한 이 지역은 업무와 가족 친화적인 활동을 위한 수변 커뮤니티의 일부분으로서 강한 장소성을 만드는 공공 공간(계단, 거리, 광장 등)을 인간적 척도(human scale)로 만들 것이다. 이곳은 고유의 정체성을 유지하면서 타운센터(Town Centre), 뉴캐슬 키사이드(Newcastle Quayside)와 연결되어 게이츠헤드의 문화와 업무 분야를 동시에 만족시키는 장소가 될 것이다(RMJM, 2010: 8).

7' 2' 3. 마스터플랜

게이츠헤드 키 마스터플랜의 목표는 주변의 도시 맥락을 통합하며, 토지의 이용에 대해 새로운 힘을 불어넣고, 지속가능한 복합 용도로 개발해 공급하는 것이다.

"모든 위대한 문명에 대한 척도는 도시 속에 있고, 도시의 위대함의 척도는 도시가 지닌 공공 공간, 공원, 광장의 특성에 있다"(RMJM, 2010: 27)라는 존 러스킨John Ruskin의 말처럼, 게이츠헤드 키 공공 공간의 성격이 게이츠헤드의 도시 성격이 되고, 이것이 도시의 위대함으로 나타나는 것이다. 따라서 게이츠헤드 키의 마스터플랜에서 고려하는 요소는 기존 건축물을 살리면서 도시의 맥락에 맞게 여러 공공 공간을 재통합하고reunite 위계를 재설정하는 것이다.

먼저 '재통합'을 살펴보면, 타인 강에 면한 키 지구를 강변, 공원, 도시의 끝

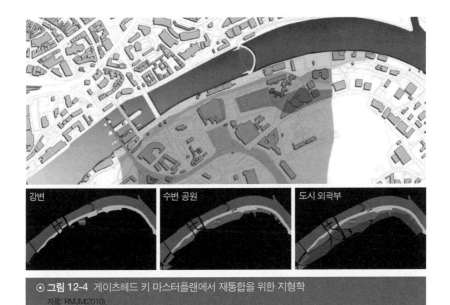

⊙ **그림 12-4** 게이츠헤드 키 마스터플랜에서 재통합을 위한 지형학
자료: RMJM(2010).

강변	수변 공원	도시 외곽부

부분 이렇게 3단계로 구분해 시민들이 게이츠헤드 키에 도달하기까지의 접근 과정에 따라 활동과 이벤트 공간을 계획하고 통합적으로 고려했다(그림 12-4 참조).

두 번째 위계·체계에 대한 고민으로 도시의 블록과 거리는 명확한 공적·사적 공간으로 구분해 모호한 공간을 피하고, 연결망을 구축했다. 게이츠헤드 키 지역은 역사적 흐름에 따라 형태가 명확하게 남아 있다. 따라서 도시의 맥락에 맞도록 블록의 크기는 40~70m의

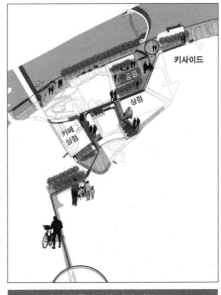

⊙ 게이츠헤드 중심가와 키의 연결
자료: RMJM(2010).

⊙ 게이츠헤드 키 마스터플랜: 토지이용계획안

자료: RMJM(2010).

ICEC

사무실

주 활동층

숙소

학생용 숙소

호텔

레저시설

주차장

크기로 하고 공간의 분절을 시도했다. 공개 공간 디자인은 게이츠헤드 의회의 독립적인 기준에 따라 '가로', '광장', '도로', '계단'으로 나눠 계획했다. 이러한 계획으로 만들어진 것이 '포켓파크Pocket Parks'와 '파크랜드Parkland'다.

마스터플랜의 토지 이용계획안을 보면, 대부분 공공 문화시설이던 기존 시설에 더해 사무실과 주거, 호텔, 학생용 주택, 위락시설, 주차장 등을 건설해 복합단지가 될 수 있도록 계획한 것을 볼 수 있다.

마스터플랜에서는 게이헤드 키 구역 전체의 조화와 그것이 도시 끝부분에 위치한다는 점을 고려해 건축물의 규모와 높이를 정했다. 특히 시민들이 활동하기에 쾌적한 환경을 제공하도록 공공 공간의 조망점과 건물의 지붕층을 계획했다.

마스터플랜에 따르면, 기존 건축물 외에 국제컨퍼런스센터International Conference and Exhibition Centre: ICEC가 우선적으로 건설될 예정이고, 사무실과 주거시설, 상점, 극장, 복합몰 등의 건설이 고려된다. ICEC는 발틱과 세이지 게이츠헤드를 기념하기 위한 건축물로서 대지면적 1만 5,000m²에 건설된다. 호텔은 4성급 호텔로서 170객실 규모로 건설될 예정이다. 또한 주거지는 학생용 주택과 방 1칸, 2칸, 3칸 형태의 개인 아파트로 구성되며, 생활과 업무를 같이 할 수 있는 구조로 건설할 계획이다. 뉴캐슬·게이츠헤드에는 대학에 다니는 학생이 많이 거주하여 학생용 주거시설을 별도로 고려했다.

⊙ 게이츠헤드 키 마스터플랜: 매싱(massing)
자료: RMJM(2010).

8. 시사점

탄광산업을 기반으로 성장하다가 20세기 후반 들어 쇠퇴해가던 게이츠헤드를 되살리기 위해 예술·문화를 중심으로 한 재생 노력은 오늘날 성공적이라고 평가된다. 게이츠헤드는 세계 최고 수준의 문화 기반시설을 바탕으로 영국은 물론 세계적으로도 주목받는 문화도시로 성장했다. 이러한 게이츠헤드의 재생에서 우리는 몇 가지 시사점을 얻을 수 있다.

첫째, 게이츠헤드 재생의 성과는 장기적인 노력의 결과다. 도시재생에 성공한 다른 대부분의 사례와 마찬가지로, 게이츠헤드는 단기적인 건설이나 정책적 노력이 아닌, 일관성과 지속성이 담보된 장기적 관점에서의 정책 추진으로 오늘날의 성과를 가져왔다. 게이츠헤드도 10여 년에 걸쳐 지역에서 예술·문화에 대한 공감대를 형성해 이를 중심으로 한 재생의 기틀을 다졌고, 이후 10년간 이를 바탕으로 게이츠헤드 키를 개발했다. 그리고 2030년까지 장기적인 계획을 세워 추진하고 있다. 이러한 계획에는 게이츠헤드 키의 제2차 마스터플랜을 통해 지역을 한 단계 더 발전시킨다는 구상이 포함되어 있다.

둘째, 성공의 중요한 동력 중 하나는 게이츠헤드와 뉴캐슬 두 도시 간의 협력과 강력한 리더십이다. 비록 초기에 두 도시는 정책의 방향에서 차이를 보였지만, 문화를 중심으로 한 재생에 대한 공감대를 바탕으로 타인 강 유역의 사업을 함께 추진했다. 이는 뉴캐슬·게이츠헤드의 재생에서 ONE이 수행한 역할만큼이나 2000년에 두 도시가 공동으로 설립한 NGI가 도시 마케팅 측면에서 수행한 역할이 매우 컸다는 점에서 잘 드러난다.

셋째, 지역자산을 활용한 사업의 철학과 방식에서 또 다른 성공 요인을 찾을 수 있다. 여기서 말하는 지역자산이란 인적 자산과 역사·문화 자산, 자연자원을 모두 아우른다. 주민을 고려한 사업과 프로그램의 운용은 오늘날 게이츠헤드를 주목받는 문화·예술도시로 만드는 데 큰 몫을 했다. 재생을 통해 새롭게 마련된 세계 최고 수준의 시설에서 질 높은 예술교육을 지역 주민에게 제공하고, 지역 주민 또한 유명 작가의 작품 창작에 직접 참여하기도 하면서, 게이츠헤드는 세계적이면서도 지역의 문화가 잘 살아 있는 자산을 갖출 수 있었다. 특히 강력한 리더십과 더불어 한편으로는 지역 주민과 토론하고 주민의 참여를 유도하는 데 많은 노력을 기울이는 시의 소통 방식은 성공의 중요한 요소 중 하나였다. 이는 다른 도시에서도 그 중요성을 알지만 대부분 제대로 실천하지 못하는 것이다.

넷째, 초기의 작은 성공을 잘 이어나가 결국 큰 결실을 맺게 했다. 영국에서 다섯 번째로 개최된 국제가든페스티벌, 그리고 공공예술 프로젝트의 일환으로 제작된 천사 조각상의 작은 성공이 게이츠헤드의 재생 방향을 결정하는 데 중요한 계기가 되었다. 그것은 문화재생에 대한 확신과 투자로 이어져 결국 게이츠헤드 키의 성공으로 그 결실을 맺은 것이다. 한편, 초기의 성공으로 중앙정부 또한 복권기금 등을 통해 재정을 지원했는데, 이는 한국의 여러 도시들이 중앙정부에서 차후 성과를 확신할 만한 결과물을 만들어보려는 노력 없이 본격적인 재생사업에 앞서 중앙정부로부터 재정을 지원받는 데만 열중하는 사례에 시사하는 바가 크다고 할 수 있다.

마지막으로 다섯째, 문화산업 모델 측면에서 추진한 도시 마케팅이 성공적이었다. 게이츠헤드의 재생 프로젝트는 공공 예술·문화를 상품화해 쇠퇴한 도시를 재생하는 데 수단으로 삼았고, 도시에 친근함을 불러일으켜 도시의 이전 사업을 대체했다. 관련 시설만 보았을 때 그러한 성과는 외관상 도시의 일부분에 집중된 것처럼 보이지만, 문화라는 콘텐츠와 지역 주민의 적극적인 참여로 그 에너지는 도시 전체로 퍼져나갔다.

지금까지 게이츠헤드의 재생은 성공적이었다. 그러나 여기서 머물지 않고 게이츠헤드가 문화재생을 기반으로 하여 한 단계 더 발전하려면 다음과 같은 노력이 필요할 것으로 보인다. 첫째, 도시의 구성 요소들이 정체성을 유지하면서도 문화적 다양성을 확대할 수 있는 투자가 필요하다. 둘째, 당장의 성공에 도취해 자칫 소홀해질 수 있는 지역 주민 참여의 중요성을 다시금 인식하고 사업 과정과 결과물에 지역 주민이 지속적으로 참여할 수 있는 기회와 혜택을 보장하는 방안을 마련해야 한다. 셋째, 문화적 속성들이 도시 전체에서 융화될 수 있는 통합적 모델로 재생사업이 진행되어야 한다. 이제는 도시에 대한 정체성과 자긍심을 확립하고 사회적 삶을 활성화하는 것을 목표로 도시 일부가 아닌 전체로 초점을 확대해야 한다.

게이츠헤드 재생의 노력은 비엔날레가 열리는 광주나 국제영화제를 개최하는 부산 등에 좋은 선례가 될 수 있을 것으로 보인다. 특히 광주는 2011년 비엔날레를 진행하면서 일반 예술품 전시뿐 아니라 도시의 상징적인 건축물을 활용한 '어반 폴리Urban Polly' 특별 프로젝트를 추진했다. 현재는 이에 대해 긍정적인 평가보다는 부정적인 평가가 많지만, 10년 장기 프로젝트로 추진하는 사업인 만큼 이를 바탕으로 광주가 한국의 문화도시로 성장하기를 기원한다.

제12장

이탈리아 밀라노 조나 토르토나의 자생적 문화산업지역 형성

자발적 문화 형성을 통한 지역재생과 그 지속가능성에 대해

정소익 | 도시매개프로젝트 소장

"Made in Italy." 패션뿐 아니라 가구, 조명, 건축 및 인테리어 자재에 이르기까지 그 명성은 디자인 분야에서 독보적이라 해도 과언이 아닐 것이다. 그 핵심에 밀라노가 있다. 밀라노는 지난 100년 동안 '디자인'을 단순한 장식의 차원에서 하나의 예술로 발전시키고 디자이너라는 전문가들을 양성해낸 장이었다. 그래서 많은 사람들은 밀라노를 방문하면서 예술과 미적인 감각이 넘쳐나는 거리와 쇼룸을 기대한다. 하지만 정작 밀라노 시내에서 기대했던 광경을 찾아보기는 쉽지 않다. 오히려 지나치게 상업적인 풍경이 여타 대도시와 별반 다르지 않다.

이런 밀라노가 디자인의 수도로서 그 본모습과 저력을 드러내는 순간이 있는데 바로 매년 열리는 밀라노 가구박람회 때다. 이때가 되면, 가구박람회에서뿐 아니라 시내 곳곳에서, 구석구석에서 '푸오리살로네'라는 이름 아래 일주일 동안 디자인 잔치가 벌어진다. 푸오리살로네는 공식적인 박람회장에 비해 훨씬 더 실험적이며, 다른 분야와 적극적인 접목을 꾀한다. 여기에 일반 시민들의 여흥까지 더해져 밀라노 전체는 그야말로 열린 디자인 도시로 탈바꿈된다. 푸오리살로네를 만드는 이들은 전 세계의 유명 · 무명 디자이너와 디자인 업체만이 아니다. 학교와 학생들, 그리고 신재료, 공방, 기술개발 연구실, 전시장, 잡지, 출판사 등 디자인에 관련된 모든 관계자들이 참여한다. 밀라노 디자인의 실체가 단순히 예쁜 디자인과 그 쇼룸에 있지 않고 디자인 산업 전반을 떠받치는 모든 관련 업체의 집적에 있음이, 그리고 그 업체들 간의 다각적인 교류에 있음이 분명히 드러난다. 이들은 하향식 정책에 의해 조성된 것이 아니다. 오히려 스스로의 필요에 따라 자발적으로 문화지역을 만들어간 경우이며, 지역 마케팅과 활성화가 이를 자연스럽게 따라온 경우이다.

필자가 문화를 통한 지역재생의 사례로 조나 토르토나를 연구한 이유가 여기에 있다. 이 사례 연구를 통해, 도시재생을 위한 정책이 과연 구체적인 집행계획이어야만 하는지, '문화'라는 코드와 지역 변화의 자발적인 움직임은 어떻게 연결되는지, 그 배경은 무엇인지, 그리고 이들은 어떻게 자극될 수 있는지 등의 질문에 대한 시사점을 찾고자 한다. 이들은 더 나아가 현재 한국에서 시도되는 각종 문화정책(예컨대, 아트 팩토리나 문전성시 등)을 돌아보는 데도 참고가 될 것이다.

밀라노의 위치와 연혁

밀라노(Milano, 영어식 발음은 '밀란')는 이탈리아 북부에 있는 도시로, 롬바르디아(Lombardia) 주의 주도다. 밀라노는 이탈리아 북부 최대 도시로, 롬바르디아 평원에 위치한다. 유럽의 주요 도시로서 유럽과 이탈리아를 연결하는 주요 교통수단이 밀라노를 통과한다.

로마가 이탈리아의 행정적 수도라면 밀라노는 이탈리아의 경제적 수도라 할 정도로 밀라노는 이탈리아 최대의 경제 중심지다. 밀라노에는 이탈리아 최대의 주식시장, 주요 은행의 본점, 여러 대기업의 본사뿐 아니라 연구소, 병원, 대학 등이 집중되어 있으며, 밀라노와 베르가모(Bergamo), 브레시아(Brescia)를 잇는 지역에는 기계, 화학, 가구, 섬유 등 다수의 산업지역이 분포해 있다. 문화의 중심지이기도 한 밀라노에는 밀라노 대성당과 라스칼라 극장, 그 밖에 많은 박물관과 미술관이 있다. 1906년 엑스포가 열린 도시이기도 하며, 2015년에도 엑스포를 개최한다. 이러한 밀라노 수도권의 GDP는 2008년을 기준으로 유럽에서 일곱 번째로 높다.

◉ 밀라노의 위치
자료: NordNordWest, 2008(Wikipedia).

◉ 밀라노의 두오모광장과 밀라노성당
자료: Friedrichstrasse, 2009(Wikipedia).

밀라노의 인구 변화

인구는 2011년 6월 현재 133만 6,157명, 인구밀도는 7,351.2명/km²이며, 광역도시권 내에 337만 명이 거주한다. 시내 인구는 수도인 로마 다음으로 많으며, 광역도시권 인구는 로마를 훨씬 초과하여 이탈리아 최대의 대도시권을 형성하고 있다. 밀라노의 인구는 1973년 170만 명을 기점으로 이후 30여 년 동안 3분의 1에 이르는 인구가 밀라노 광역권으로 이주해 나갔다. 동시에 외국인 유입은 꾸준히 늘어서 밀라노에 거주하는 인구의 약 14%가 외국 출신이다. 인구 고령화와 저출산으로 2009년 현재 14세 이하 인구는 12.6%에 머무는 반면, 60세 이상 인구는 30%에 이른다.

면적 및 기후

밀라노는 티치노(Ticino) 강과 아다(Adda) 강 사이, 알프스 산맥 아래의 첫 번째 평야 지역에 위치하며, 그 면적이 181.76km²에 이른다. 밀라노 남쪽은 이탈리아의 대표적인 곡창지대로 현재 총면적 300ha에 이르는 밀라노 남부 농경공원(Parco Agricolo Sud Milano)으로 구분되어 관리된다. 이 공원은 기존의 농업 활동 보존 및 도시 농업, 도심 녹지 확장, 그리고 도시의 무분별한 확장 저지에 중요한 역할을 한다.

밀라노는 북위 45도 7분, 동경 9도 11분에 위치한다. 덥고 건조한 여름, 춥고 습한 겨울 등 사계절이 구분되며, 1월 평균 기온은 섭씨 -2도, 7월에는 25도, 8월에는 30도다. 강 주변 습지대가 있어 진한 안개가 자주 낀다.

도시재생의 연혁

이탈리아의 첫 번째 도시계획법인 PRG (Piano Regolatore Generale)는 1942년 지정되었다. 이후 제2차 세계대전과 도시의 급속한 재건과 확장을 거치는 동안 기존의 법 틀 안에서 여러 수정안이 적용되었다. 밀라노의 경우, 1980년 PRG 수정안 도입 이후 1980년부터 1992년까지 최소 130개의 도시적으로 중요한 수정안이 승인되었는데, 그 결과 1980년 승인된 기존 PRG와 비교해 완전히 다른 성격을 띤, 통일된 논리나 일관성이 없는 또 다른 계획으로 변질되었다(Erba, Molon and Morandi, 2002). 이 계획들은 유휴산업지역 및 주거지역의 재생

⊙ 밀라노 PRG 1953

및 재개발 프로젝트로서, 기존의 도시계획법의 제도적 한계를 극복하고 보완하고자 시도된 전략적 계획이었다. 폐기차역을 유럽정보문화도서관(Biblioteca Europea di Informazione e Cultura)으로 전환하는 계획, 중화학공업 단지를 대학·연구단지화하는 계획(보비자 지역) 등 문화를 코드로 하는 프로그램도 시도되었으나, 공공 자금의 유입이 제한된 상황에서 여러 산업유휴시설 도시재생 프로젝트는 서비스업과 주거가 주를 이루는 건설산업으로 귀결되었다(Brenna, 2004; Oliva, 2002).

1. 조나 토르토나

1' 1. 지역 개요

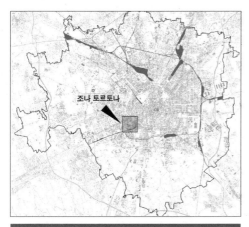

⊙ 조나 토르토나의 위치

'공업지구에서 패션과 디자인의 도시로.' 이것이 지난 20여 년 동안 밀라노 남부에 위치한 조나 토르토나^{Zona Tortona}의 공장 시설들이 거쳐온 궤적이다. 버려진 밀라노 외곽에 있던 이들은 지역에 새 기운을 가져온 디자이너들에 의해 폭넓은 변화를 겪었다.

몇 년 전까지 패션 자본의 이미지는 쇼룸과 부티크가 모여 있는 밀라노 역사 중심 지역 안의 '콰드리라테로^{Quadrilatero①}'지역에 한정되어 있었다. 오늘날 밀라노 패션위크를 위해 찾아오는 1만여 명의 사람들은 콰드리라테로뿐 아니라 비아 솔라리^{Via Solari}, 비아 스탕달^{Via Stendhal}, 비아 토르토나^{Via Tortona}, 비아 베르고뇨네^{Via Bergognone}, 비아 사보나^{Via Savona}, 비아 보게라^{Via Voghera}, 비아 부가티^{Via Bugatti}, 비아 포르첼라^{Via Forcella} 등을 포함하는 조나 토르토나도 찾는다. 이 지역의 과거 공장과 창고는 그 큰 가용 면적 덕분에 현재 사진 스튜디오, 광고 및 홍보대행사, 쇼룸 등으로 채워져 있으며, 계속해서 박물관이나 임시 전시장, 주차장, 호텔 전용 공간 등으로 확대되어 활용된다. 이는 시 외곽 지역의 성공적인 재생 사례로서 제노

---

① 콰드리라테로는 두오모(Duomo) 주변에 있는 대표적인 패션 거리로, 비아 몬테나폴레오네(Via Montenapoleone), 비아 델라 스피가(Via della Spiga)를 중심으로 하는 지역이다.

바② 등에서 보여졌던 산업유휴시설의 문화시설 전용과 일련선상에 있다.

1'2. 조나 토르토나의 변천 과정

19세기 중반까지 조나 토르토나는 코르포 산티Corpo Santi 라는 행정구역에 속해 있었다. 조나 토르토나의 도시구조는 나빌리오 그란데Naviglio Grande 와 올로나Olona 물길과 더불어 농경지, 관계 수로, 농가, 그리고 그것들 사이의 농로 등으로 이루어진 농업 시스템에 기반을 두었다. 조나 토르토나는 19세기 말에 밀라노로 편입되었는데 그 과정에서도 지역 고유의 농경 기반 도시구조는 손상되지 않고 유지되었으며, 기존의 농로는 도로, 철로, 광장 등으로, 농가와 그 주변은 공공용지, 택지, 공장부지, 상업부지 등으로 변화되었다. 솔라리 공원Parco Solari 과 비아 칼리포니아Via California 사이의 불규칙한 도로구조는 과거 올로나 물길을 그대로 간직하고 있으며, 비아 사보나와 비아 토르토나, 그 밖의 다른 길도 예전의 농로 조직을 고스란히 보여준다.

이 지역의 농로와 물길이 지금의 도로 조직으로 변화한 계기는 1865년 비제바노Vigevano 로 연결되는 철로, 그리고 포르타 제노바Porta Genova 역 건설이었다. 당시 밀라노의 여타 외곽 지역과 마찬가지로 조나 토르토나의 확장은 철로, 역, 포구, 산업시설물 등과 같은 기간시설의 설치에 따라 이루어졌다. 많은 경우 농가, 농지 경계와 같은 농경 경관의 요소는 새로운 도로 조직에 흡수되었는데 그 흔적은 현재 도시 조직의 구조와 형태, 규모 등에서 찾아볼 수 있다.

산업 활동은 이 지역의 도시개발을 이끌어온 또 다른 동인이다. 19세기 후반

---

② 제노바는 리구리아(Liguria) 주의 주도다. 제노바에 위치한 옛 항구(Porto Antico)와 그 주변 공간이 1992년 콜럼버스의 아메리카 대륙 발견 500주년을 맞아 건축가 렌조 피아노(Renzo Piano)에 의해 대대적으로 복원되고 문화시설로 구성된 후 항구 주변의 유휴시설도 계속해서 수족관, 도서관 등의 문화 공간으로 변화되었다. 2004년 유럽문화수도(European Capital of Culture)로 선정되기도 했으며, 항구를 중심으로 한 지역은 다양한 스포츠·문화 행사의 중심지로 탈바꿈되었다.

부터 시작해서 몇십 년 동안 안살도Ansaldo, 비슬레리Bisleri, 리바 칼조니Riva Calzoni, 리차드 지노리Richard Ginori, 제너럴 일렉트릭General Electric, 오스람Osram, 로로 파리지니Loro Parisini, 네슬레Nestlé 등의 공장이 이 지역에 자리 잡았다. 이어서 소규모 공장을 비롯해 지금까지 남아 있는 유리 공방 보르도니Bordoni 등이 들어서 수많은 수공인도 모여들었으나, 중규모의 공장은 들어서지 않았다. 이러한 산업시설 역시 기존의 물길, 관계 수로 등과 같은 농경 도시 조직을 유지하며 세워졌으며, 남아 있는 농업시설물과 끊임없이 대조를 이루어갔다. 이처럼 기존 조직과 새로운 산업시설이 기존의 물리적·사회적 요소를 포용하며 혼합되는 모습은 조나 토르토나의 변천사에서 꾸준하게 드러나는 특징이다 (Readelli 2005).

여러 공장이 들어서면서 노동자를 위한 주택도 지어졌다. 높은 밀도로 건설된 노동자 주거지역의 건물은 계속되는 증축을 용이하게 하기 위해 '카사 디 링기에라Casa di ringhiera③'라는 독특한 건축양식으로 지어졌다. 가장 대표적인 예는 1906년 인도주의협회Societa' Umanitaria(Humanitarian Society) 회장이었던 프로스페로 모이제 로리아Prospero Moise' Loria와 건축가 조반니 브롤리오Giovanni Broglio에 의해 지어진 비아 솔라리 40번지에 있는 단지다. 이 주거단지의 사회적 특징은 중정 주변에 위치한 유치원, 공동 세탁장, 도서관과 같은 거주자 공용 공간에서

---

③ 카사 디 링기에라는 안마당을 바라보는 편복도로 구성된 아파트를 가리킨다.

드러난다. 이러한 산업시설 공간과 주거 공간 사이의 관계는 당시의 공간구성 양식 및 건축 법규 등과의 상호 연관성을 분명히 드러낸다.

1960년대 말부터 산업구조의 변화와 에너지 위기 발생으로 공장의 외부 이주가 시작되었다. 안살도를 시작으로 몇 년 지나지 않아 거의 모든 공장이 이주해 나가면서 조나 토르토나에는 거대한 산업유휴시설과 그 사이의 안뜰 공간이 남았으며, 조나 토르토나는 전형적인 도시 내 산업유휴시설 밀집 지역으로 쇠락의 길을 걷게 된다.

1983년, 플라비오 루키니[Flavio Lucchini], 파브리지오 페리[Fabrizio Ferri] 두 사진 작가의 프로젝트 '수퍼스튜디오[Superstudio]'에 의해 조나 토르토나가 디자인 지역으로서 새로운 전기를 맞게 된다. 이후 이 지역의 유휴공장들은 예술가와 그들의 작업실로 빠르게 전환되면서 지역 전체 성격의 변화를 가져왔다. 중소 규모의 산업시설이 주로 개인 예술가의 작업 공간으로 활용되었던 반면에, 시각예술이나 패션 및 관련 산업의 기업과 공공기관은 주로 대규모 공간을 점유했다. 이렇게 디자인 산업과 연관되어 일관된 방향으로 나타난 공간 전용과 지역 변화는 디자인 산업지역[4]이라는 조나 토르토나의 정체성으로 이어져 디자인 분야에서 독자적이고 독립적인 위치와 역할을 형성하기에 이르렀다(Branzi, 2002).

---

[4] design district: 지역(district) 또는 산업지역(industrial district)이라는 개념이 1890년 출간된 앨프리드 마셜의 「경제원리(Principles of Economics)」에서 처음 소개된 이후 이에 관련된 테마는 이탈리아 경제학에서 큰 주목을 받았다. 본질적으로 '산업지역'이라는 용어는 하나의 한정된 지역에 집중된 생산 특화 지역을 뜻하며, 분명한 역사적·문화적 정체성 그리고 그 안의 중요한 사회적 관계로 특징지어진다. 이탈리아에서 생산 특화 현상은 독특하게 나타났으며, 대도시나 역사적인 산업지구에서 멀리 떨어진 지역에 집중적으로 생성되었다. 대표적인 것으로는 밀라노와 코모(Como) 사이의 섬유 및 가구, 모데나(Modena)와 사수올로(Sassuolo) 주변의 타일, 프라토(Prato) 근처의 가죽 및 섬유, 벨루노(Belluno)의 안경, 몬테벨루나(Montebelluna)의 스포츠 용품 등 200여 곳에 이른다. 1998년 의회에서 당시 이탈리아 수상이었던 로마노 프로디(Romano Prodi)는 이탈리아에서 나타난 산업지역 현상이 이탈리아에서 발전되어 제2차 세계대전을 통해 세계에 알려진 것으로, 그 시대의 유일한 사회적·경제적 혁신이라고 규정했다.

위치(주소)	연도	공간 이름	공간 용도	소유주	건축가
비아 포르첼라 13	1983	수퍼스투디오	사진 스튜디오, 이미지 관련 서비스	플라비오 루키니	파올로 가레티(Paolo Garretti), 조르조 롱고니(Giorgio Longoni), 안토니오 치테리오(Antonio Citterio)
비아 토르토나 31	1984		사진 스튜디오	카를로 오르시	미상
	1998	엠포리오 31(Emporio 31)	의류 아울렛		
	2002	럼블피시(Rumblefish)	매스미디어 프로덕션		
비아 솔라리, 비아 사보나: 전 비슬레리 공장	1985	포르미카 복원 스튜디오(Studio Restauri Formica)	복원 연구소	루치아노 포르미카	미상
	1988	사르토리아 브란카토(Sartoria Brancato)	무대의상 제작소		
비아 포르첼라 5	1986	(공간 개축 및 입주)		에스프리(Esprit)	안토니오 치테리오
	1994	에르메네질도 제냐(Ermenegildo Zegna)	패션		
비아 토르토나 27	1987	(공간 개축 및 입주)		조반니 가스텔	조르조 롱고니, 마르코 시로니(Marco Sironi)
	2000	수퍼스투디오 피우(Superstudio Piu')	사진 스튜디오, 이미지 관련 서비스, 쇼룸, 무용학교, 식당	플라비오 루키니	
비아 포르첼라 13	1987	인두스트리아 수퍼스튜디오	사진 스튜디오, 이미지 관련 서비스	파브리지오 페리	미상
비아 토르토나: 전 안살도 단지	1904	안살도 단지		밀라노 시청	미상
	1990	(밀라노 시청에서 부지 매입)			
	1999	(국제현상설계공모전 '문화의 도시' 개최)			
	2001	라 스칼라 극장	안살도 워크숍		
비아 사보네 41	1991	피닌 브람빌라 브라칠론	복원 연구소	피닌 브람빌라 브라칠론	미상
비아 포르첼라 6	1936	아피니 SCEA(Compagnia Continentale di Sellerie Ciclistiche, Affini)	자전거 안장 회사	ICD	루치아노 콜롬보(Luciano Colombo)
	1992	마냐 파르스(Magna Pars)	콩그레스센터		
비아 사보나 97	1996		크리에이티브센터	카이라티 크리벨리 그룹 (Cajrati Crivelli Group)	미상
	1997	도무스 아카데미 설립	디자인학교		
비아 베르고뇨네 53	2000	(국제현상설계공모전 개최)	사무 공간, 주차장, 광장	하인스	마리오 쿠치넬라
	2004	포스테 이탈리아네			
비아 베르고뇨네 59	2001	조르조 아르마니(Giorgio Armani) 아르마니 극장	본사, 쇼룸, 극장	조르조 아르마니	미켈레 데 루키(Michele De Lucchi), 잔카를로 오르텔리(Giancarlo Ortelli), 다다오 안도(Tadao Ando)
비아 모리몬도: 전 리차드 지노리 단지	1830	리차드 지노리 단지		카이라티 크리벨리 그룹 (Cajrati Crivelli Group)	루카 클라바리노(Luca Clavarino), 스튜디오 밀라노 레이아웃(Studio Milano Layout)
	2002		디자인·문화단지, 복합기능센터		
비아 부가티 7: 전 바라티니 공장(Barattini & c.)	1923	바라티니(Barattini & c.)		카롤리 헬스클럽	아킬레 발로시 레스텔리(Achile Balossi Retelli), 루이지 카치아 도미니오니(Luigi Caccia Dominioni)
	2003	카롤리 빌리지(Caroli Village)	헬스클럽, 식당		
비아 솔라리 35: 전 리바 칼조니 공장	1926	리바 칼조니 공장		아르날도 포모도로 재단, 토즈 그룹, SPW 컴퍼니, 파브리카 데이 자르디니	스튜디오 체리(Studio Cerri & Associati), 코스멜리-브라기에리-도에리에(Cosmelli-Braghieri- Doerrie)
	2005	아르날도 포모도로 재단, 토즈 그룹, SPW 컴퍼니, 파브리카 데이 자르디니	본사, 쇼룸, 전시		
비아 토르토나 35	2006	Nhow호텔, t35	호텔, 본사, 쇼룸	Nhow호텔, t35	다니엘레 베레타(Daniele Berretta), 마테오 툰(Matteo Thun & Partners)

⊙ 표 13-1 주요 시설물 변천 연혁

자료: Redaelli(2005); http://www.conosceremilano.it/aim/conoscere_milano/를 바탕으로 재구성.

디자인 산업지역이라는 정체성의 당위는 조나 토르토나의 지역 시스템에서 온다. 조나 토르토나는 디자인 산업지역으로서 디자인 업체, 사진, 출판, 쇼룸, 전시, 마케팅, 운송뿐 아니라 교육, 연구에 이르기까지 수많은 디자인 관련 활동이 벌어지며, 그것이 고밀도로 집적되어 상호 지원과 교류의 시너지 효과를 불러일으키는 곳이다.

2. 조나 토르토나, 디자인 산업지역으로 거듭나기까지

2' 1. 지역재생의 주체

유휴산업지역이던 조나 토르토나가 디자인 산업지역으로 변화하는 데 영향을 준 첫 번째 요인은 지역 산업유휴시설의 물리적 조건과 당시 밀라노의 디자인 관련 산업 상황으로서, 이 두 가지가 만나 조나 토르토나의 급속한 변화를 이끌었다.

1980년대, 이미 밀라노 디자인을 이끌고 있던 가구, 조명, 액세서리 등의 디자인 분야에 아르마니, 베르사체, 크리지아 등의 인물과 더불어 그 정점에 달한 패션 디자인이 더해져 '디자인 수도 밀라노'라는 도시 정체성이 성숙되어갔다. 디자인 분야의 중흥은 출판, 사진, 전시, 광고 등 이미 전통적으로 높은 입지를 다지고 있던 디자인 관련 분야의 지속적인 성장으로 이어졌다. 이에 따라 양적·질적으로 성장한 유명 패션 디자이너와 여러 전문가는 더 새롭고 큰 작업 공간을 필요로 하게 되었으며, 그 해결책을 찾아 실현하는 데 필요한 금전적·인적 수단도 충분히 축적되기에 이르렀다. 수퍼스투디오는 디자인 관련 전문가들이 조나 토르토나 지역에서 직접 그 해결책을 찾아낸 첫 번째 사례였으며, 당시의 시대적 상황과 요구를 고려할 때 수퍼스투디오 이후 다른 이들도 연속해서 이 지역을 재발견하게 된 것은 필연적이었을 것이다. 카를로 오르시[Carlo Orsi], 루치

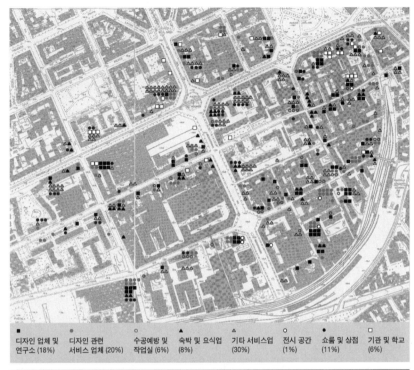

■ 디자인 업체 및 연구소 (18%)	● 디자인 관련 서비스 업체 (20%)	○ 수공예방 및 작업실 (6%)	▲ 숙박 및 요식업 (8%)	기타 서비스업 (30%)	○ 전시 공간 (1%)	● 쇼룸 및 상점 (11%)	□ 기관 및 학교 (6%)

⊙ 지역 내 산업 분포 (괄호 안은 분포 비율)
자료: www.paginegialle.it를 참고하여 재구성.

아노 포르미카Luciano Formica, 조반니 가스텔Giovanni Gastel, 브란카토Brancato, 피
닌 브람빌라 바르칠론Pinin Brambilla Barcilon 등이 그 대표적인 초기 입주자들이
다. 비교적 소규모의 유휴산업시설에 치중되었던 조나 토르토나의 재생은 이후
기관이나 부동산 개발업자의 개입으로 더 가속화되었는데, 이들은 안살도, 리
차드 지노리 단지, 리바 칼조니 등 좀 더 큰 규모의 공장을 가지고 작업했다. 계
속되는 조나 토르토나의 변화는 다른 분야도 더 폭넓게 불러들이게 된다. 그것
은 대부분 출판, 기획, 모델 에이전시, 마케팅회사, 그래픽 스튜디오, 학교 등 디
자인과 직간접적으로 연관되어 있었다. 디자인 분야의 전문가 그리고 이들과
연관된 주변 분야의 집중은 조나 토르토나에 자발적이고 중첩되고 더 복잡하지

만 동시에 완성되어가는 산업지역 시스템을 가져왔고, 이로 인해 조나 토르토나는 독립된 산업지역으로서의 이점, 즉 상호 보조, 지원, 정보 교환의 수월함을 지니게 되었다. 대표적인 지역 주체로는 도무스 아카데미^{Domus Academy},[5] 아르마니 극장^{Teatro Armani}, 아르날도 포모도로 재단^{Fondazione Arnaldo Pomodoro}, 파브리카 데이 자르디니^{Fabbrica dei Giardini}, 라 스칼라 극장^{Teatro alla Scala}, 그리고 에스프리^{Esprit}, 겐조^{Kenzo}, 토즈^{Tod's}, SPW 컴퍼니^{SPW Company} 등이 있다.

2' 2. 지역재생의 물리적 환경 요인

조나 토르토나 특유의 도시구조도 이 지역의 자발적인 재생, 더 나아가 디자인 산업지역의 탄생에 일조했다. 가장 큰 요인은 지역 내 산업유휴시설물의 규모일 것이다. 그것은 입주하고자 하는 전문가들의 공간적 필요에 부응할 수 있을 정도의 충분한 크기였을 뿐 아니라, '적당히' 작아서 개인들이 경제적으로 감당할 수 있을 정도였으며, 폭넓은 주체의 접근을 용이하게 할 수 있었다. 또한 밀라노 안의 여타 유휴산업시설물 집적 지역에 비해 시내 중심부와 가깝다는 것이 큰 장점으로 작용해 조나 토르토나와 밀라노, 그리고 조나 토르토나 안에서의 상호 교류를 좀 더 수월하게 할 수 있었다. 이 지역이 선형이거나 흩어져 있지 않고 한 구역에 집중된 것 또한 뚜렷한 정체성을 더욱 쉽게 형성하는 데 일조했다.

이러한 규모나 위치, 형태의 이점은 밀라노의 또 다른 대표적인 유휴산업지역인 조나 보비자^{Zona Bovisa}와 비교해볼 때 더 분명히 드러난다.

---

[5] 현재는 조나 토르토나에서 약 1km 떨어진 나빌리오 파베세(Naviglio Pavese) 지역으로 이주해갔다. 나바(Nava) 등이 위치한 이 지역은 조나 토르토나와 연결된 새로운 디자인교육의 중심지로 변화하고 있다.

조나 보비자의 개요

조나 보비자는 밀라노 북서부 외곽에 위치하며 두 열차 선로에 둘러싸여 그 형태가 규정된 '방울' 모양의 40ha에 이르는 지역을 일컫는다. 보비자라는 이름은 황소라는 뜻의 이탈리아어 보브(Bove)에서 왔다고 추정되며, 과거 농경지역으로서의 정체성을 드러낸다. 19세기 중반 이후부터 산업지역, 특히 중화학공업지역으로 조성되었으며, 점차 밀라노의 중요한 산업·생산지역으로 역할을 담당하게 되면서 당시 경제와 농경 구조는 점차 공장 위주 환경으로 바뀌었다. 대규모 중화학공업시설이 들어서면서 보비자는 더욱 노동근로자 중심의 지역으로 바뀌어, 인구구성 및 경제적 면에서, 그리고 지역 안에 들어선 건축물의 구성 면에서 좀 더 산업지역의 면모를 띄게 된다. 그런 와중에도 지역 내 건축물이나 생활방식은 기존 농경시대의 것을 완전히 대체하는 것이 아니라 새로운 것과 공존하는 형태로 자리 잡게 되며, 현재 보비자에서 많이 보이는 농가형 중정과 편복도식 아파트,

⊙ 조나 보비자의 위치

⊙ 조나 보비자 전경
자료: Goldmund100, 2010(Wikipedia).

높은 층고의 작업실이 혼합된 건축물에서 쉽게 그 흔적을 찾을 수 있다.

보비자는 밀라노 시내의 팽창으로 밀려나고 해체된 공장의 외부 유출이 시작된 1950년대부터 타 산업지역과 같은 쇠락의 길을 걸었는데, 1987년 시유지였던 가스탱크 주변 부지에 밀라노 공대가 들어오기로 결정되면서 1989년 몇몇 수업이 옮겨오기 시작하고, 1994년 밀라노 공대의 제2건축학부와 디자인 학부가 완전히 이곳으로 옮겨와 창조산업지역으로서의 새로운 전기를 맞았다. 그 후 마리오네그리 연구소(Istituto Mario Negri), 보디오 센터(Bodio center), 텔레롬바르디아 방송국(Telelombardia) 등 최첨단 연구시설이 들어섰으며, 2006년에 트리엔날레 보비자(Triennale Bovisa: TBVS)가 들어서면서 본격적으로 디자인과 예술, 첨단 과학의 용광로로 자리 잡았다.

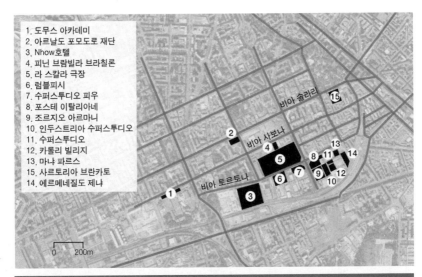

1. 도무스 아카데미
2. 아르날도 포모도로 재단
3. Nhow호텔
4. 피닌 브람빌라 브라칠론
5. 라 스칼라 극장
6. 럼블피시
7. 수퍼스튜디오 피우
8. 포스테 이탈리아네
9. 조르지오 아르마니
10. 인두스트리아 수퍼스튜디오
11. 수퍼스튜디오
12. 카롤리 빌리지
13. 마냐 파르스
15. 사르토리아 브란카토
14. 에르메네질도 제냐

비아 솔라리
비아 사보나
비아 토르토나

0   200m

⊙ 그림 13-1 조나 토르토나의 주요 시설물 위치

자료: Cognetti(2007); http://www.conosceremilano.it/aim/conoscere_milano에서 재구성.

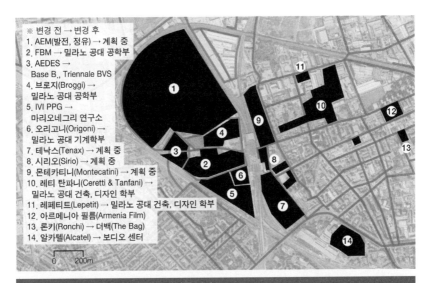

※ 변경 전 → 변경 후
1. AEM(발전, 정유) → 계획 중
2. FBM → 밀라노 공대 공학부
3. AEDES →
   Base B., Triennale BVS
4. 브로지(Broggi) →
   밀라노 공대 공학부
5. IVI PPG →
   마리오네그리 연구소
6. 오리고니(Origoni) →
   밀라노 공대 기계학부
7. 테낙스(Tenax) → 계획 중
8. 시리오(Sirio) → 계획 중
9. 몬테카티니(Montecatini) → 계획 중
10. 레티 탄파니(Ceretti & Tanfani) →
    밀라노 공대 건축, 디자인 학부
11. 레페티트(Lepetit) → 밀라노 공대 건축, 디자인 학부
12. 아르메니아 필름(Armenia Film)
13. 론키(Ronchi) → 더백(The Bag)
14. 알카텔(Alcatel) → 보디오 센터

0   200m

⊙ 그림 13-2 조나 보비자의 주요 시설물 위치

자료: Cognetti(2007); http://www.conosceremilano.it/aim/conoscere_milano에서 재구성.

두 지역은 그 지역재생의 원동력이 창조 산업을 중심으로 하는 새로운 산업지역 형성이라는 공통점⑥을 가지고 있다. 반면 이들의 차이점은 그림 13-1과 13-2의 비교에서도 나타나듯이 우선적으로 유휴산업시설의 규모에 있으며, 이로 인해 각각의 지역 변화의 주체도 달라졌다. 조나 토르토나에서는 개인의 개입도 가능했던 반면, 조나 보비자에서는 밀라노 공대, 마리오네그리 연구소와 같은 관공서 또는 대규모 공공기관만이 실질적으로 개입할 수 있는 가능성을 가지고 있었다. 이러한 개입 주체의 차이는 지역 변화의 물고를 튼 이후 나타나는 추후 변화의 속도와 밀도의 차이로 연결되었다(Cognetti, 2007). 조나 토르토나에서는 1983년 수퍼스투디오 설립 이후 지역 변화에 가속이 붙어 지금까지 거의 대부분의 유휴산업시설이 디자인·문화 시설로 탈바꿈했으며, 공간적 변화와 사회적·경제적 변화가 서로 탄력을 받으며 집중적으로 진행됨으로써 지역의 총체적인 재생이 확연히 자리를 잡을 수 있었다. 그러나 조나 보비자의 공간들은 1987년 밀라노 시청의 초반 계획 수립 이후 최근에 들어와서야 서서히 구체적인 지역 변화의 모습을 보일 정도로 비교적 느린 재생 속도를 보이고 있고,⑦ 이 때문에 밀라노 공대처럼 다수의 고정 인구를 수반하는 대규모 프로젝트가 진행되었는데도 지역의 공간적인 변화는 느슨하게 이루어지고 있다. 또한 더욱 가시적이고 집중적인 사회적·경제적 변화로 연결되는 데에도 어려움을 보인다(Macchi Cassia, 1997, 2004).

두 지역의 비교에서 지역의 물리적 환경, 그리고 이와 연결되는 지역 변화의

⑥ 밀라노의 여러 산업유휴지역 중 조나 토르토나와 조나 보비자 두 지역 간 공통점은 변화의 과정에서 분명한 지역 색을 만들어갔다는 것이다. 조나 보비자는 새로운 지식 및 교육지역으로서 젊은이들과 창조계급에 더 치중하는 한편, 조나 토르토나는 디자인과 그 주변 주체에 더욱 몰입하는 디자인 지역으로서 자리 잡아왔다. 그리고 두 지역의 변화는 물리적이라기보다 기능적·문화적이고 사회적인 움직임에서 먼저 시작되었다는 것과 기존의 도시구조를 유지하면서 개입해 들어갔다는 것도 또 다른 공통점이다.

⑦ 이는 공간적인 한계뿐 아니라 공공기관이 계획을 수립하고 집행하는 과정에서 갖는 구조적인 어려움에서도 기인한다(Erba, Molon and Morandi, 2000).

주체 및 속도가 조나 토르토나의 지역재생 방향과 양식을 규정하는 중요한 요인이었음을 유추할 수 있다.

2' 3. 지역재생으로 이어지는 지역 정체성 형성과 공유

디자인 산업지역의 자발적인 형성은 이에 부응하는 조나 토르토나의 정체성 생성으로 이어졌다. 이를 바탕으로 자율적이되 디자인 중심의 지역 변화를 이끌어내는 지역공동체의 방향 공유가 이루어졌으며, 이 지역에 적용되는 하나의 가이드로서 사회적·건축적·도시적 개입의 기준으로 작용했다. 조나 토르토나에서는 지역 정체성 공유, 달리 말해 지역에 대한 가치 공유를 비교적 쉽게 발견할 수 있는데, 이는 지역의 모든 주체가 지역 시스템 안에서 자발적으로 만들어진 가치를 공유함으로써 상호 혜택의 시너지 효과를 분명히 얻었기 때문이다.

조나 토르토나에서 주거지를 제외한 대부분의 산업유휴시설(그림 13-3의 B2, P. I. I 또는 I/R 지역)은 기존 건축물의 전면 철거와 재건축이 가능한 지역으로서 건축주가 원할 경우 기존 건축 양식을 고려할 의무가 없는 지역이다. 하지만 지금까지 유휴산업시설이 문화, 디자인 관련 시설로 바뀐 경우 예외 없이 신축이 아닌 기존 건축물과 그 배치의 유지를 바탕으로 한 보수 또는 개축으로 진행되었다. 이는 기존의 구조가 다양한 공간으로 활용될 수 있는 물리적 이점

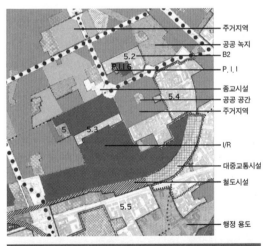

⊙ **그림 13-3** 조나 토르토나 지역지구(PRG, 2007)

주: B2, P. I. I 지역은 재개발 특별법에 의해 전면 재건축이 가능한 지역이며, I/R은 산업지역 안에 주거지가 혼합된 것으로서 이 지역도 전면 재건축이 가능하다.

⊙ 조나 토르토나의 주거 건물 내 중정에서 열린
행사(Biciclette Ritrovate) 모습
자료: Lorenza Marchetti(www.fuorisalone.it/2011).

을 가지고 있었기 때문이기도 하
고, 중정, 안뜰과 로프트로 대변되
는 지역의 특색이 조나 토르토나
의 건축적·도시적 정체성임을 인
정하고 의도적으로 유지해오고 있
기 때문이기도 하다(Pasqui, 2007).
이렇게 유지되는 도시적·건축적
성격 안에서 지역 이용자들의 공
간 사용도 다른 지역과는 구분되

는 조나 토르토나만의 모습을 갖게 되었으며,[8] 물리적 공간과 비물리적 사회문
화 간의 일체성도 띠게 되었다. 지역 정체성으로 인지되는 이러한 일체성은 각
종 전시나 로케이션의 중심지인 조나 토르토나에 임대 면적 자체의 확대보다
더 큰 공간의 부가가치로 환원되면서 상호 이득의 시너지 효과를 일으키고 있
다.[9] 이렇게 인지되고, 공유된 지역의 정체성과 그 이점은 지역 내 변화 주체들
에게 유대감을 부여하면서 지역 안에 존재하는 관습과 문화로, 보이지 않는 공
간적 규칙으로 자리 잡았다. 자체적인 규칙들은, 또한 지역 내의 불균등한 건축
적·도시적 개입을 막아내는 자발적인 방어기제로 되돌아온다.

　　상호 영향을 주고받으며 서로 상승효과를 가져오는 지역 정체성과 지역 변

---

[8] 푸오리살로네(Fuorisalone) 기간 중 조나 토르토나에서 열린 행사는 주로 전시장 내부와
외부 공간을 동시에 활용하는 방식으로, 또 여러 행사가 한 공간에서 적극적으로 상호 영
향을 주고받는 방식으로 기획된다. 수퍼스투디오에서도 보통 10여 개의 다양한 행사와
전시가 동시다발적으로 벌어진다. 반면 브레라(Brera), 포르타 로마나(Porta Romana) 등
지의 행사는 건물에서 건물로 옮겨 다니는 일련의 개별 전시로 진행된다.

[9] 조나 토르토나의 지역 정체성 형성과 그에 따른 지역 부가가치의 형성에는 '조나토르토나
디자인(ZonaTortona Design)'이라는 지역 브랜딩 작업과 푸오리살로네의 적극적인 결합
이 기폭제 역할을 했다. 자세한 내용은 '2. 4. 지역재생을 돕는 문화 프로그램: 푸오리살로
네'를 참조할 것.

화의 연관은 디자인 분야나 민간사업에만 머물지 않았다. 오랫동안 실질적으로 조나 토르토나의 지역 활성화를 위해 큰 역할을 담당하지 못했던 관공서나 공공기관도 이 지역의 프로젝트를 진행하는 데 디자인과 문화라는 개념을 그 중심에 두게 되었다. 1999년 밀라노 시청은 전 안살도 Ansaldo 단지를 재개발하기 위해 '문화의 도시 Citta' della Cultura'라는 국제현상설계공모전을 개최했다. 수상자는 데이비드 치퍼필드와 P+Arch 컨소시엄이며, 박물관과 CASVA Centro di Alti Studi sulle Arti Visive, 시각예술 연구센터가 놓일 예정이다. 2001년부터는 라 스칼라 극장의 연습실 및 워크숍 등이 안살도 단지 내 7개 동을 사용하고 있다. 부동산 개발 업체인 하인스 Hines 가 2000년부터 관리하고 있는 포스테 이탈리아네 Poste Italiane, 이탈리아 우체국도 지역 내에서 벌어지는 거대 프로젝트 중 하나다. 이를 위한 국제현상설계공모전에서는 마리오 쿠치넬라 Mario Cucinella Architetti 의 안이 선정되었으며, 이 안은 대규모 공공 공간을 포함하고 있다.

지역의 공간적·문화적 정체성은 민간업체가 진행하는 주거단지 계획에도 영향을 미친다. 전 오스람 공장, 전 로로 파리지니 지역에는 주거 및 상업단지, 그리고 '그린웨이 Greenway'라 명명된 공공 녹지가 계획되었는데, 이들의 공간 디자인에서도 조나 토르토나의 안뜰, 중정, 편복도식 아파트와 같은 자체적인 공간 규칙이 도입되었다. 조나 토르토나에서 비교적 떨어져 있는 전 리차드 지노리 Richard Ginori 단지 또한 조나 토르토나 변화 양식의 연장선상에서 로프트 형식의 주거 공간 및 디자인회사들의 사무 공간으로 재편되어 '창조·패션·디자인·광고·예술의 마을 cittadella della creatività, moda, design, pubblicità ed arte'을 구성하고자 한다.

조나 토르토나에서 보이는 일련의 지역 변화 양식, 즉, 지역 변화의 수요 – 지역의 도시, 건축적 맥락 유지 – 지역 정체성 형성 – 지역 내 자체의 공간적·사회적 규칙 형성 – 지역의 부가가치 생성 – 전반적인 지역재생 – 주변으로의 영향력 확장은, 급격한 도시 변화의 과정에서 지역 정체성 형성이 가질 수 있는 역할은 무엇인지, 또 그 변화를 자체적으로 조절하기 위한 요건은 무엇인지를 이해하기 위한 실례로 파악될 수 있을 것이다(Redaelli, 2005).

2' 4. 지역재생을 돕는 문화 프로그램: 푸오리살로네

요즈음 밀라노를 깨우고 변화시키는 축제와 행사들은 가구박람회에 즈음하여 매년 피어나는 '도시의 상(象)'에 대해 생각해보게 한다. …… 문화적 활기를 불러일으키기 위해 격정적으로 환기되는 목소리와 밀라노의 국제성, 그리고 유쾌함. 그러나 우리 모두는 연중 계속되어야 할 이러한 축복과 미적 수준이 이 기간 외에는 밀라노에서 보이지 않는다는 것에 동의할 것이다. …… 근래에 들어와서야 거리, 광장, 공원이 활력을 띠어야 하며 모든 시민이 활력을 주어야 함을 이해하게 되었다. …… 요즘에 밀라노에서 벌어지는 일들이 언제나의 일상이어야 하는 것은 아니겠으나, 하나의 예외에 머물러서도 안 된다. 현대의 도시는 일종의 지속적인 축제로 인식되어서, 그 아름다움이 펼쳐지고 모두가 참여할 수 있게 해야 할 것이다. …… 그 밝음과 예술 그리고 문화로 말미암아 정말로, 다양하게 빛이 나는 도시는 그 시민 모두에게 더 나은 삶을 선물한다(Ravelli, 2007. 4. 10.).

'푸오리살로네Fuorisalone'는 밀라노 가구박람회Salone del Mobile가 열리는 기간에 시내 전체에서 광범위하게 벌어지는 행사를 일컫는다. 이 이름은 1990년대 초에 밀라노에 기반을 둔 '인테르니Interni'라는 잡지사가 행사 가이드북을 만들기 시작하면서 공식화되었다. 이 행사는 사실 1980년대 초부터 있어왔으나, 1990년대 말부터 단순히 박람회장 바깥의 전시에 머물지 않고 독창성과 실험성을 갖추면서 본 가구박람회와 쌍벽을 이루게 된다.

새로운 제품을 선보이고자 하는 회사들은 박람회 안의 전형적인 전시 형태뿐 아니라 전략적인 소통의 수단을 필요로 하게 되며 이로써 다른 이들과 차별성을 두고자 한다. 이러한 회사에 푸오리살로네는 하나의 효과적인 대안으로서 평상시의 홍보 방식을 벗어나 좀 더 자유롭고 극적인 형식을 취할 수 있었다.

그 첫 시작은 드리아데^{Driade}, 카펠리니 ^{Cappellini}, 데 파도바^{De Padova} 세 디자인
회사였으며, 1990년대 초부터는 수많은 젊은 디자이너들도 대안 공간에서 자신
의 아이디어와 작품을 보여주기 시작했다. 디자인회사들이 색다른 홍보를 위해
푸오리살로네를 준비한다면, 전 세계에서 젊은 디자이너들이 푸오리살로네로
모이는 큰 이유는 본 박람회장의 높은 전시장 임대료에 있다.

매년 푸오리살로네는 더 커지고 다양해지며, 점점 더 많은 창조적인 행사가
기획되고 열린다. 이는 푸오리살로네라는 비전형적이고 융통성 있는 형식이 여
러 다른 분야와 접목되어감으로써 가져오는 효과와 활용성에 가구뿐 아니라 다
른 관련 또는 비관련 분야 또한 주목했기 때문이다. 밀라노 전체는 가구박람회
가 열리는 기간에 푸오리살로네 행사로 평소에는 드러나지 않던 특별한 활력과
국제성을 보여준다. 그 모습은 밀라노 패션위크와 같은 다른 국제적 행사 때의
밀라노 전경과는 확연히 구별되는 것으로, 마치 파티처럼 펼쳐지는 푸오리살로
네는 일부 관련 전문가뿐 아니라 밀라노 시민 전체가 향유하면서 밀라노를 전
세계 디자인 교류와 홍보의 진정한 중심지로 만든다. 이제 푸오리살로네는 본
박람회의 경쟁 상대가 아니라 상호 보완하는 파트너로서 자리를 잡았다
(Multiplicity.lab, 2007).

2000년대 들어 푸오리살로네라는 문화 프로그램과 '지역 정체성'을 연결시

연도	총 행사 수 (개)	디자인 관련	재료 관련	액세서리 관련	예술	복합	그 외
2000	216	60.2	3.2	6.0	3.7	25.0	1.9
2001	225	63.1	4.9	10.7	4.9	12.9	3.5
2002	(자료 없음)						
2003	356	48.6	6.5	9.8	4.8	26.1	4.3
2004	288	47.6	10.4	10.1	3.8	22.9	5.2
2005	263	55.5	6.5	11.8	2.7	19.4	4.2
2006	335	47.3	7.8	14.7	4.0	17.6	8.6
2007	363	50.7	8.4	8.1	4.8	18.5	9.6
2008	480	51.1	7.9	10.3	4.2	19.1	7.4
2009	572	54.8	8.2	9.4	3.6	20.6	3.4
2010	약 630	약 48.7	약 9.2	약 8.9	약 4.1	약 21.5	약 7.6
2011	775	51.4	8.7	9.0	4.2	22.8	3.9

⊙ 연도별 푸오리살로네 행사 수 및 행사 성격 (단위: %)
자료: *Interni*; www.fuorisalone.it를 참고해 재구성.

켜 상승효과를 얻고자 한 시도가 나타나는데, 그 첫 번째 시도가 바로 조나 토르토나에서 이루어졌다. 조나 토르토나에서는 이미 밀라노 시내의 디자인 산업 지역이라는 위상에 걸맞게 다수의 푸오리살로네 행사가 수퍼스투디오, 인두스트리아 수퍼스투디오Industria Superstudio 등지에서 펼쳐지고 있었다. 이에 2002년 멀티미디어 마케팅 그룹인 디자인파트너스 그룹DesignPartners group의 레카피토 밀라네세Recapito Milanese가 주축이 되어 하나의 지역 브랜드인 '조나토르토나 디자인ZonaTortona Design'이 만들어졌다. 디자인파트너스 그룹은 조나 토르토나가 그들의 지역 마케팅전략을 실험해보기에 규모가 적당하다는 점, 그리고 이곳이 짧은 시간 동안의 디자인 관련 분야 집적에 따라 창조와 디자인, 패션의 국제적인 중심지가 되어가고 있다는 점에 착안해 지역 브랜드와 연계된 지역 마케팅을 기획·운영했다. 저변에 깔려 있지만 드러나지 않고 있었던 조나 토르토나의 정체성을 표면에 드러내고 강화하는 작업이 진행되었다. 지역 로고, 행사 안내판 및 방문 여정 조성 등을 통해 대내적으로는 디자인 산업지역으로서의 조나 토르토나 정체성을 구체화했으며, 대외적으로는 박람회장 셔틀버스 운행, 지역 가이드북 제작 등을 통해 이 지역을 하나의 독립적인 개체로 홍보했다. 푸오리살로네 안에서 조나 토르토나의 위상은 분명하다. 2007년 열린 전체 363개의 푸오리살로네 행사 중 150여

⊙ 조나 토르토나

개 행사가 조나 토르토나의 총 2만 8,000m²의 행사 공간에서 열렸으며, 여기에 8만여 명의 방문객이 다녀갔다.

갈수록 '조나토르토나 디자인'이 지역 브랜드로서 자리를 잡아감에 따라 더 많은 푸오리살로네가 더 많은 방문객으로, 또 지역 곳곳에 숨어 있고 방치되었던 공간들의 발견으로 이어졌다. 그리고 발견된 공간의 정비는 예외 없이 지역의 공간적 정체성을 유지하는 방향으로 추진되었다. 조나 토르토나는 푸오리살로네라는 문화 프로그램에 의해, 즉 푸오리살로네가 필요로 하는 공간과 조나 토르토나의 공간이 가졌던 적절한 접점으로 인해, 공간의 가치 보존과 재생 방식이 상호 영향을 주고받는 순환적 발전 시스템을 더 확고히 할 수 있었다고 하겠다.

'조나토르토나 디자인'의 성공 이후 '문화 프로그램 – 지역 정체성 – 지역 마케팅'의 접목이 다른 지역으로도 확장되었고, 이와 동시에 푸오리살로네 또한 각 지역과 연계되어 더 적극적이고 구조적인 행보를 보였다. 바제 비[Base B]와 트리엔날레 보비자[Triennale Bovisa]를 주축으로 하는 조나 보비자도 지역 정체성을 구축하면서 독자적인 활동을 벌이기 시작했으며, 2007년부터는 커뮤니케이션 디자인 스튜디오인 '스튜디오 라보[Studio Labo]'의 주도로 만들어진 포털(www.fuorisalone.it)이 밀라노 내의 다양한 디자인 현실과 디자인 관련 지역을 드러내면서,[10] 푸오리살로네의 장소 섭외, 참가 접수, 관리 및 지원, 스폰서 섭외 등의

---

[10] 조나 보비자는 이 네트워크 안에 편입되어 있지 않다.

⊙ 푸오리살리오네 홈페이지(www.fuorisalone.it)

주: 화면 왼쪽은 푸오리살로네의 확장으로, 브레라 디자인 디스트릭트(Brera Design District), 포르타 로마나 D.2011(Porta Romana D.2011), 토르토나 디자인 위크(Tortona Design Week), 벤투라 람브라테(Ventura Lambrate) 등을 소개한다.

창구 역할을 한다. 현재 밀라노의 디자인 지역으로 브레라Brera,⑪ 포르타 로마나Porta Romana,⑫ 조나 토르토나, 벤투라 람브라테Ventura Lambrate⑬ 등이 있다.

푸오리살로네가 보여주는 활력과 환경에서 몇 가지 주목해야 할 점이 있다. 우선 푸오리살로네의 주체인 민간업체와 밀라노 시민의 자발성, '문화'에 대한 욕구와 향유의 자세가 두드러진다. 다양한 분야의 문화를 통합할 수 있는 매체로서 '디자인'이 갖는 가능성도 볼 수 있다. 그리고 푸오리살로네로 인해 더 부각되고 강화되는 디자인 중심지로서의 지역 정체성이 지역에 대한 관심, 푸오리살로네를 준비하기 위해 자발적으로 행해지는 지역 정비로, 또 도시 곳곳의 주변 지역을 발견하여 문화 공간으로 바꾸어가는 것으로 연결됨도 주목해야 할 부분이다. 하지만 이처럼 자발적이고 연속적인 지역 활성화에도 불구하고 단발성 행사들이 지닌 한계도 분명히 나타난다. 즉, 이러한 행사가 푸오리살로네 기간 외의 문화운동으로 확장되지 못하며, 전반적인 도시 환경이나 산업 생태계, 시민문화의 더욱

---

⑪ 브레라는 브레라 디자인 디스트릭트(Brera Design District), 브레라 미술대학(Academia di Belle Arti di Brera)과 미술관(Pinacoteca di Brera)이 있는 지역이다.

⑫ 포르타 로마나에는 에트로(Etro) 본사, 프라다 재단(Fondazione Prada)을 비롯해 디자인 관련 업체와 전문가가 많이 모여 있다.

⑬ 벤투라 람브라테는 인테르니(Interni), 아비타레(Abitare) 등의 출판사 및 잡지사와 디자인 관련 스튜디오가 모여 있는 지역이다. 밀라노 공과대학의 제1캠퍼스 지역도 포함한다.

지속적이고 구조적인 변화를 이끌어내지도 못하고 있다는 점이다.

이러한 한계는 민간이 주도하고 만들어온 문화의 움직임이 더 효과적으로 추진될 수 있게 하는 공공의 지원이 없다는 점에서 기인한다(Carmagnola, and Vanni, 2002). 밀라노에서 관공서가 맡을 수 있는 보다 적절한 역할은 또 다른 디자인 산업 발전 계획을 직접 기획·집행하기보다 이미 정착된 민간 활동을 지원하는 것이라 할 수 있다. 실제로 푸오리살로네처럼 자발적인 문화 프로그램이 밀라노와 지역 산업의 지속적인 발전으로 이어지기 위해서는 그 근간에 있는 밀라노의 디자인 산업이 좀 더 지속가능한 시스템이 될 수 있도록 사회적·경제적 기간산업에 대한 투자, 즉 교육시설, 중소 공방 및 전문업 스튜디오, 청년 창업 등에 대한 지원이 필요하다. 동시에 이러한 산업을 효과적으로 연결하고 지원할 수 있는 대중교통, 공용 녹지, 임대주택과 같은 공간적 기간시설도 확충해야 한다. 하지만 최근 10여 년 동안 밀라노 시청이 주도한 디자인 산업 시스템 지원의 징조는 거의 전무하다고 해도 과언이 아니며(ISTAT, 2005; Chiapponi, 2005), 2015년 엑스포라는 기회를 맞아 대대적인 도시 정비가 이루어지는 와중에도 도시의 산업이나 사회 시스템 혁신에 투자하기보다 건설 경기의 부양에 무게가 실리고 있는 것이 사실이다(Offedu and Sansa, 2007). 매년 밀라노 가구 박람회나 밀라노 패션위크의 위기를 말하게 되는 이유이기도 하다.

3. 시사점

보통 한국에서 시도되는 도시재생계획은 주로 관공서의 기획과 집행을 통해 이루어진다. 공공예술 또는 지역문화 프로젝트도 대부분 관공서의 재원을 바탕으로 진행된다. 관공서가 주도하는 도시재생계획은 행정이나 재원 조달 면에서 비교적 안정적이고 안전한 방법이기는 하지만, 갈수록 심화되는 재원 조달과 시민의 참여, 공감대 부족이라는 문제 앞에서, 그리고 갈수록 다양해지는 시민들의 목소리 앞에서 그 실행 범위나 실효성 여부에 대한 의문이 커가는 것이 사실이다. 관공서 자체의 역할이 과연 어디까지로 규정되어야 하는가 또한 의문으로 남는다. 특히 물리적 재생만큼이나 그 지역의 사회적·문화적 활성화가 중요한 요소인 지역문화 프로젝트의 경우 고민은 한층 깊어진다. 스스로 형성되어 자리 잡은 문래창작촌 옆에 끝없이 공적 자금이 투입되어야 하는 문래예술공장이 세워지고, 재래시장 활성화 프로젝트 안에서는 정작 필요한 프로그램의 운영이 아니라 또 다른 게이트들의 건설이 이루어지고 있기 때문에 더욱 그러하다. 이러한 고민의 근간에는 우리 관공서의 의사결정 및 예산집행 체계가 지닌 근본적인 경직성이 있다. 그리고 시민이 자발적으로 만들어가는 문화 프로그램과 이에 따른 지역 활성화에 대한 체험 부족과 불신이 있다.

이러한 우리의 상황을 염두에 둘 때 조나 토르토나 지역재생 과정에서 드러나는 시사점은 크게 세 가지로 정리해볼 수 있다. 그 첫 번째는 자생적인 지역문화의 형성에 따르는 자발적인 지역재생이다. 조나 토르토나에서는 디자인 관련 업체의 집적에 따른 디자인 산업지역이 형성되어 경제적·사회적 역량 축적과 시너지 효과가 생겨났으며, 이에 따르는 지역 정체성, '디자인'은 지역 브랜딩과 지역 마케팅 작업을 거쳐, 특히 푸오리살로네라는 문화 프로그램의 적극 활용을 통해 더욱 효과적으로 강화되고 홍보되었다. 이는 지역에 대한 관심, 지역의 공간적·사회적 가치에 대한 공감대 형성으로 이어졌으며, 더 나아가 지역 정체성의 코드를 지역재생에 자발적으로 적용하는 데까지 이어졌다. 이러한 일련의 과정은 지역민이 지역문화를 만들어내고 지역재생을 이끌어내는 주체로서 역할을 다했기 때문에 가능했다. 지역민이 주체가 아닌, 하향식 프로젝트가 그 시작이었던 조나 보비자의 변화는 조나 토르토나처럼 폭발적이지 않았다. 즉, 지역민이 지역문화의 생성과 지역의 변화에 얼마나 주체적으로 행동할 수 있는지, 또는 지역민의 주체적인 역량을 어떻게 강화하는지가 문화를 기반으로 하는 지역재생의 첫 번째 과제라 할 수 있다.

동시에 지역문화의 생성과 지역재생을 담아낼 수 있는 적절한 물리적 환경을 찾는 것도 자발적이고 지속적인 지역재생을 위해 중요한 점이다. 조나 토르토나의 유휴산업시설 접근과 활용이 조나 보비자에서보다 훨씬 더 용이했고 이 때문에 더 집중력 있고 전반적인 지역재생이 이루어질 수 있었다는 사실은 앞에서도 언급한 바 있다. 역으로, 지역민이 변화의 주체가 될 수 있는 물리적 환경을 조성함으로써 좀 더 자발적이고 지속적인 지역재생을 꾀할 수 있다고도 생각할 수 있다.

이처럼, 구체적인 도시재생계획을 집행하기보다 지역민의 자발적인 움직임을 지원할 수 있는 관공서의 적절한 역할 분담이 조나 토르토나 사례에서 읽을 수 있는 세 번째 시사점일 것이다. 자발적인 디자인 산업지역과 지역 정체성 형성에서 지역재생에 이르는 과정까지는 조나 토르토나가 스스로 이루어냈다. 여기에 시간적·사회문화적·경제적 지속가능성을 더할 수 있는 지역 내의 기간시설 및 시스템을 확충하는 데 관공서의 지원은 필수적이며, 바로 이것이 조나 토르토나와 그 산업을 위해 관공서가 마땅히 담당해야 할 역할이기도 하다.

어디까지가 집행이고 어디까지가 지원인지, 어떨 때 집행을 위주로 하고 또 어떨 때 지원을 위주로 해야 하는지 판단하기란 사실 쉽지 않다. 하지만 분명한 것은 지속적인 도시재생, 특히 문화 프로그램을 기반으로 도시재생을 이루고자 할 때 가장 중요한 것은 바로 지역민의 사회문화적·경제적 역량 강화가 그 계획의 시작이자 과정이며 결과여야 한다는 것이다.

참고문헌

제1장 / 미국 메인스트리트 프로그램과 지역재생

강동진. 2007. 「미국 지방도시의 역사적 중심가로 재활성화 방법 분석: 메인스트리트 프로 그램(Main Street Program)을 중심으로」. ≪국토계획≫, 제42권 4호.

권영상·심경미. 2009. 「근대건축물 활용을 통한 지역활성화 방안 연구」. 건축도시공간연구소.

Becky, Gillette. 2003. 1. 13. "Main Street Program brings 'Renewed Sense of Community'." *Mississippi Business Journal*.

Hechesky, Lisa. 2005. "Return to Main Street: An Assessment of the Main Street Revitalization Program." Master thesis of Marshall University.

National Main Street Center. 2000. *Revitalizing Downtown: The Professional's Guide to the Main Street Approach*. Washington DC.: MAIN STREET.

_____. 2006. "Economic Statistics: Historic Preservation Equals Economic Development." www.mainstreet.org

National Trust Main Street Center. "Revitalizing America's Traditional Business District to Build Sustainable Communities." Retrieved from http://www.preservationnation.org/ main-street/about-main-street/the-center/ntmsc-marketing-brochure.pdf

Washington State Main Street Program(WSMSP). 2010. "Main Street NEWS." January.

다운타운월라월라재단(Downtown Walla Walla Foundation) 웹사이트. http://www.down townwallawalla.com

웨내치다운타운협회(Downtown Wenatchee Association) 웹사이트. http://www.wendowntown. org

포트타운센드 메인스트리트프로그램(Port Townsend Main Street Program). 웹사이트. http:// www.ptguide.com/mainstreet

박소현. 2008. 「인사동 계획에 있어 주민참여의 쟁점: 성찰적 질문던지기」. 한국경관협의회 주최 '인사동 10년 (1996~2007) 평가와 전망 심포지엄' 발표자료(2008. 5. 13.).

박재길 외, 2006. 「살고 싶은 도시 만들기와 도시계획의 역할에 관한 연구」. 국토연구원 연구보고서(2005-44).

Abbott, Carl. 1991. "Regional City and Network City: Portland and Seattle in the Twentieth Century." *The Western Historical Quarterly*, Vol. 23, No. 3. pp. 293~322.

City of Seattle. 1963. "Comprehensive Plan for Central Business District, Seattle." Technical Report Prepared for the City of Seattle and the Central Association of Seattle by Donald Monson.

_____. 1998. "Pioneer Square Neighborhood Plan." Retrieved from http://www.seattle.gov/neighborhoods/npi/plans/psquare/

Crowley, Walter and Paul Dorpat. 1998. *National Trust Guide, Seattle: America's Guide for Architecture and History Travelers*. New York: John Wiley & Sons, Inc.

Findlay, John M. 1994. *Magic Lands: Western Cityscapes and American Culture after 1940*. Berkeley: University of California Press.

Ford, Larry R. 1994. *Cities and Buildings: Skyscrapers, Skid Rows, and Suburbs*. Baltimore: Johns Hopkins University Press.

Kreisman, Lawrence. 1999. *Made to Last: Historic Preservation Seattle and King County*. Seattle: University of Washington Press.

Lee, Sohyun Park. 2001. "Conflicting Elites and Changing Values: Designing Two Historic Districts in Seattle, 1958~1973." *Planning Perspectives*, Vol. 16, No. 3(January), pp. 243~268.

Ochsber, Jeffrey. 1996. *Shaping Seattle Architecture*. Seattle: University of Washington Press.

Sale, Roger. 1976. *Seattle, Past to Present*. Seattle: University of Washington Press.

Seattle City Council. 1985. *Land Use & Transportation Plan for Downtown Seattle: Adopted June 10, 1985 by Resolution 27281*. Seattle: The City.

Seattle Department of Community Development. 1972. *Pioneer Square Historic District: City Ordinances No. 98852, No. 99846*. Seattle: The Dept.

_____. 1973. *Planning for Downtown Seattle*. Seattle: The Dept.

Seattle Department of Neighborhood. "Neighborhood Matching Fund Overview." Retrieved from http://www.seattle.gov/neighborhoods/nmf

Seattle Planning Commission. 1958. *Seattle's Central Business District: A Land Use Study*.

Seattle: The Commission.

Seattle Planning Department. 1993. *Toward a Sustainable Seattle*. Seattle: The Dept.

시애틀 시(City of Seattle) 웹사이트. http://www.seattle.gov/

제3장 / 일본 가나자와의 역사적 수변 공간 재생

가나자와 시 창의도시 추진실. 2009. "(무제) 가나자와 시 창의도시 추진실 자료." Retrieved from http://www4.city.kanazawa.lg.jp/data/open/cnt/3/16526/1/KAMS_reaf.pdf
권영상·심경미. 2009. 「근대건축물 활용을 통한 지역활성화 방안」. 건축도시공간연구소.
권영상·조민선. 2010. 「수변공간 활성화를 위한 도시계획 및 설계방향」. 건축도시공간연구소.
권영상·조상규. 2011. 「수변도시 재생에 대응하는 수변경관조성방안」. 건축도시공간연구소.
조성태·강동진·오민근. 2006. 「일본 가나자와의 역사문화경관관리특성」. 한국도시설계학회. ≪도시설계≫, 통권 제24호.

金沢市. 2012. 「金沢市予算概要」. Retrieved from http://www4.city.kanazawa.lg.jp/13050/zaisei/yosangaiyou.html
金沢市文化ホール. 2010. 『歴史的用水 国際シンポジウム in 金沢 演講集(Proceedings of The International Symposium on Water and City in Kanazawa: Tradition, Culture and Climate』.

가나자와 시 관광협회(金沢市観光協會) 웹사이트. http://www.kanazawa-tourism.com
가나자와 시(金沢市) 웹사이트. http://www4.city.kanazawa.lg.jp

제4장 / 일본 도쿄 가구라자카의 마을 만들기

고시자와 아키라(越澤明). 1991. 『동경의 도시계획』. 윤백영 옮김. 한국경제신문사.

吉田彰男. 2011. 1. 11. "'登録文化財制度'で景観を守る: 粋なまちづくり倶楽部(東京都新宿区)". ≪読売新聞≫.
西村幸夫. 2004. 『都市保全計画』. 東京大学出版会.
＿＿＿. 2006. 『路地からのまちづくり』. 学芸出版社.
＿＿＿. 2010. 『雑学神楽坂』. 角川学芸出版.

松井大輔·神原康介·中島伸·鈴木 智香子·傅舒蘭·窪田亜矢. 2010. 「神楽坂における商業店舗の移り変わりに関する研究」. 日本建築学会. 『日本建築学会学術講演梗概集』.

矢原有理·西村幸夫·北沢猛·窪田亜矢. 2008 「住まい·まちづくり担い手事業神楽坂における地域主導による保全まちづくりの展開」. 東京大学大学院工学系研究, 科都市工学専攻修士論文.

新宿区. 2006. "神楽坂 楽楽 散歩 地圖(2006 年版)".

_____. 2011. "第35回 新宿区の統計(平成23年)". Retrieved from http://www.city.shinjuku. lg.jp/kusei/file02_00034.html

神楽坂地区まちづくりの会. 1997. 『まちづくりキーワード集: 粋なまち神楽坂から.』神楽坂地区まちづくりの会.

神楽坂キーワード第2集制作委員会 編. 2010. 『粋なまちづくり: 過去·現在·未来(神楽坂キーワード第2集)』. 神楽坂キーワード第2集制作委員会.

田口太郎·杉崎和久. 2009. 『住民主体の都市計画: まちづくりへの役立て方』. 学芸出版社.

中島伸·鈴木 智香子·松井大輔·傅舒蘭·神原康介·窪田亜矢. 2010. 「まちづくりルール策定の取り組みの変遷と現況: 神楽坂における動態的都市保全 その 1」. 日本建築学会. 『日本建築学会学術講演梗概集』.

学芸出版社. 2005. 9. ≪季刊まちづくり≫, 8号.

도쿄 관광(東京の観光) 공식 사이트. www.tourism.metro.tokyo.jp

세이브 가쿠라자카(SAVE! 神楽坂) 웹사이트. http://homepage3.nifty.com/gondak/kaguraza ka/mtkyo00.html

신주쿠 구 관광협회(新宿区観光協会) 웹사이트. www.shinjukuku-kankou.jp

신주쿠 구(新宿区) 웹사이트. http://www.city.shinjuku.lg.jp

주식회사 멋진 마을(株式会社 粋まち) 웹사이트. http://www.ikimachi.co.jp

NPO 멋진 마을 클럽(NPO法人粋なまちづくり倶楽部) 웹사이트. http://ikimachi.net/

제5장 / 미국 오리건 주 포틀랜드 시의 맥주공장 구역 재생

Brewery Blocks. "Brewery Blocks - Transit Map." Retrieved from http://www.brewery blocks.com/location/map_transit.pdf

Cervero, Robert et al. 2004. *TCRP Report 102: Transit-Oriented Development in the United States: Experiences, Challenges, and Prospects*. Washington, D.C.: Transportation Research Board. Retrieved from http://onlinepubs.trb.org/onlinepubs/tcrp/tcrp_rpt_102.pdf

International Economic Development Council(IEDC). 2006. 8. "Economic Development and

Smart Growth: 8 Case Studies on the Connections Between Smart Growth Development and jobs, Wealth, and Quality of Life in Communities." Retrieved from http://www.iedconline.org/Downloads/Smart_Growth.pdf

Libby, Brian. 2008. 7. 14. "Follow the LEEDer: Portland's Gerding Edlen Development Continues to Break New Ground in Green Design." Retrieved from http://www.metropolismag.com/story/20080714/follow-the-leeder

Office of Management and Finance, City of Portland. 2004. "2004 Comprehensive Annual Financial Report."

Office of Neighborhood Involvement and Bureau of Planning, City of Portland. 2011. "Pearl." Retrieved from http://www.pearldistrict.org/images/Pearl.pdf

Wikipedia. "National Register of Historic Places." Retrieved from http://en.wikipedia.org/wiki/National_Register_of_Historic_Places

국가유적지 명부(National Register of Historic Places) 웹사이트. http://www.nationalregisterofhistoricplaces.com/

맥주공장 구역(Brewery Blocks) 웹사이트. http://www.breweryblocks.com/

포틀랜드 맵스(Portland Maps) 웹사이트. http://www.portlandmaps.com

제6장 / 서호주 미들랜드의 워크숍 재생

Bertola, Patrick and Bobbie Oliver. 2006. "Introduction." in Patrick Bertola and Bobbie Oliver(eds.). *The Workshops: A History of the Midland Government Railway Workshops*. Western Australia: University of Western Australia Press.

City of Swan. 2010. "Midland Place Plan 2010~2013." Retrieved from http://www.swan.wa.gov.au/files/8cef5e85-1b8e-41f7-9347-9d6000e045e5/Midland_Place_Plan.pdf

Eccles, Des and Tannetje L. Bryant. 2006. *Statutory Planning in Victoria* (3rd ed.). Sydney: Federation Press.

Elliot, Lyla. 2006. "'Derailed': The Closure of the Midland Workshops." in Patrick Bertola and Bobbie Oliver(eds.). *The Workshops: A History of the Midland Government Railway Workshops*. Western Australia: University of Western Australia Press.

Hartley, Richard G. 2006. "Midland Junction Workshops: Mechanical Engineering and Government Policies." in Patrick Bertola and Bobbie Oliver(eds.). *The Workshops: A History of the Midland Government Railway Workshops*. Western Australia: University of Western Australia Press.

Highfield, Ann. 2006. "Midlnad, the Suburb." in Patrick Bertola and Bobbie Oliver(eds.). *The Workshops: A History of the Midland Government Railway Workshops*. Western Australia: University of Western Australia Press.

Layman, Lenore. 2006. "Labour Organisation: An Industrial Stronghold for the Unions." in Patrick Bertola and Bobbie Oliver(eds.). *The Workshops: A History of the Midland Government Railway Workshops*. Western Australia: University of Western Australia Press.

MRA. 2005a. "The First Five Years 2000~2005." Retrieved from http://www.mra.wa.gov.au/Documents/Midland/General-Publications/The-First-Five-Years-2000---2005.pdf

_____. 2005b. "Midland Metro Concept Plan 2010." Retrieved from http://www.mra.wa.gov.au/Documents/Midland/Planning/General/MRA-Concept-Plan-2010-Brochure.pdf

_____. 2010. "Strategic Plan 2010~2015."

Rogers, Philippa. 2006. "The Workshops: The Heart of the Railway System." in Patrick Bertola and Bobbie Oliver(eds.). *The Workshops: A History of the Midland Government Railway Workshops*. Western Australia: University of Western Australia Press.

Western Australian Planning Commission. 2009. *Directions 2031: Draft spatial framework for Perth and Peel*. Western Australia: Western Australian Planning Commission.

호주법률정보(Australian Legal Information Institute) 웹사이트. http://www.austlii.edu.au

이스트퍼스 재개발기구(East Perth Redevelopment Authority) 웹사이트. http://www.epra.wa.gov.au

서호주문화유산위원회(Heritage Council of Western Australia) 웹사이트. http://www.heritage.wa.gov.au

미들랜드 재개발기구(Midland Redevelopment Authority) 웹사이트. http://www.mra.wa.gov.au

수비아코 재개발기구(Subiaco Redevelopment Authority) 웹사이트. http://www.sra.wa.gov.au

제7장 / 홍콩 웨스턴마켓과 성완퐁 재생사업

Antiquities and Monuments Office Leisure and Cultural Services Department. 2011. "Declared Monuments in Hong Kong: Hong Kong Island." Retrieved December 6, 2011, from http://www.lcsd.gov.hk/ce/Museum/Monument/en/monuments_42.php

Highways Department. 2005. *Highways Department Newsletter*, Issue 3/2005(September-December).

Kwan, Wing-yee. 2004. "Heritage Conservation and Urban Regeneration: Promoting Sustainable Tourism and Sustainable Community in Hong Kong." MSc thesis, The Centre for Urban Planning and Environmental Management, The University of Hong Kong.

Urban Renewal Authority. 2002, 2003, 2004. "Annual Report."

도시재생탐험센터(Urban Renewal Exploration Centre) 웹사이트. http://www.urec.org.hk

웨스턴마켓(Western Market) 웹사이트. http://www.westernmarket.com.hk

홍콩 도시재생국(Urban Renewal Authority) 웹사이트. http://www.ura.org.hk

제8장 / 독일 베를린의 마을 만들기

김진범 외. 2010.『인구감소에 대응한 바람직한 도시정책 방향』. 국토연구원.

BBSR(Bundesinstitut für Bau-, Stadt- und Raumforschung). 2010. "Die Städtebauförderungsdatenbank des BBSR."

BMVBS(Bundesministerium fuer Verkehr, Bau und Stadtentwicklung). 2004, 2005, 2006, 2007, 2008, 2009, 2010. "VV(Verwaltungsvereinbarung) Städtebauförderung."

_____. 2005. "Öffentliche Daseinsvorsorge und demographischer Wandel."

_____. 2006. "Stadtumbau West."

_____. 2008. "Statusbericht zum 2008 Programm Soziale Stadt."

_____. 2009a. "Jubilaeumskongress 10 Jahre Soziale Stadt."

_____. 2009b. "Modellvorhaben der Sozialen Stadt."

ISR TU-Berlin(Institute fuer Stadt und Regionalplanung der TU Berlin). 1991. "Jahrbuch Stadterneuerung 1990/91."

베를린 도시발전국 웹사이트(Senatsverwaltung für Stadtentwicklung und Umwelt). http://www.stadtentwicklung.berlin.de

베를린 마을 만들기(Quartiersmanagement) 웹사이트. http://www.quartiersmanagement-berlin.de/

제9장 / 일본 나가하마의 마을 만들기

권오혁·서충원. 2002.「중소도시의 부동산개발과 도심재생전략: 일본 나가하마 시의 쿠로카베사업을 중심으로」. 한국도시연구소. ≪도시연구≫, 제8호, 115~133쪽.

니시카와 요시아키·이사 아쓰시·마쓰오 다다스 엮음. 2006.『시민이 참가하는 마치즈쿠리

(사례편)』. 진영환·진영효·정윤희 옮김. 도서출판 한울.

신동호. 2006.「문화활동을 통한 지역활성화: 일본 시가현 나가하마 이야기」. ≪한국경제지리학회지≫, 제9권 3호, 431~440쪽.

이윤석·김세용. 2008.「함평군과 나가하마시(長浜)의 주민참여형 마을만들기 비교연구」. ≪대한건축학회지≫, 제24권 12호, 207~214쪽.

지경배. 2002.「일본 나가하마 시의 마을만들기」. 강원발전연구원. ≪강원광장≫, 통권 제47호, 54~63쪽.

_____. 2005.「시가(滋賀)현 나가하마(長浜)시의 마을(街)만들기: 유리를 테마로 한 상점가 재생 사례」. 강원발전연구원. ≪강원광장≫, 통권 제66호, 54~63쪽.

차주영. 2009.「일본의 도시재생정책과 중심시가지활성화정책의 시사점」, ≪건축도시공간연구소 AURI BRIEF≫, 제13호.

角谷嘉則. 2009.『株式会社黒壁の起源とまちづくりの精神』. 創成社.

經濟産業省. 2011.「コンパクトでにぎわいあふれるまちづくりをめざして: 戦略補助金を活用した中心市街地活性化事例集」.

古池嘉和. 2011.『地域の産業·文化と観光のまちづくり』. 京都: 学芸出版社.

国土交通省. 2011.「まち全体を博物館に(滋賀県長浜市)」.『暮らし · にぎわい再生事業事例集』.

文化庁. "長浜曳山祭囃子保存会." Retrieved from http://www.bunka.go.jp/bunkazai/supporter/pdf/katsudo_minzoku_14.pdf

山崎弘子. 2006.「黒壁が仕掛けたコミュニティ·ビジネス」. ≪季刊 まちづくり≫, 10号, 37~41面.

西村幸夫·埒正浩. 2011.『証言まちづくり』. 京都: 学芸出版社.

長浜市. 2009.『長浜市中心市街地活性化基本計画』.

_____. 2010.『都市再生整備計画』(まちなか地区).

_____. 2011a.『長浜市景観まちづくり計画』.

_____. 2011b.「ながはままちなかにもう」(팜플렛).

長坂泰之. 2011.『中心市街地活性化のツボ 今 私たちができること』. 京都: 學芸出版社.

宗田好史. 2009.『創造都市のための観光振興- 小さなビジネスを育てるまづくり』. 京都: 學芸出版社.

出島二郎. 2003.『長浜物語―町衆と黒壁の十五年』. 特定非営利法人まちづくり役場.

국토교통성(国土交通省) 웹사이트. http://www.mlit.go.jp/

나가하마 관광협회(長浜観光協会) 웹사이트. http://www.nagahamashi.org/

나가하마 마치즈쿠리(주)(長浜まちづくり 株式会社) 웹사이트. http://www.nagamachi.co.jp/

나가하마 분재매화전(長浜 盆梅展) 웹사이트. http://www.nagahamashi.org/bonbai/
나가하마 상공회의소(長浜商工会議所) 웹사이트. http://www.nagahama.or.jp/
나가하마 시(長浜市) 웹사이트. http://www.city.nagahama.shiga.jp/
나가하마 청년회의소(長浜青年会議所) 웹사이트. http://www.nagahama-jc.jp/
나가하마 히키야마 박물관(長浜曳山博物館) 웹사이트. http://www.nagahama-hikiyama.or.jp/
마치즈쿠리 사무소(まちづくり役場) 웹사이트. http://www.biwa.ne.jp/~machiyak/
아트 인 나가하마(アートインナガハマ) 웹사이트. http://www.art-in-nagahama.com/
주식회사 구로카베(株式会社 黒壁) 웹사이트. http://www.kurokabe.co.jp/

제10장 / 호주 브리즈번의 88 엑스포 부지를 활용한 도심재생

Brisbane City Council. 2006. "Brisbane City Centre Master Plan 2006." Retrieved from http://www.brisbane.qld.gov.au/planning-building/current-planning-projects/neighbourhood-planning/Neighbourhood-plans-in-your-area/brisbane-city-centre-master-plan/master-plan-document/index.htm

_____. "Guide to Heritage Incentive Scheme." Retrieved from http://www.brisbane.qld.gov.au/2010%20Library/2009%20PDF%20and%20Docs/2.%20Planning%20and%20Building/2.10%20Tools%20and%20forms/tool_and_forms_guidetoheritageincentivesscheme.pdf

_____. "Heritage Grant Application Conditions." Retrieved from http://www.brisbane.qld.gov.au/forms/cc10321_heritage_grant_application_conditions.pdf

_____. "Heritage Register Planning Scheme Policy." Retrieved from http://www.brisbane.qld.gov.au/bccwr/lib181/Appendix2_HeritageRegister_PSP.pdf

Gordon, David L. A. 1996. "Planning, design and managing change in urban waterfront redevelopment." *TPR*, Vol. 67, No. 3, pp. 261~290.

Fisher, Bonnie et al. 2004. *Remaking the Urban Waterfront*. Washington D.C.: Urban Land Institute.

Foundation EXPO 88. 2004. "Interview with James Maccormick MBE Joint Chief Architect - World EXPO 88." Retrieved from http://www.foundationexpo88.org/fexpo88maccormickinterview.pdf

Kozlowski, M and S. Huston. 2008. "Influence of urban design master plans on property sub-markets: two case studies in Brisbane," *International Journal of Housing Markets and Analysis*, Vol. 1, No. 3, pp. 214~230.

Marshall, Richard. 2001. *Waterfronts in Post-Industrial Cities*. London and New York: Spon

Press.

Place Design Group. 2009. "South Brisbane Riverside Renewal Strategy." Retrieved from http://www.brisbane.qld.gov.au/2010%20Library/2009%20PDF%20and%20Docs/2.%20Planning%20and%20Building/2.2%20Local%20plans/southbrisbaneriverside_exec_summary_renewal_strategy_august2009.pdf

South Bank Corporation. 2010. "South Bank Annual Report 2009~2010." Retrieved from http://www.southbankcorporation.com.au/corporate-publications/annual-report-2008-2009-0

South Bank Corporation. "Fact Sheet." Retrieved from http://www.southbankcorporation.com.au/fact-sheets

State of Queensland. 1989. "South Bank Corporation Act 1989." Retrieved from http://www.legislation.qld.gov.au/ LEGISLTN/CURRENT/S/SouthBnkCorA89.pdf

_____. 1998. "South Bank Corporation Amendment Act 1998." Retrieved from http://www.legislation.qld.gov.au/LEGISLTN/ACTS/1998/98AC026.pdf

Stevens, Quentin. 2006. "The Design of Urban Waterfronts: A critique of two Australian 'South Banks'." *TPR*, Vol. 77, No. 2, pp. 173~203.

브리즈번 컨벤션·전시센터(Brisbane Convention & Exhibition Centre) 웹사이트. http://www.bcec.com.au

88엑스포재단(Foundation EXPO 88) 웹사이트. http://www.foundationexpo88.org

퀸즐랜드아트갤러리(Queensland Art Gallery) 웹사이트. http://www.qag.qld.gov.au

그리피스 대학(Queensland Conservatorium Griffith University) 웹사이트. http://www.griffith.edu.au

퀸즐랜드퍼포밍아트센터(Queensland Performing Arts Centre). http://www.qpac.com.au

리지스 호텔 & 리조트(Rydges Hotel & Resort) 웹사이트. http://www.rydges.com/hotel/RQSOUT/Rydges-South-Bank-Brisbane.htm

시네플렉스 오스트레일리아(Cineplex Austrailia) 웹사이트. http://www.cineplex.com.au

사우스뱅크 코퍼레이션(South Bank Corporation) 웹사이트. http://www.southbankcorporation.com.au

제11장 / 영국 게이츠헤드의 도시재생

대한주택공사. 2008. 「(해외 조사보고서) 선진국의 주택도시 정책 및 전담기관」. 대한주택공사.

유승권. 2006. 『도시 마케팅의 이해』. 한솜미디어.

한국일보문화부. 2011. 『소프트 시티』. 생각의 나무

1NG. 2010. "1PLAN: An Economic and Spatial Strategy for NewcastleGasteshead." Retrieved from http://www.1ng.org.uk/websitefiles/1ng_1plan_full-version.pdf

Gateshead Council and Newcastle City Council. 2011. "NewcastleGateshead One Core Strategy 2030: Consultation Draft January 2011." Retrieved from http://www.gates head.gov.uk/DocumentLibrary/Building/planning/DraftOneCoreStrategy.pdf

Gateshead Strategic Partnership. 2010. "Vision 2030: Sustainable Community Strategy for Gateshead." Retrieved from http://www.gateshead.gov.uk/DocumentLibrary/People/ Strategies/Vision2030WebDoc(Sept2010).pdf

Minton, Anna. 2008. Northern Soul, RICS

NGI. 2010. "NewcastleGateshead Key Facts and Statistics." Retrieved from http://www.new castlegateshead.com/xsdbimgs/NewcastleGateshead%20Key%20Indicators%202010.pdf

Preece, R. J. 2010. "BALTIC Centre for Contemporary Art opens in Britain(2002)." Retrieved from http://www.artdesigncafe.com/BALTIC-Centre-for-Contemporary-Art

RMJM. 2010. "Gateshead Quays: Masterplan Summary." Retrieved from http://online.gates head.gov.uk/docushare/dsweb/Get/Document-28946/Item+12+-+Gateshead+Quay s+Masterplan+summary+-+app+2.pdf

게이츠헤드 시의회(Gateshead Council) 웹사이트. http://www.gateshead.gov.uk
게이츠헤드 타임스(Gateshead Tims) 웹사이트. http://www.gatesheadtimes.com
리빙플레이스(Linving Places) 웹사이트. http://living-places.org.uk
원노스이스트(ONE) 웹사이트. http://www.onenortheast.co.uk
1NG 웹사이트. http://www.1ng.org.uk
NGI 웹사이트. http://www.newcastlegateshead.com

제12장 / 이탈리아 밀라노 조나 토르토나의 자생적 문화산업지역 형성

Bottero, Maria, Angela Cattaneo and Carlotta Fontana. 1997. Rinnovamento urbano a Bovisa. Milano: Arti grafiche S. Pinelli.

Branzi, Andrea. 2002. "Milano distretto per l'innovazione." in D. Sangiorgi, P. Bertola and G. Simoncelli(eds.). Milano distretto del design: Un sistema di luoghi, attori e relazioni al servizio dell'innovazione. Milano: Il Sole 24 Ore.

Brenna, Sergio. 2004. La Citta' Architettura e Politica. Milano: Hoepli.

Carmagnola, Fulvio and Vanni Pasca. 2002 "Il sistema design milanese nel quadro dell'economia globale." in D. Sangiorgi, P. Bertola and G. Simoncelli(eds.). *Milano distretto del design: Un sistema di luoghi, attori e relazioni al servizio dell'innovazione*. Milano: Il Sole 24 Ore.

Chiapponi, Medardo. 2005. "Distretti e nuovi compiti per il design." Marco Bettiol and Stefano Micelli(eds.). *Design e creativita' nel Made in Italy*. Milano: Bruno Mondadori

Cognetti, Francesca. 2007. *Bovisa in Una Goccia*. Milano: Polipress.

Erba, Valeria, Marina Molon and Corinna Morandi. 2000. *Bovisa: Una riqualificazione possibile*. Milano: Unicopli.

Ravelli, Gianni. 2007. 4. 10. "(Clima di Festa da Conservare) La Bellezza della Città." *Corriere della Sera*.

ISTAT. 2005. "Rapporto Annuale." ISTAT.

Macchi Cassia, Cesare. 1997. "Il nuovo Politecnico: Una occasione perduta." *Territorio*, no. 4.

_____. 2004. *X Milano*. Milano: Hoepli.

Morandi, Corinna. 2005. *Milano: La grande trasformazione urbana*. Milano: Marsilio.

Multiplicity.lab(ed). 2007. *Milano Cronache dell'abitare*. Milano: Bruno Mondadori.

Offedu, Luigi and Sansa, Ferruccio. 2007. *Milano da morire*. Milano: BUR.

Oliva, Federico. 2002. *L'urbanistica di Milano*. Milano: Hoepli.

Pasqui, Gabriele. 2007. "Chi decide la citta'. Campo e processi nelle dinamiche del mercato urbano." M. B. Boldstein and B. Bonfantini. *Milano incompiuta: Interpretazioni urbanistiche del mutamento*. Milano: Franco Angeli.

Redaelli, Danilo. 2005. *Rilievo urbano e ambientale*. Milano: Libreria Clup.

Rocca, Alessandro. 1995. *Atlante della Triennale*. Milano: Triennale di Milano.

라 파브리카 델 바포레(La Fabbrica del Vapore) 웹사이트. http://www.fabbricadelvapore.org/index_flash.html

밀라노 메트로폴리(Milano Metropoli) 웹사이트. http://www.milanomet.it/regionemilanese

밀라노 보비자(Milano Bovisa) 웹사이트. http://www.milanobovisa.it/

밀라노 트리엔날레(Triennale di Milano) 웹사이트. http://www.triennale.org/it/

블리츠 보비자(Blitz Bovisa) 웹사이트. http://www.blitzbovisa.com/shop/

수퍼스투디오 그룹(Superstudio Group) 웹사이트. http://www.superstudiogroup.com

스투디오 라보(Studio Labo) 웹사이트. http://studiolabo.it/

옐로페이지(Pagine Gialle) 웹사이트. http:// www.paginegialle.it

유로 밀라노(Euro Milano) 웹사이트. http://www.euromilano.net/

이탈리안 디자인 360(Italian Design 360) 웹사이트. http://www.italiandesign360.com/

인테르니 이벤트(Interni Events) 웹사이트. http://www.interni-events.com/Interni

코노세레 밀라노(Conoscere Milano) 웹사이트. http://www.conosceremilano.it/aim/conoscere
_milano/

코무네 디 밀라노(Comune di Milano) 웹사이트. http://www.comune.milano.it/portale/wps/
portal/CDMHome

코하우징(Cohousing) 웹사이트. http://www.cohousing.it/content/blogcategory/3/24/

푸오리살로네 가이드(Guida Fuorisalone) 웹사이트. http://www.guidafuorisalone.com/

푸오리살로네(Fuorisalone) 웹사이트. http://www.fuorisalone.it

BaseB METRIQUADRICREATIVI 웹사이트. http://www.zonabovisa.com/

도시재생사업단 www.kourc.or.kr

도시재생사업단(KURC: Korea Urban Renaissance Center)은 국토해양부 VC(Value Creator)-10 사업의 하나로 G7 국가 수준의 도시 경쟁력 확보를 위한 도시재생 시스템 구축을 목표로 하고 있다.

도시재생은 쇠퇴한 도시지역의 경제적·사회적 재활성화와 물리적 정비를 통합적으로 추구하는 사업이다. 도시재생의 실현을 위해 사업단은 쇠퇴 도시 유형별 재생기법 및 지원체제 개발, 사회통합적 주거공동체 재생기술 개발, 입체·복합 공간 개발, 성능·환경 복원기술 개발 등 인문사회과학적 과제와 공학·기술적 과제를 추진하고 있으며, 이를 지원하고 종합하기 위해 도시재생 데이트베이스 구축, 파급 효과 및 성과 분석, 테스트베드 사업 추진 등의 연구과제를 직접 수행하고 있다.

· 사업 기간: 2006년 12월 29일~2014년 6월 28일
· 사업 과제: 도시재생에 관한 정책·제도, 사업기법, 건설기술, 환경기술 등 4개 핵심 과제, 14개 세부 과제, 64개 협동 과제로 구성
· 사업 참여 기관: 서울시립대학교, 연세대학교, 서울대학교, KAIST 등 핵심주관기관 4개, 연구기관 76개, 참여 기업 168개

글쓴이들(가나다순)

강동진   권영상   김기호   김인희   김진성   김형민   박소현

서보경   양재섭   유해연   윤주선   이왕건   장남종   정동섭   정소익

강동진   현재 경성대학교 도시공학과에서 '역사', '문화', '경관', '환경' 등을 키워드로 하여 도시설계를 가르치고 있다. 성균관대학교에서 건축학을 공부했고, 서울대학교 환경대학원에서 도시설계(Historic Preservation in Urban Design)로 석사와 박사 학위를 받았다. 버려지거나 황폐해진 역사 공간(산업유산, 근대문화유산, 역사마을 등)을 재생하고 재창조하는 방안을 찾는 데 주력하고 있다.

권영상   현재 인천대학교 도시과학대학 교수로 재직하고 있다. 서울대학교에서 건축학 석사 및 공학 박사학위를 받았다. (주)희림종합건축사무소를 거쳐 2005년부터 국토연구원 부설 건축도시 공간연구소에서 연구위원과 국가한옥센터장을 맡아 도시계획과 도시설계에 대한 연구를 수 행했다.

김기호   현재 서울시립대학교 도시공학과 교수로 재직하고 있다. 서울대학교에서 건축학 석사학위 를 받고, 독일 아헨 공과대학교 건축대학에서 도시 주거지계획과 도시설계 연구로 공학박사 학위를 받았다. 도시연대 대표를 지냈고, 풀브라이트 시니어 리서치 장학생으로 선정되기도 했다. 『도시계획: 장소 만들기의 여섯 차원』을 공역했으며, 그 밖에 여러 연구 결과물을 발 표했다. 현재 도시설계와 도시 역사 환경 보존, 도시경관 등과 관련한 연구를 진행하고 있다.

김인희   현재 서울시정개발연구원 도시계획연구실 연구위원으로 재직 중이다. 한양대학교 도시공학 과를 졸업하고, 독일 베를린 공과대학교에서 도시 및 지역계획학 학사·석사·박사학위를 받았다. 주요 연구로는 '2030 서울시 도시기본계획 재정비', '2020 서울시 도시관리계획 재 정비', '창동·상계 지역 전략적 개발구상안', '구릉지 경관보호와 정비촉진을 위한 결합개발 제도 연구' 등이 있다.

김진성   현재 SH공사 도시연구소 연구원으로 재직하고 있다. 중앙대학교 건축학과를 졸업하고 동 대학원에서 건축 및 도시설계 전공으로 박사과정을 수료했다. 이후 한국토지주택공사 도시 재생사업단 연구원으로 사회통합주거지재생 과제를 담당했다. 주요 관심 분야는 도시재생, 도시관광이며, 현재는 문화·관광 요소가 도시에 끼치는 영향과 변화에 대해 연구하고 있다.

김형민   현재 호주 정부 초청 장학금(Endeavour Postgraduate Awards)을 통해 멜버른 대학교에서 도시계획학 박사과정 중이다. 한양대학교 도시공학과, 서울대학교 환경대학원에서 도시계 획학 학사 및 석사 학위를 받았다. 서울대학교 환경대학원 도시 및 지역계획학과를 수석으로 졸업했다(대한국토도시계획학회 수석상 수상). 이후 한국감정원 부동산연구원에서 연구원으 로 재직했다. ≪국토연구≫에 발표한 「주택규모 규제의 시장효과에 관한 연구」가 국토연구 원에서 2010년 최우수 논문으로 채택되었으며, 그 밖에 국제학술지 Cities에 실린 "City Profile: Seoul"을 비롯해 다수의 연구 성과물이 있다. 주요 관심 분야는 도시개발, 세계화와 도시구조 변화, 부동산 시장 분석 등이다.

박소현   현재 서울대학교 건축학과 교수로 재직하고 있다. 연세대학교에서 건축학 석사학위를 받고, 오리건 대학교에서 역사보존 석사, 워싱턴 대학교에서 도시설계·계획학 박사학위를 받았 다. 콜로라도 대학교 건축도시대학 교수를 역임했다. 질 높은 생활공간을 만들어가려는 공동 체적 노력에 관심을 기울이면서, 도시 보존과 공동체 설계, 보행 친화 근린환경, 건강한 오픈스페이스에 관한 연구를 진행하고 있다.

서보경 현재 홍콩 대학교 도시계획학과 박사과정 중이다. 경북대학교 건축공학과를 졸업하고 네덜란드 델프트 공과대학교에서 도시학 석사학위를 받았으며, 네덜란드의 도시설계 실무 자격(professional title of urban designer)을 취득했다. 주요 연구로는 「거주실태와 주거만족도 분석을 통한 지방도시 매입임대주택사업의 실효성 평가」, 「도심에 적합한 문화공간 조성유형의 도출을 위한 기초 연구」, "Daegu"(in *Planning through Projects: Moving from Master Planning to Strategic Planning*) 등이 있다. 환경계획과 도시 및 주택정책에 관심을 가지고 연구하고 있다.

양재섭 현재 서울시정개발연구원 도시계획연구실 연구위원으로 재직하고 있다. 고려대학교 건축공학과, 서울대학교 환경대학원을 졸업하고, 서울시립대학교에서 박사학위를 취득했다. 일본 요코하마 국립대학교에서 객원연구원으로 재직했다. 주요 관심 분야는 도시계획체계와 도시재생이며, 서울시 도심부 관리기본계획과 도시환경정비기본계획, 권역별 발전계획 등을 수립했다.

유해연 현재 숭실대학교 건축학부 교수로 재직하고 있다. 서울대학교 건축학과에서 석사 및 공학박사학위를 취득했으며, (주)삼우종합건축사사무소에서 건축계획 및 단지계획 실무를 담당했다. 이후 한국토지주택공사의 도시재생사업단 선임연구원으로서 국내외 도시재생 사례 및 정책을 연구했다. 현재 주거단지계획 및 도시재생 관련 연구를 진행하고 있다.

윤주선 서울대학교에서 건축학과 석사를 취득한 뒤 국토연구원에서 마을 만들기 연구를 수행했다. 이후 일본 문부과학성 국비장학생에 선발되어 현재 도쿄 대학교 도시공학과 박사과정 중이다. 주요 관심 분야는 인터넷을 활용한 주민 참여 도시설계와 마을 만들기형 주거지재생이다. 주요 연구로는 「신주쿠구 카구라자카 마을만들기 지원사업」, 「안양시 관양2동 살고 싶은 마을 만들기 지원사업」, 「한국의 도시·마을 만들기 사례 연구」, 「아파트 사이버공동체를 통한 주민 준전문가의 마을 만들기 참여 활성화 방안 연구」 등이 있다.

이왕건 현재 국토연구원 도시재생전략센터장과 도시재생지원사업단장을 겸임하고 있다. 서울대학교 환경대학원을 졸업하고, 미국 텍사스 A&M 대학교에서 도시지역계획학 박사학위를 받았다. 주요 관심 분야는 도시재생 및 도시성장관리이다. 주요 논저로는 『뉴타운사업의 합리적 추진방안 연구』, 「서민지향적 융합형 도시재생방안」, 「지역자산활용형 도시재생전략에 관한 연구」 등이 있으며, 『신성장을 위한 도시재생전략』, 『스마트성장 이해하기 Ⅰ, Ⅱ』, 『그린시티』, 『스마트 성장 개론』 등을 번역했다.

장남종   현재 서울시정개발연구원 도시계획연구실 연구위원으로 재직하고 있으며, 인하대학교 대학원 겸임교수로 활동하고 있다. 충남대학교 건축공학과, 서울대학교 환경대학원을 졸업하고, 서울시립대학교 도시공학과에서 박사학위를 받았다. 도쿄 대학교 객원연구원을 역임했다. 주요 관심 분야는 주거지 관리 및 재생이며, 서울의 개발제한구역 관리 방안, 일반주거지역 세분화, 주택재개발·재건축기본계획 등을 수립했다. 최근에는 뉴타운사업의 평가, 도시계획체계의 유연화, 미집행 도시계획시설의 관리 방안 등을 연구했고, 다수의 관련 논문을 발표했다.

정동섭   현재 호서대학교 건축학과 부교수로 재직하고 있으며, 한국도시설계학회 논문편집위원 및 도시재생위원회 위원으로 활동하고 있다. 서울대학교 환경대학원에서 도시계획학 박사학위를 받았다. 서울대학교 환경계획연구소에서 선임연구원으로 재직했으며, 민건협, 수도권도시대학 등에서 교육강사로 활동했다. 주요 관심 분야는 역세권, 수변공간, 저층 주거지 등의 기성 시가지 관리와 도시재생이다. 주요 연구로는 '봉천 8동 주택재개발구역의 주민참여형 공공계획', '대전역세권 개발기본계획', '송악면소재지 정비계획', '단독주택의 정비유형 모델 개발 학술 부문', '도시발전을 위한 KTX역사의 효율적 개발전략' 등이 있으며, 『도시경관과 도시설계』, 『건축디자인 방법의 기초』, 『도시 빌딩 블록 디자인의 기초』 등을 공역했다.

정소익   현재 도시매개프로젝트 소장으로 재직하고 있다. 연세대학교 건축공학사, 이탈리아 밀라노 I.S.A.D 실내건축 석사, 이탈리아 밀라노 공과대학 AUC 박사학위(도시설계 분야)를 취득했으며, 서울과 뉴욕, 밀라노 등지에서 건축, 실내건축 및 도시설계 프로젝트를 수행했다. 이후 베트남 하노이에서의 거버넌스 프로젝트, 제3회 안양공공예술프로젝트, 제4회 광주디자인 비엔날레의 큐레이팅을 비롯해, 서울 서촌 지역 연구(스토리텔링 프로젝트) 등 도시재생과 연관된 지역연구, 공공예술, 지역교육, 전시 활동을 하고 있다. 주요 작품으로는 행정중심복합도시 마스터플랜, 새만금 마스터플랜 등이 있으며, 주요 관심 분야는 신도시설계, 수변도시재생, 도시 역사문화 경관이고, 이와 관련된 연구논문과 도시설계 작품을 다수 발표했다. 최근에는 '서울의 도시계획 수립 과정에서 시민 참여 실태와 개선 방향'(2011), '선도적 도시 관리를 위한 서울형 도시계획체계 구축 방향'(2010), '세계 대도시의 도시기본계획 운영방식 비교 연구'(2010), '도시재생정책의 국제비교 연구'(2006) 등을 수행했다.

한울 아카데미 1444

역사와 문화를 활용한 도시재생 이야기
세계의 역사·문화 도시재생 사례

ⓒ 도시재생사업단, 2012

엮은이 ㅣ 도시재생사업단
펴낸이 ㅣ 김종수
펴낸곳 ㅣ 한울엠플러스(주)

초판 1쇄 발행 ㅣ 2012년 5월 30일
초판 6쇄 발행 ㅣ 2021년 8월 30일

주소 ㅣ 10881 경기도 파주시 광인사길 153 한울시소빌딩 3층
전화 ㅣ 031-955-0655
팩스 ㅣ 031-955-0656
홈페이지 ㅣ www.hanulmplus.kr
등록번호 ㅣ 제406-2015-000143호

Printed in Korea.
ISBN 978-89-460-6654-0 93530

* 책값은 겉표지에 표시되어 있습니다.